Tragwerke aus Aluminium

Von

Fritz Stüssi

Dr. sc. techn., LL. D. h. c., Dr. Ing. h. c., Dr.-Ing. E. h.
o. Professor an der Eidg. Technischen Hochschule, Zürich

Mit 174 Abbildungen

Springer-Verlag
Berlin Heidelberg GmbH
1955

ISBN 978-3-642-49062-0   ISBN 978-3-642-92661-7 (eBook)
DOI 10.1007/ 978-3-642-92661-7

© Springer-Verlag Berlin Heidelberg 1955
Ursprünglich erschienen bei Springer-Verlag OHG., Berlin / Gottingen / Heidelberg 1955
Softcover reprint of the hardcover 1st edition 1955

Vorwort.

Das vorliegende kleine Buch verdankt sein Entstehen der Initiative
der zur „Aluminium Limited"-Gruppe gehörenden Gesellschaft „L'Aluminium Commercial S.A." in Zürich. Die Aufgabe, die es sich stellt, kann
etwa wie folgt umschrieben werden:

Es sollte versucht werden, auf Grund der besonderen Eigenschaften
des Baustoffes die wesentlichen Grundsätze für den Entwurf, die Berechnung und die Ausführung von Tragwerken aus Aluminiumlegierungen herauszuarbeiten. Da sich diese Grundsätze an diejenigen des Stahlbaues anlehnen, schien es gegeben, ihre Darstellung auf den gegenwärtigen
Stand des europäischen Stahlbaues zu orientieren.

Es ist selbstverständlich, daß der vorliegende Versuch sich weitgehend auf die heutige Technologie der Aluminiumlegierungen stützen
mußte, und ich hätte diese Arbeit ohne die großzügige und entgegenkommende Unterstützung der verschiedenen Gesellschaften der Aluminium Limited nicht übernehmen können. Insbesondere wurden mir
eine Reihe interner Versuchsberichte, vor allem aber eine eingehende
Darstellung der Eigenschaften sowie der Herstellung und Verarbeitung
der Aluminiumlegierungen als Grundlage für die Bearbeitung der entsprechenden Abschnitte zur Verfügung gestellt. Ich möchte hier dafür der
Aluminium Limited meinen herzlichen Dank aussprechen, ohne damit
jedoch die Verantwortung für das Ergebnis von mir abwälzen zu wollen.

Neben den Unterlagen der Aluminium Limited habe ich auch die vorhandene Fachliteratur, soweit sie mir zugänglich war, zu Rate gezogen.
Außer den jeweils im Text erwähnten Zeitschriftenaufsätzen haben mir
besonders die folgenden Handbücher und Darstellungen gute Dienste
geleistet:

> Aluminium-Taschenbuch, Aluminium Zentrale E.V., 10. Auflage,
> Düsseldorf 1951;
> Alcoa Structural Handbook, Aluminum Company of America, Pitts
> burgh 1945;
> A. von Zeerleder: Technologie der Leichtmetalle, Zürich 1947.

Aluminium ist ein hochwertiger Baustoff, der auf allen Stufen auch
eine hochwertige Verarbeitung verlangt. Es schien mir deshalb angezeigt,
hier auch einige theoretische Fragen zu streifen, die noch nicht überall
Bestandteil der Alltagspraxis des Stahlbaues sind, die aber auch dort
mehr und mehr Beachtung finden müssen. Auch schien es mir notwendig,
in der Frage der Dauerfestigkeit die maßgebenden Zusammenhänge zu

suchen, um damit beizutragen, daß das im Bauwesen überlieferte und noch weitverbreitete „statische Denken" durch eine der Wirklichkeit besser gerecht werdende, umfassendere Beurteilung der Festigkeitseigenschaften und Beanspruchungsverhältnisse ergänzt werde.

Ich bin mir bewußt, daß der vorliegende Versuch noch lückenhaft und mit Mängeln behaftet sein muß; ich hoffe jedoch, daß er trotzdem beim Entwurf von Tragwerken aus Aluminium der Konstruktionspraxis gewisse Dienste wird leisten können. Für jede Anregung zu Verbesserungen bin ich dankbar.

Ich freue mich, daß dieser Beitrag an die Entwicklung einer Leichtmetallbauweise im Springer-Verlag erscheinen kann, und ich danke Herrn Dr.-Ing. E. h. Julius Springer für seine Aufgeschlossenheit gegenüber diesem Versuch.

Mein Assistent Dipl.-Ing. E. Bosshard hat mich durch die Anfertigung eines Teils der Abbildungsvorlagen unterstützt, wofür ich ihm hier ebenfalls bestens danke.

Zürich, Juni 1955.

F. Stüssi.

Inhaltsverzeichnis.

Inhaltsverzeichnis.   VII

I. Allgemeine Überlegungen.

Jeder der im Bauwesen verwendeten Baustoffe besitzt seine charakteristischen Merkmale und Eigenschaften, die ihm zu seinen besonderen Anwendungsgebieten verholfen haben. Die Grenzen dieser Anwendungsgebiete liegen nicht fest, sondern verschieben sich mit Änderungen der Marktlage und mit der technischen Entwicklung. Erst in jüngster Zeit sind die Leichtmetalle und unter diesen im besonderen die *Aluminiumlegierungen* in Wettbewerb zu den bisherigen Baustoffen Holz, Stein, Beton, Stahlbeton und Stahl getreten, zunächst noch zögernd und in vereinzelten Anwendungen. Es ist heute jedoch mit Sicherheit zu erkennen, daß die Leichtmetalle im Bauwesen eine mit der Zeit zunehmende Bedeutung besitzen werden. In den verschiedenen Anwendungsgebieten des Transportwesens (Flugzeugbau, Fahrzeuge für Straßen- und Eisenbahnverkehr, Schiffsbau) werden Aluminiumlegierungen heute schon in großem Maßstab verwendet.

Die Leichtmetallbauweise besitzt in bezug auf allgemeine Materialeigenschaften, Bauformen, Konstruktionsgrundsätze und Herstellungsverfahren weitgehende Analogien mit der Stahlbauweise. Doch bestehen andererseits ebensosehr grundsätzliche Unterschiede in den Materialeigenschaften zwischen Leichtmetallen und Baustahl, so daß die Bauformen und Berechnungsregeln, die sich im Stahlbau bewährt haben, nicht einfach auf den Leichtmetallbau übertragen werden dürfen. Es ist im Gegenteil notwendig, ausgehend von den *Besonderheiten* der Leichtmetalle, die besonderen Merkmale der Leichtmetallbauweise zu erkennen, damit sowohl technisch hochwertige wie gleichzeitig wirtschaftliche Bauwerke entstehen können. Nur die Kenntnis der typischen Besonderheiten des Baustoffes erlaubt seine volle Ausnützung. Es scheint dabei selbstverständlich, daß bei diesem Versuch, die Auswirkungen der Baustoffeigenschaften auf die bauliche Gestaltung zu formulieren, die Erfahrungen des Stahlbaues wertvolle Richtlinien liefern können. Deshalb basieren die folgenden Überlegungen, Untersuchungen und Folgerungen auf Vergleichen mit dem Stahlbau und sie setzen deshalb auch die Kenntnis der wichtigsten Konstruktionsgrundsätze des Stahlbaues voraus.

Die bautechnisch wichtigsten *Eigenschaften von Aluminiumlegierungen* (im Vergleich zu Baustahl) sind ihr *geringes spezifisches Gewicht, ihre guten Festigkeitseigenschaften, die gute Korrosionsbeständigkeit* und *die*

Möglichkeiten der leichten Formgebung der Einzelteile. Dabei sind jedoch der *niedrige Elastizitätsmodul* und die gegenüber Stahl merklich *größere Temperaturausdehnungszahl* sowie *der größere Einheitspreis* zu beachten.

Das *geringe spezifische Gewicht* eines Baustoffes besitzt für sich allein genommen keine ausschlaggebende Bedeutung, sondern nur im Zusammenhang mit der *Festigkeit* und dem *Einheitspreis*. Einige einfache Überlegungen sollen diese Verhältnisse beleuchten.

Ein an einer Decke aufgehängter Draht der Länge l von konstantem Querschnitt F soll ein an seinem unteren Ende aufgehängtes Gewicht $P = p\,l$ tragen (Abb. 1). Im maßgebenden Querschnitt $a—a$ tritt somit die Beanspruchung σ,

$$\sigma = \frac{(\gamma F + p)\,l}{F} = \left(\gamma + \frac{p}{F}\right)l, \tag{1}$$

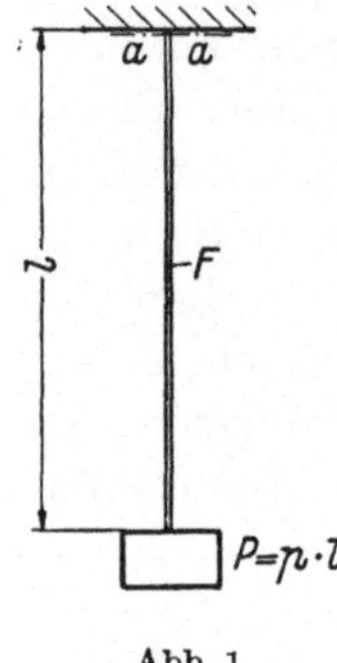

Abb. 1.

auf, wenn wir mit γ das spezifische Gewicht des Drahtmaterials bezeichnen. Bei voller Ausnützung des Drahtes im Schnitt $a—a$ ist $\sigma = \sigma_{zul.}$ zu setzen; der erforderliche Drahtquerschnitt F ergibt sich somit aus Gl. (1) zu

$$F = \frac{p\,l}{\sigma - \gamma\,l}$$

und sein auf die Längeneinheit bezogenes Eigengewicht $g = \gamma F$ beträgt

$$g = p\,\frac{l}{\dfrac{\sigma}{\gamma} - l}. \tag{2}$$

Das maßgebende Verhältnis σ/γ besitzt die Dimension einer Länge; es bedeutet die „*Reißlänge*" l_R, wenn wir für σ die Zugfestigkeit σ_Z des Materials einsetzen und die „*Grenzlänge*" $l_{Gr.}$ für $\sigma = \sigma_{zul.}$, bei der das Drahtmaterial an der maßgebenden Stelle gerade voll ausgenützt ist:

$$l_R = \frac{\sigma_Z}{\gamma}, \quad l_{Gr.} = \frac{\sigma_{zul.}}{\gamma}.$$

Gl. (2) liefert uns somit das „*theoretische Gewicht*" unseres Tragsystems in der Form

$$g = p\,\frac{l}{l_{Gr.} - l}; \tag{2a}$$

wir erkennen, daß der Draht für $l = l_{Gr.}$ unter Einhaltung der zulässigen Spannung gerade noch sein Eigengewicht, aber keine Nutzlast p mehr zu tragen vermag. Eine theoretische Gewichtsformel, Gl. (2a), kann nun für jede Tragwerksform aufgestellt werden, wobei lediglich der Begriff der Grenzlänge auf

$$l_{Gr.} = \frac{\sigma_{zul.}}{\alpha\,\gamma} \tag{2b}$$

zu erweitern ist; α sei als „Systembeiwert" bezeichnet.

Bei einem Vergleich zwischen normalem Baustahl und Leichtmetall ist nun allerdings zu beachten, daß es normalerweise nicht gelingt, das Eigengewicht eines bestimmten Tragsystems in Leichtmetall gegenüber Stahl im Verhältnis der spezifischen Gewichte γ der beiden Baustoffe (bei gleich angenommenem $\sigma_{zul.}$) zu vermindern; der Systembeiwert α_L für Leichtmetall wird normalerweise etwas größer sein als der Beiwert $\alpha_{St.}$ für das gleiche Tragsystem in Stahl (Einfluß des Konstruktionsfaktors, Knicken, Dauerfestigkeit). Für den in Abb. 2 skizzierten Ver-

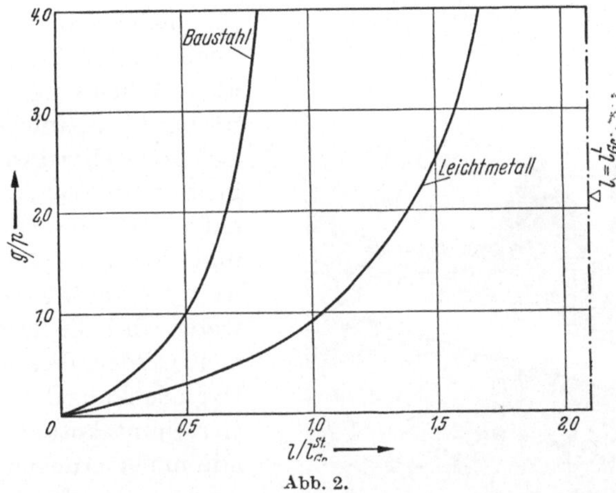

Abb. 2.

gleich der Eigengewichte g sind, mehr oder weniger willkürlich, die Werte

$$\sigma_{zul.}^{L} = 0,80 \cdot \sigma_{zul.}^{St.}, \quad \alpha_L = 1,10 \cdot \alpha_{St.},$$

$$\gamma_L = \frac{2,70}{7,85} \cdot \gamma_{St.} = 0,344 \cdot \gamma_{St.}$$

angenommen worden; damit ergibt sich das Verhältnis der Grenzspannweiten zu

$$l_{Gr.}^{L} = \frac{0,8}{1,1 \cdot 0,344} \cdot l_{Gr.}^{St.} \cong 2,1 \cdot l_{Gr.}^{St.}.$$

Abb. 2 zeigt nun, daß das Eigengewicht einer Tragkonstruktion in Leichtmetall mit wachsender Spannweite viel langsamer zunimmt als für das gleiche Tragsystem in Stahl. Ein bestimmtes Tragsystem kann in Leichtmetall auch bei Spannweiten noch ausgeführt werden, bei denen die Verwendung von Stahl nicht mehr in Frage kommt. So liegt beispielsweise die Grenzspannweite für einen einfachen Fachwerkbalken aus normalem Baustahl bei etwa 500 m; die oberste, wirtschaftlich noch zu rechtfertigende Anwendungsgrenze, bei der das aufzuwendende

Konstruktionsgewicht g die aufzunehmende Nutzlast p erreicht, liegt damit bei etwa 250 m. Die entsprechenden Werte für das gleiche Tragsystem in Leichtmetall liegen mehr als doppelt so hoch.

Bei kleinen Spannweiten wird, mit den der Abb. 2 zugrunde liegenden Verhältniszahlen, ein Tragsystem aus Leichtmetall gleich teuer sein wie das Vergleichstragwerk aus Stahl, wenn die Kosten von Leichtmetall je Gewichtseinheit das 2,1fache der Einheitskosten von Stahl betragen. Bei der heutigen Marktlage liegt jedoch normalerweise das Verhältnis der Einheitspreise für Leichtmetall wesentlich ungünstiger als dieser Wert, so daß heute für kleine und mittlere Spannweiten das Leichtmetalltragwerk an sich meist teurer sein wird als das entsprechende Stahltragwerk und Preisgleichheit erst für weit gespannte Tragwerke eintreten wird. Es darf angenommen werden, daß mit der relativen Senkung der zukünftigen Gestehungskosten von Aluminiumlegierungen durch den Ausbau der Produktion sich eine Verschiebung der Wirtschaftlichkeit zugunsten von Leichtmetall einstellen wird.

Abb. 3.

Nun sind aber unter besonderen Umständen häufig heute schon weitere Wirtschaftlichkeitsfaktoren im Spiel, die die Verhältnisse merklich zugunsten des Leichtmetalls ändern können: bei *schwierigen Transportverhältnissen* beeinflußt das kleinere Gewicht der Leichtmetallkonstruktion die Gesamtkosten wesentlich (Abb. 3). Ähnlich liegen die Verhältnisse bei *besonderen Montagebedingungen*, wo wegen des kleineren Gewichtes merkliche Verkleinerungen der Installationskosten möglich sind. Das kleinere Gewicht der Leichtmetallkonstruktion erlaubt grundsätzlich auch eine *Verkleinerung der Fundationskosten*, die allerdings normalerweise für sich allein genommen nicht von ausschlaggebender Bedeutung sein wird.

Von wesentlicher Bedeutung kann das kleinere Gewicht von Leichtmetallkonstruktionen besonders auch dann werden, wenn die Gesamtwirtschaftlichkeit eines Tragwerkes nicht nur von Erstellungskosten, sondern auch von *Betriebskosten*, die durch das Eigengewicht der Konstruktion beeinflußt werden, abhängig ist; dies ist bei *beweglichen Brücken* und *Kranträgern* der Fall.

Ein charakteristisches Beispiel für besondere Möglichkeiten stellt die Smithfield Street Bridge in Pittsburgh (USA) dar, bei der der Ersatz der früheren normalen schweren Fahrbahn durch eine Leichtmetallkonstruktion die ständige Last der Brücke so weit verkleinerte, daß die notwendige vergrößerte Verkehrslast ohne Verstärkung der Hauptträger aufgenommen werden konnte. Die neue Fahrbahnkonstruktion der Smithfield Street Bridge bedeutet übrigens die erste Anwendung einer Aluminiumlegierung im Brückenbau (1933).

Die *gute Korrosionsbeständigkeit* der Aluminiumlegierungen erlaubt es, unter normalen Umständen ohne Schutzanstriche auszukommen; in korrosiver Atmosphäre (Industriegase, Meeresnähe) ist ein Schutzanstrich zu empfehlen, dessen Unterhalt jedoch nur bescheidene Kosten verursacht.

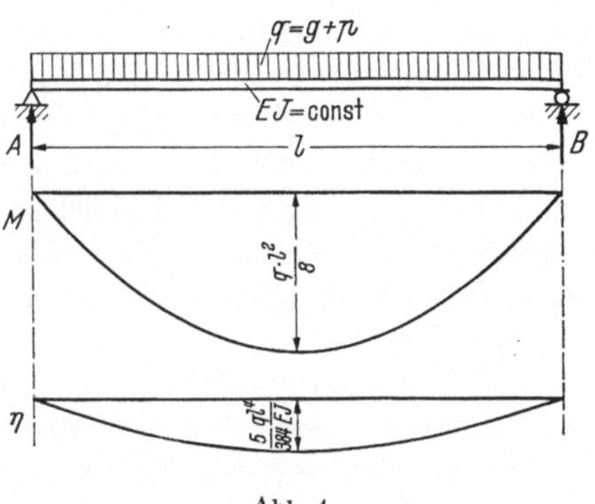

Abb. 4.

Der *niedrige Elastizitätsmodul*, $E = 600$ bis 750 t/cm^2 gegenüber 2100 t/cm^2 für Stahl, wirkt sich auf die Steifigkeit eines Tragwerkselementes aus; dies ist einerseits für die Durchbiegungen und Schwingungen, andrerseits bei den Problemen der elastischen Stabilität von Bedeutung. Der Einfluß auf die *Durchbiegungen* sei am Beispiel eines einfachen schlanken Balkens mit konstantem Querschnitt und gleichmäßig verteilter Belastung kurz untersucht (Abb. 4).

Die größte Durchbiegung $\eta_{\max} = f$ in Balkenmitte,

$$f_q = \frac{5}{384} \cdot \frac{q\,l^4}{EJ},$$

kann mit Hilfe des Spannungswertes $\sigma_{\max}$,

$$\sigma_{\max} = \frac{q\,l^2}{8 \cdot W} = \frac{q\,l^2\,h}{16 \cdot J},$$

auf die etwas übersichtlichere Form

$$f_q = \frac{5 \cdot l^2}{24 \cdot h} \frac{\sigma_{\max}}{E} = \frac{l^2\,\sigma_{\max}}{4,8 \cdot h\,E}$$

gebracht werden. Um gleiche Durchbiegungen von Leichtmetall- und Strahlträgern einzuhalten, müßte das Verhältnis der entsprechenden Trägerhöhen h somit betragen

$$\frac{h_L}{h_{St.}} = \frac{E_{St.}}{E_L} \frac{\sigma_L}{\sigma_{St.}}.$$

Gewisse Abweichungen von dieser Beziehung ergeben sich daraus, daß nach einzelnen Vorschriften die Durchbiegung nur unter Nutzlast p allein nachzuweisen und daß beim Leichtmetallträger die ständige Last g kleiner sein wird als bei Stahl. Auch bei Berücksichtigung dieser Einzelheiten würde die Einhaltung der gleichen Durchbiegung bei gleicher Trägerform für den Leichtmetallträger zu zwei- bis dreimal größerer Trägerhöhe führen als bei Stahl.

Eine derart große Trägerhöhe wäre jedoch normalerweise unwirtschaftlich, beim Vollwandträger, weil das Stegmaterial nur unvollständig ausgenützt ist, und beim Fachwerkträger, weil sich unerwünscht große Knicklängen der Druckstreben ergeben würden. Eine erste Folgerung, die wir aus diesen Überlegungen ziehen müssen, ist somit die, daß wir bei Verwendung von Leichtmetall nicht einfach die Bauformen anwenden dürfen, die wir bei gleicher Spannweite und Belastung für ein Stahltragwerk wählen würden. Die Kunst des Konstruierens besteht darin, für jede Aufgabe diejenige Lösung zu finden, die die beste Ausnützung des Baustoffes erlaubt. In der Leichtmetallbauweise wird damit der durchlaufende oder der eingespannte Träger wegen der kleineren Durchbiegungen eine vermehrte Bedeutung besitzen als bei Stahl.

Ähnlich wie bei den Durchbiegungen (und damit auch bei den Schwingungen) liegen die Verhältnisse bei den *Stabilitätsproblemen*; hier verursacht eine Abnahme des Elastizitätsmoduls eine Verkleinerung der kritischen Spannungen, und zwar ausgesprochen im elastischen, in etwas vermindertem Ausmaß jedoch auch im unelastischen Bereich. Dabei zeigt sich, daß bei Leichtmetall die Gefahr des örtlichen Ausbeulens bei sonst gleicher Sicherheit normalerweise wesentlich größer ist als bei Stahl. Es zeigt sich somit auch hier wieder, daß es unwirtschaftlich wäre, einfach die Querschnittsformen des Stahlbaues in den Leichtmetallbau zu übernehmen und sich mit den aus Stabilitätsgründen erforderlichen größeren Wandstärken abzufinden. Es muß im Gegenteil gesucht werden, durch zweckmäßige Formgebung der einzelnen Bauteile die Auswirkung des kleineren Elastizitätsmoduls zu kompensieren.

Dieser Forderung kommt die *leichte Formgebung* der Querschnitte von Leichtmetallstäben durch Walzen, Strangpressen, Abkanten von Blechen oder weitere Verfahren entgegen. So sind heute schon Profilformen entwickelt worden, die sich grundsätzlich von den entsprechenden Formen der Stahlbauprofile durch eine Aussteifung der freien Ränder und damit durch eine relative Vergrößerung der örtlichen Stabilität (Ausbeulen) unterscheiden; Abb. 5 zeigt dafür zwei charakteristische Vergleiche. Auch bestehen heute schon, von den einzelnen Lieferwerken aufgestellt, Tabellen über diese Profilformen, die die charakteristischen Querschnittswerte enthalten und somit die Entwurfsarbeit bei Leichtmetalltragwerken erleichtern.

Über diese schon bestehenden „genormten" Möglichkeiten hinaus wird es jedoch im Einzelfall häufig zweckmäßig sein, weitere Sonderprofilformen zu entwickeln, die beste Materialausnützung erlauben, auch wenn dabei einmal auf die Bequemlichkeit, fertig vorliegende Profiltabellen benützen zu können, verzichtet werden muß. Je teurer der verwendete Baustoff ist, um so größere Anforderungen sind für eine volle Ausnützung auch an die Entwurfsarbeit zu stellen. In diesem Zusammenhang ist auch darauf hinzuweisen, daß häufig auch unsymmetrische Profile die beste Anpassung an Besonderheiten des Einzelfalles erlauben werden; damit besitzt auch im Leichtmetallbau die auf den allgemeinen Fall der Biegung und Verdrehung erweiterte Theorie der Spannungsberechnung erhöhte Bedeutung.

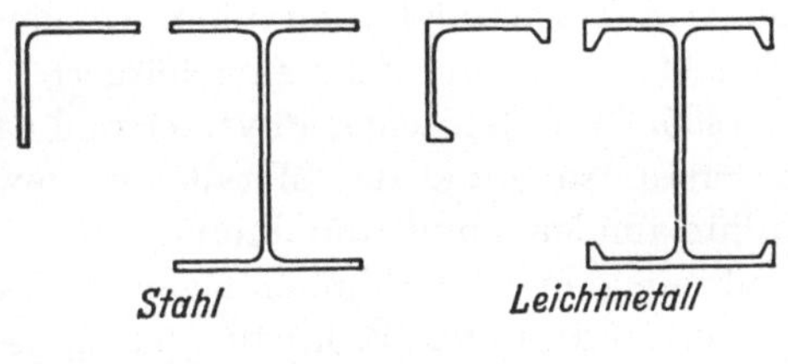

Abb. 5.

Die Leichtmetallbauweise wird sich unter Ausnützung ihrer Vorzüge und Beachtung ihrer Besonderheiten eine Reihe von neuen Anwendungsmöglichkeiten erobern können. Da unsere Stahlbauwerkstätten für eine zweckmäßige Verarbeitung von Leichtmetallen weitgehend eingerichtet sind und auch über ein an die notwendige Sorgfalt gewöhntes Personal verfügen, erscheint es naheliegend, daß die Herstellung von Stahlbauten und von Leichtmetallbauten weitgehend in den gleichen Händen vereinigt sein wird. Aus einer solchen Vereinigung resultiert die wertvolle Möglichkeit gegenseitiger Anregungen. Die Weiterentwicklung der Leichtmetallbauweise wird auch weitgehend von den Erfahrungen an ausgeführten Bauwerken abhängen. Damit aber diese verschiedenen Erfahrungen miteinander verglichen und ausgewertet werden können, wird es notwendig sein, die verwendeten Legierungen genau zu kennen. Dies bedeutet die Notwendigkeit einer internationalen Vereinheitlichung der für das Bauwesen geeigneten Legierungen und ihrer Bezeichnungen.

II. Der Baustoff und seine Eigenschaften.

1. Die Herstellung von Aluminium.

a) Geschichtliches.

Aluminium ist am Aufbau der Erdrinde im Mittel mit etwa 8 Gew.-% beteiligt; sein Vorkommen wird nur von Sauerstoff ($\sim 47\%$) und Silizium ($\sim 28\%$) übertroffen, während es von Eisen mit etwa 5% gefolgt wird. Aluminium kommt in der Natur in metallischer Form nicht vor, sondern hauptsächlich in der Form von Tonerdehydraten, aus denen zuerst die Tonerde Al_2O_3 und aus diesen durch Reduktion das metallische Aluminium Al gewonnen werden muß. Die wichtigsten Etappen von der Entdeckung des Aluminiums bis zur Herstellung des heutigen Bau- und Werkstoffes sind etwa folgende:

1807. Sir HUMPHRY DAVY, der auch als Erfinder der Sicherheitslampe des Stollenbaues bekannt ist, vermutete die Existenz des Metalls und versuchte, jedoch erfolglos, es durch Elektrolyse aus Tonerde zu reduzieren. DAVY nannte das neue Metall zuerst Alumium, dann Aluminum und endlich *Aluminium* in Anpassung an die Bezeichnungsweise der damaligen Zeit. Seine letzte Bezeichnung hat sich mit Ausnahme der Vereinigten Staaten, wo das Metall als „Aluminum" bezeichnet wird, allgemein eingebürgert.

1825. Dem dänischen Physiker und Chemiker H. C. OERSTED gelang die erste Isolierung des Metalls; er gewann es durch Erwärmen von Kaliumamalgam und Aluminiumchlorid, wobei das Quecksilber aus dem resultierenden Aluminiumamalgam herausdestilliert wurde.

1827. FRIEDRICH WÖHLER, Berlin, gewann Aluminium auf ähnliche Weise, indem er das Kaliumamalgam durch metallisches Kalium ersetzte. Die beiden Isolierungsverfahren von OERSTED und WÖHLER lieferten nur sehr kleine Mengen des gesuchten Metalls und auch diese nur in stark verunreinigtem Zustand, so daß Aluminium zunächst mehr eine wissenschaftliche Kuriosität blieb und für eine technische Verwendung, auch wegen der hohen Gestehungskosten, noch nicht in Betracht kam.

1854. HENRI SAINTE-CLAIRE DEVILLE gelang eine wesentliche Verbesserung des WÖHLERschen Verfahrens, indem er das Kalium durch Natrium ersetzte. Dadurch konnten sowohl die erzeugbaren Mengen vergrößert wie auch die Herstellungskosten erheblich gesenkt werden. Mit diesem Schritt beginnt die technische Verwendung des neuen Metalls möglich zu werden, und Napoleon III. interessierte sich für eine Verbesserung des Verfahrens durch Unterstützung der Versuche und der Herstellung. Aber wenn auch der Preis für ein Kilogramm Aluminium von etwa 1000 Franken auf ein Fünftel gesenkt werden konnte, so war er für technische Anwendungen in größeren Mengen immer noch wesentlich zu hoch.

1886. Der entscheidende Schritt, der die Grundlage der heutigen Herstellungsverfahren darstellt, gelang gleichzeitig und unabhängig voneinander CHARLES MARTIN HALL in Amerika und PAUL L. J. HÉROULT in Frankreich, die nicht nur im gleichen Jahre 1886 ihre Patente für das neue Verfahren anmeldeten, sondern die auch im gleichen Jahre 1863 geboren wurden und im gleichen Jahre 1914, im Alter von 51 Jahren, gestorben sind. Die wesentliche Entdeckung von HALL und

Héroult beruht auf der Erkenntnis, daß das Aluminiumoxyd in geschmolzenem Kryolith ($Na_3[AlF_6]$) löslich ist, so daß das Aluminium aus dieser Lösung durch Elektrolyse gewonnen werden kann. Dabei ist für den technischen und wirtschaftlichen Erfolg dieses Vorganges maßgebend, daß mit Temperaturen des geschmolzenen Kryoliths von etwa 1000° C gearbeitet werden kann, während der Schmelzpunkt von Aluminiumoxyd etwas über 2000° C liegt und sein Siedepunkt beinahe 3000° C beträgt, ohne daß dabei eine Zerlegung in die beiden Elemente Aluminium und Sauerstoff eintreten würde.

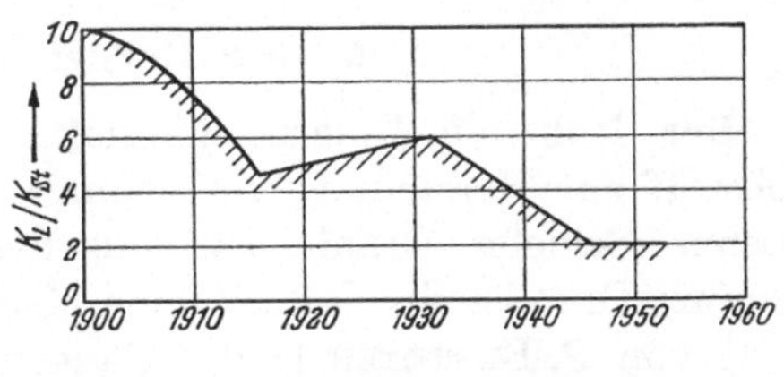

Abb. 6.

Es ist kennzeichnend für die Leistungsfähigkeit dieses Gewinnungsverfahrens, daß die industrielle Auswertung schon im den Patentanmeldungen folgenden Jahre einsetzte.

1887. Die ersten Aluminiumfabriken wurden in Neuhausen am Rheinfall (Schweiz) auf Grund des Verfahrens von Héroult und in Pittsburgh (USA) nach dem Verfahren Hall errichtet.

Das neue Metall fand bald Verwendung in der Kochgeschirrfabrikation, im Schiffbau und für elektrische Leiter; seine verhältnismäßig niedrige Festigkeit in Verbindung mit seinem immer noch hohen Preis verhinderten zunächst eine allgemeine Verwendung, insbesondere auch im Bauwesen. Eine wesentliche Verbesserung der Festigkeitseigenschaften ist nun jedoch durch *Legieren* möglich. Dabei ist zwischen nicht vergütbaren und vergütbaren Legierungen zu unterscheiden.

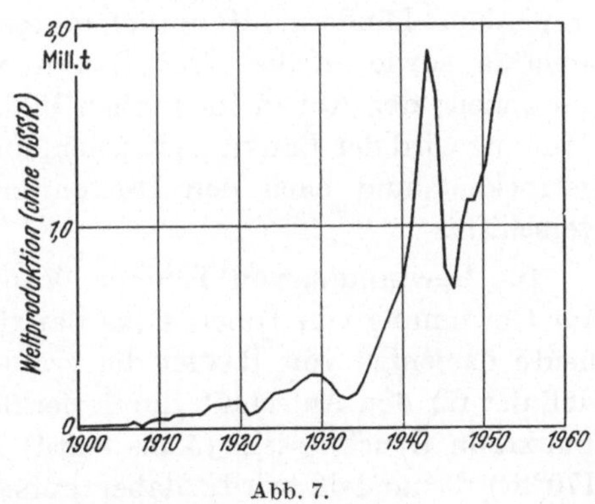

Abb. 7.

1906. Der Deutsche Alfred Wilm erfand mit dem Duraluminium die erste vergütbare Legierung mit hoher Festigkeit, die schon nach wenigen Jahren Verwendung im Flugzeugbau fand und die auch die Entwicklung zu den zahlreichen heutigen hochfesten Legierungen mit ihren zahlreichen Anwendungen auf fast allen Gebieten der Technik einleitete.

In volkswirtschaftlicher Beziehung ist die Entwicklung während des letzten halben Jahrhunderts gekennzeichnet durch eine starke Senkung des Preises von Aluminiumhalbfabrikaten und eine noch stärkere Vergrößerung des Produktionsvolumens. Abb. 6 zeigt die Preisentwicklung im Vergleich zu Stahl, auf Volumen bezogen; die Ordinaten zeigen, wieviel Kubikmeter Stahl für den Preis eines Kubikmeters Aluminium gekauft werden können. In Abb. 7 ist der Verlauf der Weltproduktion von Aluminium (ohne USSR) dargestellt[1].

b) Der Herstellungsvorgang.

Der Rohstoff Tonerde (Aluminiumoxyd Al_2O_3), der Ausgangsrohstoff zur Herstellung von Aluminium, kommt in vielen Gesteinen (Lehm, Schiefer, Granit usw.) als Bestandteil vor. Wichtigstes „Aluminium-Erz" ist der *Bauxit*, eine Mischung von Tonerdehydraten, der 1821 von P. BERTHIER in der Nähe des Dorfes *Baux* (Südfrankreich) entdeckt wurde, mit einem Tonerdegehalt von 50 bis 65% und ausnahmsweise auch mehr. Lehm enthält beispielsweise nur 30 bis 40% Tonerde; die Gewinnung von Tonerde aus Lehm ist wohl technisch möglich, aber, solange Bauxit zur Verfügung steht, nicht wirtschaftlich. Bauxit kommt in vielen Ländern vor; die für die Tonerdegewinnung geeignetsten und damit besten Qualitäten finden sich in tropischen und subtropischen Ländern. Hauptlieferanten sind heute Mittel- und Südamerika sowie Afrika. Der Bauxit wird normalerweise im Tagbau gewonnen; der Abbau im Stollen bildet die Ausnahme. Nach der Gewinnung wird der Bauxit gewaschen, um Verunreinigungen zu entfernen, getrocknet und nach den Hüttenwerken zur weiteren Verarbeitung verschifft.

Die Gewinnung von Tonerde. Von den zahlreichen Verfahren, die zur Gewinnung von Tonerde aus Bauxit entwickelt worden sind, besitzt heute dasjenige von BAYER die größte Bedeutung. Es besteht darin, daß der für den Aufschluß durch Zerkleinern und Erhitzen vorbereitete Bauxit in Druckkesseln (5 bis 8 atü) mit heißer Natronlauge (160 bis 170° C) behandelt wird; dabei entsteht eine Lösung verschiedener Natriumaluminate. Nach Filtrieren wird Aluminiumtrihydrat ausgefällt, das durch Trocknen zu Tonerde wird.

Nach einem anderen Verfahren (PEDERSEN) wird Kalkstein und Koks verwendet, um den Bauxit in eine Aluminiumschlacke umzuwandeln, die dann gemahlen und mit Soda behandelt wird; durch Filtrieren der entstandenen Lösung wird das Aluminiumhydrat ausgeschieden, aus dem nun durch Trocknen die Tonerde gewonnen wird.

Die Tonerde ist ein weißes, geschmack- und geruchloses Pulver mit der Dichte $\sim 3,7$ und dem Schmelzpunkt bei rd. 2000° C.

---

[1] Nach WALLACE: Market Control in the Aluminium Industry, und Metallgesellschaft A.G.: Metal Statistics.

Die Reduktion der Tonerde. Die letzte Stufe der Aluminiumherstellung ist die Reduktion der Tonerde, d. h. die Entfernung des Sauerstoffes. Diese Reduktion wird nach dem Verfahren von HALL und HÉROULT durch Lösung der Tonerde in geschmolzenem Kryolith und Elektrolyse durchgeführt. Der als Elektrolyt dienende Kryolith („Eis–Stein"), ein Doppelfluorid aus Natrium und Aluminium, wird in Grönland abgebaut; er kann auch synthetisch aus beim BAYER-Verfahren anfallenden Nebenprodukten hergestellt werden.

Die Elektrolysezellen bestehen aus Stahlwannen, die mit Kohle ausgekleidet sind und als Kathode wirken. Die eingetauchten Anoden werden aus einer Mischung von Petrolkoks und Teer hergestellt; bei

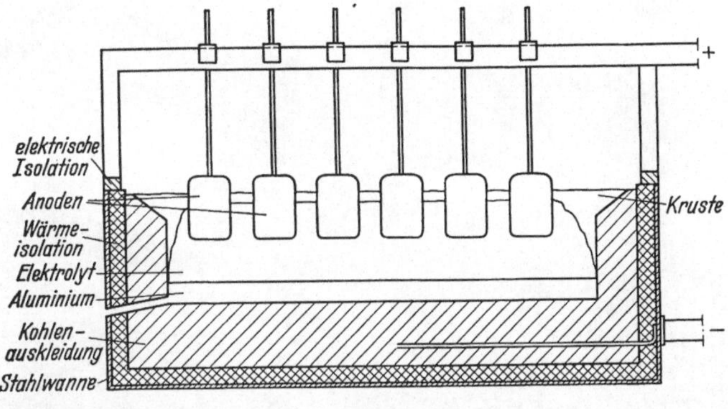

Abb. 8.

den Söderbergöfen werden die Anoden während des Prozesses durch Zuführung und Verfestigung loser Kohle ständig erneuert.

Um die Zelle (Abb. 8) in Betrieb zu setzen, werden die Anoden bis auf den Wannenboden heruntergelassen und gemahlener Kryolith darum geschichtet. Durch Einschalten des Stromes wird genügend Wärme zum Schmelzen des Kryolithes erzeugt; die Anoden werden allmählich gehoben und Kryolith zugefüllt. Nun wird feingemahlene Tonerde zugesetzt, die durch den geschmolzenen Kryolith gelöst wird. Durch die starke elektrolytische Wirkung wird das metallische Aluminium auf dem Wannenboden abgesetzt, während der Sauerstoff bei den Anoden unter Bildung von Kohlendioxyd ausgeschieden wird.

Auf der Oberfläche des Bades bildet sich eine harte Kruste, unter der der Elektrolyt durch die elektrisch erzeugte Wärme in geschmolzenem Zustand gehalten wird. Die durch den Kryolith gelöste Tonerde wird ununterbrochen in einem Verhältnis von etwa 500 g je Stunde und 900 A verarbeitet. Die Zelle wird normalerweise mit einer Spannung von 6 V betrieben; bei abnehmender Tonerdekonzentration im Elektrolyten erhöht sich jedoch der elektrische Widerstand der Zelle, so daß die

für die Aufrechterhaltung des Arbeitsflusses erforderliche Spannung bis
auf 60 V ansteigen kann. Hier muß nun neue Tonerde zugesetzt werden,
die über der Zelle bereitgehalten und durch die Badkruste eingeführt
wird. Das metallische Aluminium am Boden der Wanne wird von Zeit
zu Zeit abgelassen oder durch Schöpfen oder Absaugen entnommen und
zu Rohmasseln mit einem Stückgewicht bis zu etwa 25 kg gegossen,
die ihrerseits der weiteren Verarbeitung zugeführt werden.

Abb. 9. Aluminium-Kristalle (Oberfläche von geätztem Reinaluminium, Aufnahme mit Elektronen-
mikroskop der Firma Trüb, Täuber & Co. A.G. in Zürich, Vergrößerung 16000fach).

Zur Herstellung von einer Tonne Aluminium aus rd. zwei Tonnen
Tonerde (bzw. 4 bis 5 Tonnen Bauxit) beträgt der Strombedarf rd.
20000 kWh; die meisten Aluminiumhütten befinden sich deshalb in
Ländern mit großer Wasserkraftreserve (Kanada, Vereinigte Staaten,
Frankreich, Deutschland, Norwegen, Schweiz u. a.). Der Verbrauch
an Anodenmaterial beträgt etwa 600 kg für die Herstellung von einer
Tonne Aluminium.

Wirtschaftlich besitzt auch die Herstellung von Aluminium durch
Umschmelzen von Altmetall (*„Umschmelzmetall"*) eine gewisse Bedeutung.

c) Eigenschaften von Aluminium.

Das im Elektrolyseprozeß hergestellte Aluminium ist nicht vollständig rein, sondern enthält noch kleine Mengen von Eisen, Silizium,
seltener Titan, als Verunreinigungen. Bei einer Reinheit von mindestens
99% wird es als *Reinaluminium*, bei mindestens 99,9% als *Reinstaluminium* bezeichnet. Das handelsübliche Aluminium hat eine Reinheit von

etwa 99,0 bis 99,5%. Die für uns wichtigsten Eigenschaften sind etwa folgende:

Atomgewicht (Sauerstoff = 16) 26,97
Kristallstruktur kubisch flächenzentriert, Gitterabstand $4{,}046 \pm 0{,}004 \cdot 10^{-8}$ cm
Schmelzpunkt . . . . 658° C
Siedepunkt . . . . 1800° C
Weichglühtemperatur . . . . 360—400° C
Schmiedetemperatur . . . . 450—500° C
Dichte bei 20° C . . . . 2,70 g/cm³
    beim Schmelzpunkt fest . . . . 2,55 g/cm³
    beim Schmelzpunkt flüssig . . . . 2,38 g/cm³
Mittlere lineare Wärmeausdehnung, 20—100° C . . . . $24{,}0 \cdot 10^{-6}$
                        20—300° C . . . . $26{,}7 \cdot 10^{-6}$
                        20—600° C . . . . $28{,}6 \cdot 10^{-6}$
Elastizitätsmodul . . . . $E =$ 600—650 t/cm²
Querdehnungszahl . . . . 0,3—0,33

Die Korrosionsbeständigkeit nimmt mit wachsender Reinheit zu, die Festigkeit dagegen ab. Die statische Zugfestigkeit beträgt beispielsweise bei Reinstaluminium in naturweichem Zustand etwa $\sigma_Z = 0{,}35$ bis 0,6 t/cm² bei einer Bruchdehnung von etwa $\delta_{10} = 40$ bis 50%.

2. Die Aluminiumlegierungen.

a) Legierungsbestandteile und Legierungsarten.

Wie bei den andern Metallen können auch die Eigenschaften von Aluminium durch *Legieren* wesentlich verändert werden. Als wichtigste Legierungsbestandteile kommen hier in Betracht
zur Erhöhung der *Festigkeit*:
    Kupfer Cu, Magnesium Mg, Silizium Si, Mangan Mn;
zur Erhöhung der *chemischen Beständigkeit*:
    Magnesium Mg, Mangan Mn;
zur Verbesserung der *Gießeigenschaften*:
    Silizium Si, Kupfer Cu, Zink Zn.
Es ist Aufgabe der Technologie, die für die verschiedenen Verwendungszwecke günstigsten Legierungsarten zu bestimmen und bereitzustellen. Für die Verwendung im Bauwesen steht dabei im Vordergrund eine möglichst hohe Festigkeit bei guter Dehnung und guter Korrosionsbeständigkeit. Die verschiedenen Anforderungen können jedoch auch hier in diesem einen Anwendungsgebiet in ziemlich weiten Grenzen variieren: bei einer Dacheindeckung ist die Korrosionsbeständigkeit die Hauptanforderung, während wir uns mit verhältnismäßig bescheidenen Festigkeitswerten begnügen dürfen; andrerseits tritt bei einer Tragkonstruktion, auf die keine schädlichen chemischen Einflüsse einwirken können (normaler Hochbau), die Forderung einer besonders hohen Korrosionsbeständigkeit zugunsten einer hohen Festigkeit zurück.

Aber auch die Anforderungen an Festigkeit und Dehnung sind nicht absolute, sondern stehen in Wechselbeziehung mit den Herstellungskosten. Es kann in einem Fall wirtschaftlicher sein, mit einer billigeren Legierung von geringerer Festigkeit zu konstruieren, als mit einer Legierung von höherer Festigkeit und höherem Preis; in einem anderen Fall kann eine hochfeste Legierung mit hohem Preis zur wirtschaftlichsten Lösung (Erstellungs- und kapitalisierte Betriebskosten) führen. Von Bedeutung ist dabei noch, daß praktisch alle in Betracht kommenden Aluminiumlegierungen annähernd das gleiche spezifische Gewicht $\gamma = 2{,}70$ t/m³, besitzen.

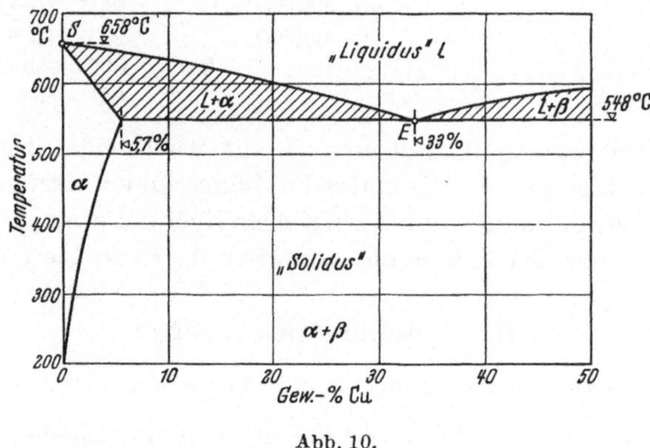

Abb. 10.

Die Festigkeit einer Aluminiumlegierung kann nun aber nicht nur durch passende Wahl der Legierungsbestandteile, sondern auch durch eine besondere Nachbehandlung erhöht werden. Unter diesem Gesichtspunkt unterscheidet man *thermisch vergütbare* und *nicht vergütbare Legierungen*.

Die **thermische Vergütbarkeit** einer Aluminiumlegierung ist an die Voraussetzung gebunden, daß ein Legierungsbestandteil verwendet wird, der im Aluminium bei hoher Temperatur stärker löslich ist als bei tiefer Temperatur. Diese Zusammenhänge werden durch das *Zustandsdiagramm*, wofür Abb. 10 das Beispiel der Zweistofflegierung Aluminium–Kupfer (AlCu) darstellt, übersichtlich veranschaulicht.

Das Zustandsdiagramm stellt den Zusammenhang zwischen der Temperatur T und dem Anteil des Legierungsbestandteils in Gewichtsprozenten für die stabilen Zustände der Legierung dar. Es zeigt in dem uns hier interessierenden Bereich zwei sogenannte „Einphasengebiete", nämlich die flüssige Lösung oder Schmelze L („Liquidus") und die feste Lösung der Mischkristalle α, und drei „Zweiphasengebiete", in denen entweder die beiden Mischkristallarten α und β oder die Schmelze L mit einer der beiden Mischkristallarten α und β gemischt vorkommen.

Die beiden schraffierten Bereiche $L + \alpha$ und $L + \beta$ stellen (bei Abkühlung) den Übergang vom flüssigen zum festen Zustand dar. Dieser Übergang geht nur beim Schmelzpunkt S des reinen Aluminiums, $T_S = 658°$ C, und beim eutektischen Punkt E, $T_E = 548°$ C, 33 Gew.-% Cu, bei einer bestimmten festen Temperatur, also ohne Mischbereich „fest–flüssig" vor sich, ist jedoch auch hier mit einer Volumenänderung verbunden. Wir erkennen aus dem Diagramm ferner, daß durch Legieren die Schmelztemperatur des Aluminiums herabgesetzt wird.

Die thermische Vergütung besteht nun aus den folgenden drei *Arbeitsstufen:*

1. dem **Lösungsglühen.** Bei einer Temperatur von 548° besteht mit 5,7 Gew.-% die größte Konzentrationsmöglichkeit von Kupfer in Aluminium in fester Lösung. Bei dieser Temperatur, die praktisch etwas niedriger gewählt wird ($\sim$ 530°), besteht somit eine stabile feste Lösung Al–Cu mit bis zu etwa 5 Gew.-% Cu.

2. dem **Abschrecken.** Wird diese feste Lösung nun plötzlich auf Raumtemperatur abgekühlt, so haben die gegenüber dem dieser neuen Temperatur entsprechenden stabilen Zustand überschüssigen Kupferatome nicht genügend Zeit, sich auszuscheiden; diese „unterkühlte" Lösung, bei der man auch etwa von „eingefrorenem Gleichgewicht" spricht, ist nicht stabil, besitzt jedoch höhere Festigkeit als geglühtes Metall. In diesem Zustand wird das Material als „thermisch teilvergütet" bezeichnet.

3. der **Ausscheidungshärtung.** Beim Lagern nach dem Abschrecken werden die überschüssigen Kupferatome aus dem unstabilen Zustand allmählich ausgeschieden. Aus dem übersättigten Mischkristall $\alpha = $ AlCu bildet sich der stabile Mischkristall AlCu mit kleinerem Cu-Gehalt, in dessen Gefüge das ausgeschiedene Kupfer molekular-dispers eingelagert ist. Diese Ausscheidung ist nun stets mit wesentlichen Eigenschaftsänderungen verbunden; praktisch ist für uns dabei wichtig, daß damit die Festigkeit bleibend gesteigert wird. Je nach der Legierungsart geht diese Ausscheidungshärtung bei normaler Raumtemperatur im Verlauf von einigen Tagen vor sich oder sie wird bei einer erhöhten, normalerweise 200° C jedoch nicht übersteigenden Temperatur vorgenommen; wir sprechen im ersten Fall von einer „*natürlichen Alterungsaushärtung*", im zweiten von der „*thermischen Aushärtung*". Je nach der Auslagerungstemperatur können dabei verschiedene Festigkeitswerte erreicht werden.

Abb. 11 zeigt den grundsätzlichen Verlauf der Zunahme der statischen Zugfestigkeit σ_Z bei der natürlichen Alterung der drei Legierungsgruppen AlZnMgCu, AlCuMgMn und AlMgSi.

In Abb. 12 ist der Zusammenhang zwischen Temperatur T, Zeit t und der erreichbaren statischen Zugfestigkeit für die thermische Aushärtung für eine bestimmte Legierungsart dargestellt. Es ist zu beachten, daß die Festigkeit ihren Größtwert bei einer gegebenen Aushärtungstemperatur T nach einer bestimmten Zeit erreicht, bei der der Aushärtungsvorgang abgebrochen werden muß, weil sonst die Festigkeit

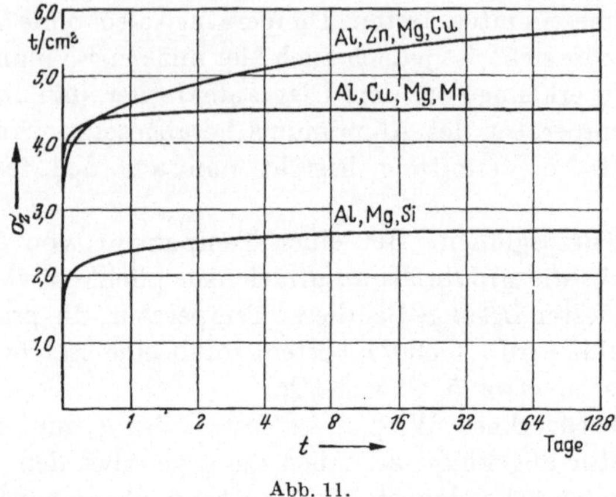

Abb. 11.

wieder abnehmen würde. Aus Abb. 12 kann somit die Abb. 13 gewonnen werden, die die größte erreichbare Festigkeit in Funktion der Aushärtungstemperatur (für die optimale Zeitdauer) zeigt.

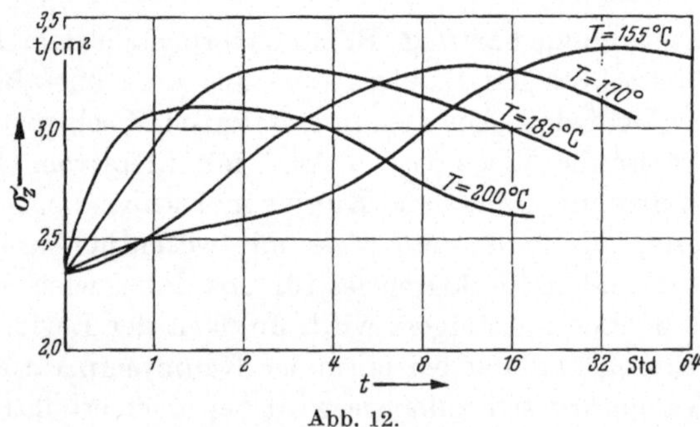

Abb. 12.

Aus diesen Zusammenhängen ergibt sich die Möglichkeit, eine thermisch vergütete Legierung in verschiedenen Festigkeitsstufen herzustellen. Durch die Warmaushärtung wird jedoch nicht nur die Festigkeit vergrößert, sondern auch die Verformbarkeit des Materials vermindert. Abb. 14 zeigt für die Legierung der Abb. 12 den Einfluß von Aushärtungstemperatur und Zeit auf die Bruchdehnung $\delta = \delta_5$ (in %) des statischen Zugversuches, am kurzen Probestab gemessen.

Bei künstlicher Alterung wird somit die hohe Festigkeit durch eine merkliche Einbuße an plastischem Verformungsvermögen der Legierung erkauft, was bei der Ausbildung der konstruktiven Einzelheiten und Verbindungen zu beachten sein wird. Natürlich gealterte Legierungen zeigen eine kleinere Einbuße an Dehnungsvermögen als künstlich gealterte.

Der Einfluß der thermischen Vergütung geht bei Weichglühen wieder verloren. Dies ist einerseits wichtig für die Verbindungsmittel Nieten und Schweißen, anderseits aber auch für die Auswahl von Legierungen für Anwendungen, die einer hohen Betriebstemperatur, etwa über 100° C, ausgesetzt sind.

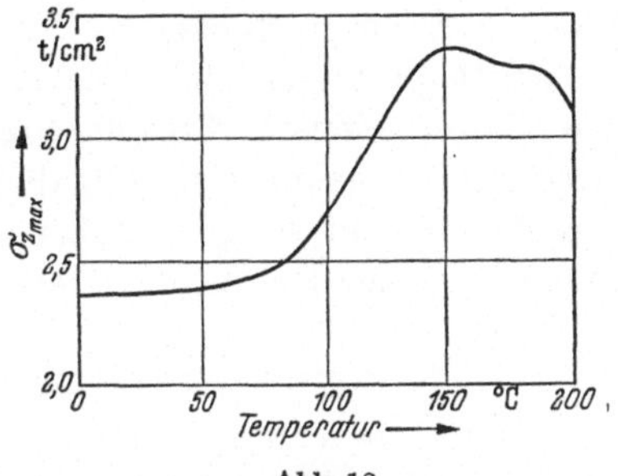

Abb. 13.

Neben der thermischen Vergütung besteht bei den Aluminiumlegierungen auch die Möglichkeit, die Festigkeit durch *Kaltverformung* merklich zu vergrößern. Diese Möglichkeit besteht bei den meisten Metallen; sie ist insbesondere für Stahl durch die Steigerung der Festigkeit bei kaltgezogenen Drähten bekannt. Die erreichbare Festigkeit ist

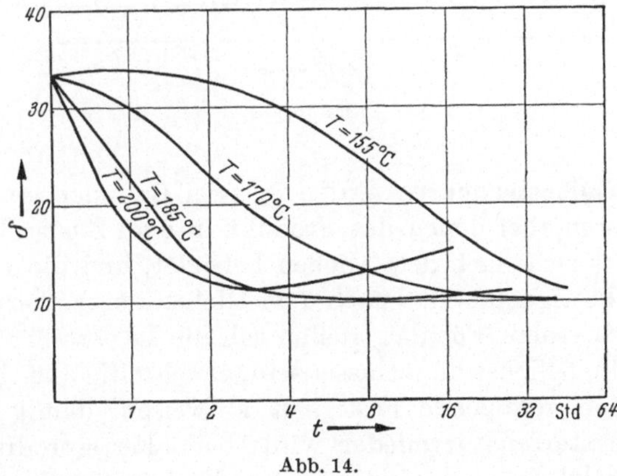

Abb. 14.

dabei abhängig von der Größe der Querschnittsverminderung, die bei diesem Kaltrecken erreicht wird. Die Kaltverformung, durch die die Metallstruktur im Sinne einer Vergrößerung der Festigkeit mit gleichzeitiger Verkleinerung des Verformungsvermögens verändert wird, kann in Form des Kaltwalzens, des Kaltziehens oder auch des Kaltpressens ausgeübt werden. In Abb. 15 ist der Einfluß der Querschnittsverminderung $\Delta F/F$ durch Kaltverformung auf die statische Zugfestigkeit σ_Z und die Bruchdehnung δ_5 des kurzen Probestabes für handelsübliches Reinaluminium und für eine Legierung hoher Festigkeit dargestellt.

Auch die Wirkung der Kaltverformung geht durch Weichglühen wieder verloren.

Nach der Art der *Verarbeitung* und den entsprechenden Anforderungen werden, in einer zweiten Einteilung, *Knetlegierungen* und *Gußlegierungen* unterschieden.

Knetlegierungen sind solche, die einer mechanischen Bearbeitung, wie Walzen, Ziehen, Pressen oder Schmieden, unterworfen werden. In diese Gruppe gehören sowohl thermisch vergütbare wie thermisch nicht vergütbare Legierungen, wobei zur letzteren Gruppe auch Aluminium handelsüblicher Reinheit zu rechnen ist.

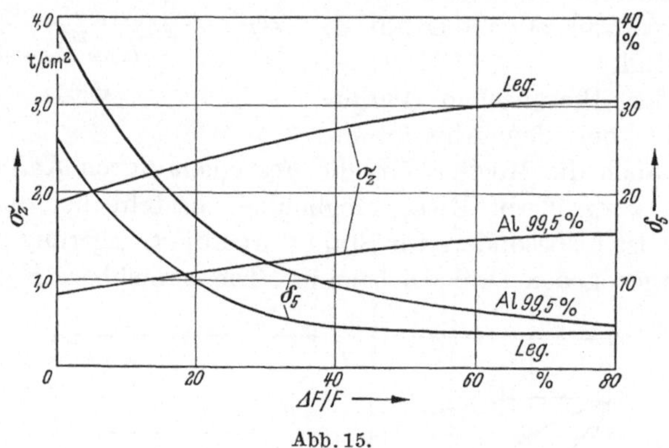

Abb. 15.

Auch die **Gußlegierungen** werden in zwei Gruppen eingeteilt: die nicht vergütbaren, bei denen das Produkt in dem Zustand verwendet wird, in dem es sich nach dem Gießen befindet, und die vergütbaren, bei denen die Festigkeitswerte nach dem Gießen durch thermische Vergütung erhöht werden. Für das Gießen soll die Legierung in geschmolzenem Zustand möglichst dünnflüssig sein, gleichzeitig aber bei erhöhter Temperatur eine genügende Festigkeit aufweisen, damit Rißbildung während des Erstarrens vermieden wird; beim Fertigprodukt dagegen sind gute Festigkeit, gutes plastisches Verformungsvermögen und Porenfreiheit erwünscht. Diese verschiedenen Anforderungen lassen sich nicht immer vereinbaren. Besonders hohe Festigkeitswerte können beispielsweise nur durch zweckmäßige Vereinfachung des Gußstückes erreicht werden.

b) Legierungsbezeichnungen.

Für den praktischen Gebrauch müssen die Aluminiumlegierungen in möglichst kurzer Form eindeutig bezeichnet werden. Aus dieser Bezeichnung muß sowohl die Zusammensetzung wie die Art des Zustandes hervorgehen. Vom Standpunkt des Konstrukteurs aus ist es bedauerlich, daß bis heute keine internationale Vereinheitlichung der Legierungen und ihre Bezeichnungen festgelegt worden ist. So existieren in den verschiedenen Ländern und sogar innerhalb eines Landes je nach der Herstellergruppe für die gleiche oder beinahe gleiche Legierung verschiedene Bezeichnungen nebeneinander, was offensichtlich den für die Entwicklung der Leichtmetallbauweise notwendigen Erfahrungsaustausch erschwert.

Nachstehend sollen kurz die von der *Aluminium Limited-Gruppe* verwendeten Bezeichnungen festgehalten werden; ein Überblick über die wichtigsten Bezeichnungsnormen verschiedener Länder ist in Kapitel VIII enthalten.

Knetlegierungen werden durch ein- oder zweistellige Zahlen, gefolgt vom Buchstaben S, bezeichnet, z. B. „2 S" oder „57 S". Dabei ist die Reihe von 1 bis 99 heute noch nicht ausgenützt, sondern es sind erst einzelne Zahlen, wie beispielsweise 1, 2, 3, 4, 16, 17, 23, 24, 26, 51, 54, 56, 57, 65, 75, verwendet, so daß auch zukünftige Legierungen im Rahmen dieser Bezeichnungsweise benannt werden können. Kleine Variationen innerhalb einer Legierungsart werden durch vorangestellte Buchstaben A, B usw. gekennzeichnet.

Gußlegierungen werden durch eine dreistellige Zahl, z. B. „160", bezeichnet.

Die Legierungsbezeichnung (2 S, 57 S oder 160) wird normalerweise durch eine *Bezeichnung des Zustandes* oder der Art der Vergütung ergänzt.

Bei *nicht vergütbaren Knetlegierungen* wird der weich geglühte Zustand mit „0" bezeichnet, z. B. 4 S 0, der durch Kaltverformung voll ausgehärtete Zustand dagegen mit „H" (z. B. 4 S H). Zwischenhärten werden durch ¼ H, ½ H oder ¾ H angegeben. Zu beachten ist, daß nicht bei allen Legierungen alle Härtegrade geliefert werden; gelegentlich wird auch auf die Herstellung des vollausgehärteten Zustandes wegen zu hohen Kosten oder wegen Herstellungsschwierigkeiten verzichtet. Im Fabrikationszustand gelieferte Legierungen werden mit „M" bezeichnet.

Für *thermisch vergütbare Knetlegierungen* sind die folgenden Bezeichnungen eingeführt:

0   weich geglüht,

W   thermisch teilvergütet (Lösungsglühen),

WP   thermisch vollvergütet (mit thermischer Aushärtung),

T   thermisch teilvergütet und durch natürliche Alterung ausgehärtet,

M   Fabrikationszustand („wie gewalzt" usw.).

Bei Gußlegierungen bedeuten analog:
W   thermische Teilvergütung,
T   Vollvergütung mit natürlicher Alterung;
mit A   wird der Zustand nach Lösungsglühen mit langsamer Abkühlung gekennzeichnet.

In den nächsten beiden Unterabschnitten sollen die wichtigsten Legierungsarten kurz gekennzeichnet werden.

c) Knetlegierungen.

Reinaluminium. Nicht vergütbar (1 S, 2 S und Reinstaluminium).

Reinaluminium wird hauptsächlich in „handelsüblicher Reinheit" (2 S) mit mindestens 99% Aluminium verwendet, und zwar in der Verpackungsindustrie, der Geschirrfabrikation, im Bauwesen für dekorativen Ausbau und für eine Reihe weiterer allgemeiner Anwendungen. Für verschiedene Anwendungsgebiete, wie die Elektroindustrie, wird eine höhere Reinheit gewünscht; bei einer Reinheit von mindestens 99,5% gilt die Bezeichnung 1 S. Für besondere Zwecke wird „Reinstaluminium" mit Reinheiten von 99,85% und 99,99% geliefert (Chemische Industrie, Spezialfolien).

Aluminium–Mangan. Nicht vergütbar (3 S und A 4 S).

Ein Zusatz von 1 bis $1^1/_2$% Mangan erhöht die Festigkeit bei nur geringer Verkleinerung der Dehnung. Diese Legierungen werden dort verwendet, wo höhere Festigkeit als von Reinaluminium bei hoher Korrosionsbeständigkeit und guter Verformbarkeit erwünscht ist. Die Legierung A 4 S enthält außerdem einen kleinen Zusatz an Magnesium zur Verbesserung von Verformbarkeit und Korrosionsbeständigkeit und wird hauptsächlich für *Dacheindeckungen* verwendet.

Aluminium–Magnesium. Nicht vergütbar (57 S, A 57 S, B 54 S und A 56 S).

Durch Beigabe von Magnesium werden die Korrosionsbeständigkeit, besonders gegen Meerwasser, und die Zugfestigkeit σ_Z erhöht; diese Legierungen besitzen auch gute Dauerfestigkeit, gute Verformbarkeit und Verarbeitbarkeit und etwas geringeres spezifisches Gewicht als Reinaluminium. In dieser Gruppe werden drei Hauptlegierungen hergestellt, nämlich mit $1^1/_2$% (A 57 S), mit $2^1/_2$% (57 S) und rd. 5% (A 56 S) Magnesium, neben kleinen Zugaben an Mangan oder Chrom. Diese Legierungen verfestigen sich während der Verarbeitung rascher als Reinaluminium oder Aluminium–Mangan-Legierungen und sind in der Warm- und Kaltbehandlung und Verarbeitung etwas schwieriger zu behandeln. Für den Schiffbau wurde besonders die Legierung B 54 S mit etwa $4^1/_2$% Magnesium und einem kleinen Zusatz Mangan entwickelt; sie wird nur in Plattenform geliefert und entspricht im Fabrikationszustand „F" den Anforderungen von Lloyds „Register of Shipping for use in Shipbuilding".

Aluminium-Kupfer-Magnesium-Mangan. Vergütbar (16 S, 17 S, 23 S, 26 S).

Diese Gruppe umfaßt die hauptsächlichen hochfesten Legierungen, die alle Kupfer als Hauptlegierungselement mit Zusätzen von Magnesium und Mangan in verschiedenen Mengen enthalten. Alle diese Legierungen sind vergütbar, 17 S und 23 S natürlich aushärtend, 26 S künstlich aushärtbar. Diese Legierungen werden in allen Lieferformen hergestellt. 16 S wird jedoch hauptsächlich für Nieten verwendet. Die Legierungen 17 S, 23 S und 26 S werden auch als „*Alclad*" geliefert, d. h. als Bleche mit beidseitiger Plattierung aus Reinaluminium zur Erhöhung der Korrosionsbeständigkeit.

Aluminium-Magnesium-Silizium. Vergütbar (65 S).

Diese Legierungen, für die 65 S ein typisches Beispiel ist, weisen normalerweise eine etwas geringere Festigkeit auf als diejenigen der Al–Cu–Mg–Mn-Gruppe, lassen sich aber leichter verarbeiten und formen und besitzen eine bessere Korrosionsbeständigkeit. Ihre Hauptmerkmale sind Stabilität und ausgezeichnete Verformungseigenschaften nach dem Lösungsglühen. Nach dem Verformen können die Werkstücke einem Alterungsprozeß bei niedriger Temperatur unterzogen werden, wodurch die Festigkeit erhöht wird.

Die Legierung 65 S enthält 1% Magnesium und $^1/_2$% Silizium mit kleinen Zugaben von Chrom und Kupfer; sie ist eine der gebräuchlichsten Konstruktionslegierungen und wird in Form von Blechen, Platten und Profilen geliefert sowie auch für Nieten verwendet.

Aluminium-Zink-Magnesium. Vergütbar (75 S).

Die Legierungen dieser Gruppe werden erst in neuerer Zeit hergestellt. Sie weisen die höchsten Festigkeitswerte aller bisherigen Leichtmetallegierungen und damit ein hervorragendes Verhältnis Festigkeit-Gewicht auf. Sie enthalten bis zu 8% Zn und bis zu 4% Mg mit Zugaben von bis zu 3% Cu, 1% Mn, 1% Cr und 0,3% Ti. 75 S ist eine typische Legierung dieser Gruppe und enthält 6% Zn, $2^1/_2$% Mg, $1^3/_4$% Cu und kleine Mengen von Mangan, Chrom und Titan.

Diese Legierungen sind schwierig herzustellen und lassen sich nicht leicht verformen. Verformungsarbeiten müssen unmittelbar nach dem Vergüten durchgeführt werden, da diese Legierungen während Monaten natürlich ausaltern. Die Ausscheidungshärtung wird hier immer angewendet. Da jedoch Zink die Gießeigenschaften von Aluminiumlegierungen verbessern kann, ist zu erwarten, daß auf dieser Grundlage auch Legierungen entwickelt werden können, die sich dank der Fähigkeit der natürlichen Ausalterung besonders für geschweißte Konstruktionen eignen.

Konstruktionslegierungen. Wie aus dieser Charakteristik hervorgeht, können die Eigenschaften der Aluminiumlegierungen durch die Art und Menge der Legierungszusätze sowie durch die Verarbeitungsart in weiten Grenzen verändert werden. Sobald der Verwendungszweck jedoch festliegt, kann eine verhältnismäßig kleine Auswahl von besonders geeigneten Legierungen getroffen werden. Für Bauwerke aus Leichtmetall sind dies (abgesehen von A 4 S für Dacheindeckungen und von noch zu entwickelnden Al–Zn–Mg-Legierungen für geschweißte Bauteile[1]) hauptsächlich

57 S (Al–Mg-Gruppe),
65 S (Al–Mg–Si-Gruppe) und
26 S (Al–Cu-Gruppe).

Die wichtigsten technischen Eigenschaften der für das Bauwesen wichtigen Legierungen sind in Kapitel VIII zusammengestellt.

Diese drei Legierungen unterscheiden sich, bei annähernd gleichem Elastizitätsmodul E, durch ausgeprägte Unterschiede in der Festigkeit. Der Preis einer Legierung steigt jedoch mit zunehmender Festigkeit. Da aber andrerseits die Zugfestigkeit allein für die Wirtschaftlichkeit einer Konstruktion nur selten maßgebend sein wird (Stabilitätsprobleme!), wird die Legierung 26 S, die die größte Zugfestigkeit, aber auch die höchsten Gestehungskosten aufweist, normalerweise für Bauwerke nicht im Vordergrund stehen, sondern in praktisch-wirtschaftlicher Beziehung, abgesehen von hochwertigen Sonderbauteilen, gegenüber den Legierungen 57 S oder 65 S eher zurücktreten. Aus diesen beiden Legierungen lassen sich auch leichter dünnwandige, tiefe Profile formen, was für die Wirtschaftlichkeit ebenfalls bedeutungsvoll ist.

Die Legierung 57 S wird besonders für Leichtbauteile, d. h. Blechprofile, verwendet. Sie läßt sich leicht abkanten oder kaltwalzen und besitzt auch bei dünnen Stärken die notwendige Dauerhaftigkeit. Wo besonders gute Verformbarkeit auf Kosten einer kleinen Verminderung der Festigkeit erwünscht ist, empfiehlt sich die Verwendung der Legierung A 57 S.

Die Legierung 65 S wird hauptsächlich in Form von stranggepreßten Profilen und von Blechen verwendet, obwohl sie sich auch leicht zu Blechprofilen mit höherer Festigkeit verarbeiten läßt.

---

[1] Eine solche Al–Zn–Mg-Legierung ist in Frankreich unter der Bezeichnung „Superalumag T 35" entwickelt worden mit der Zusammensetzung Zn 2,75—3,25%, Mg 1,5—1,75%, kleine Mengen von Mn, Cr, Cu, Fe und Si. Siehe JEAN HERENGUEL: Un nouvel alliage léger à moyenne résistance: le Superalumag T 35; Revue de l'Aluminium, Avril 1950.

d) Gußlegierungen.

Aluminium–Silizium. Nicht vergütbar (160), vergütbar (125).

Die Legierungen dieser Gruppe enthalten 2 bis 13% Silizium, mit oder ohne zusätzliche Legierungselemente. Sie weisen gute Gießeigenschaften auf und können nach allen üblichen Verfahren vergossen werden; es lassen sich gut porenfreie Gußstücke mit guter Korrosionsbeständigkeit herstellen.

Ohne andere Legierungszusätze werden die Gußstücke „wie gegossen" verwendet; ihre Zugfestigkeit ist verhältnismäßig niedrig, doch weisen sie ein annehmbares plastisches Verformungsvermögen auf und sind nicht spröde. Die meistgebrauchte Legierung dieser Gruppe ist 160 mit einem Siliziumgehalt von 12%.

Die Legierung 125 enthält 5% Silizium neben kleinen Mengen von Kupfer und Magnesium; sie besitzt gegenüber 160 erhöhte Festigkeit und ist vergütbar.

Aluminium–Kupfer. Vergütbar (226).

In diese Gruppe gehören die ersten hergestellten Gußlegierungen. Alle Kupfer enthaltenden Legierungen können vergütet werden, sind jedoch weniger korrosionsbeständig. Sie besitzen hohe Festigkeit und gute Bearbeitbarkeit. Ihre Gießbarkeit ist gut, liegt jedoch unter derjenigen der Al–Si-Legierungen. Al–Cu-Legierungen eignen sich nicht für Spritzguß und auch nicht für kompliziertere Formen von Kokillenguß, es sei denn, daß noch andere Elemente wie Silizium zugesetzt werden, um das Formfüllungsvermögen zu verbessern und die Warmbrüchigkeit zu vermindern.

Aluminium–Magnesium. Vergütbar (350).

Die Legierungen dieser Gruppe besitzen ausgezeichnete Beständigkeit gegen Meerwasser, hohe Festigkeit, hohes plastisches Verformungsvermögen und gute Bearbeitbarkeit. Sie lassen sich jedoch nicht so gut vergießen wie diejenigen der anderen Gruppen und erfordern eine besondere Behandlung, um eine Oxydation während des Gießens zu verhindern.

Die Legierung 350 enthält 10% Magnesium und gehört zu den Gußlegierungen mit den besten Festigkeitswerten; sie wird vergütet. Bei niedrigerem Magnesiumgehalt wird ein Zusatz von Silizium notwendig, um eine Vergütungsbehandlung wirksam zu machen.

3. Lieferformen.

Aluminiumlegierungen werden in einer großen Auswahl von Formen als Halbfabrikate geliefert. Knetlegierungen werden zu Blechen und Platten, gewalzten und stranggepreßten Profilen, Rohren, Draht und zu Schmiedestücken verarbeitet, während die Gußlegierungen zur Herstellung von Sand-, Kokillen- oder Preßguß dienen. Die wichtigsten dieser Verarbeitungsprozesse seien nachstehend beschrieben, mit Ausnahme des Warmwalzens, das gegenüber dem Walzen von Stahlprofilen keine charakteristischen Besonderheiten aufweist.

a) Strangpressen.

Die Aluminiumlegierungen sind bei Temperaturen zwischen 400 und 550° C weich und plastisch verformbar; sie lassen sich in diesem Zustand leicht walzen oder auf andere Weise verformen. Dabei variiert der Grad der Verarbeitbarkeit mit der Zusammensetzung der Legierung; bei einzelnen Legierungen ist die Verarbeitung schwieriger als bei Stahl von geeigneter Arbeitstemperatur. Wesentlich für die Verarbeitung von Aluminiumlegierungen ist, daß die Temperatur für die Warmverformung viel niedriger liegt als diejenige anderer Metalle. Dieser Umstand ist besonders wichtig für das Strangpressen.

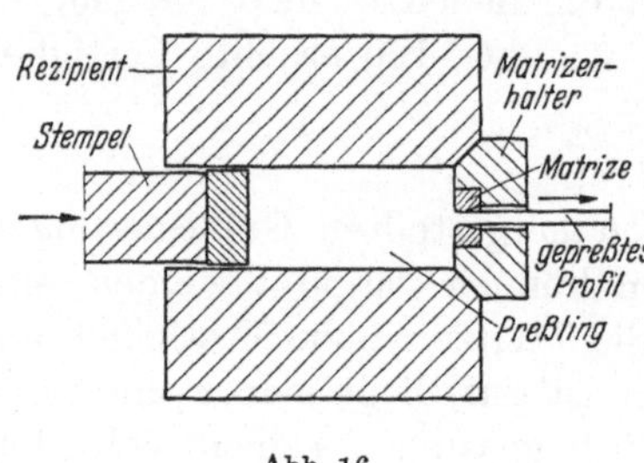

Abb. 16.

Beim Strangpressen wird das zu verarbeitende Metall, der Preßling, in erhitztem Zustand durch den Stempel einer hydraulischen Presse durch eine Stahlmatrize mit der gewünschten Profilform, die sich hinter dem Rezipienten befindet, hindurchgepreßt (Abb. 16).

Der Stempeldruck auf den Preßling kann bei der Herstellung dünnwandiger Profile komplizierter Form aus einer Legierung hoher Festigkeit bis 10 t/cm² und mehr betragen; der Rezipient ist, da ja das Material plastisch ist, einem sehr großen Innendruck ausgesetzt.

Zur Herstellung von Rohren und Hohlprofilen wird ein Dorn in das Werkzeug eingesetzt und das Material zwischen Matrize und Dorn durchgepreßt. Es werden Rundbarren mit Dornloch verwendet oder aber die Presse so eingerichtet, daß der Preßling durchbohrt wird. Der Dorn kann am Stempel befestigt oder aber mit der Matrize verbunden werden; im letzteren Fall tritt das Metall durch verschiedene Zugänge zur Matrize und vereinigt sich vor dem Verlassen der durch Matrize und Dorn gebildeten Profilöffnung. Bei Verwendung von geeignetem Legierungsmaterial können auch komplizierte Formen von Hohlprofilen mit mehreren Hohlräumen hergestellt werden.

Durch Strangpressen kann eine große Auswahl von Profilen hergestellt werden. Da bei der Änderung des Profils nur die Matrize ausgewechselt werden muß, ist auch die Herstellung von besonderen Profilen in kleinen Mengen (im Gegensatz zum Profilwalzen) wirtschaftlich möglich. Damit besitzt der Konstrukteur die Möglichkeit, Profilformen zu entwerfen und zu verwenden, die im gegebenen Einzelfall die beste Materialausnützung erlauben. Beim Entwurf solcher Profilformen sind jedoch die Möglichkeiten und Grenzen des Strangpreßverfahrens zu berücksichtigen.

Die Arbeitsgeschwindigkeit einer Strangpresse ist abhängig sowohl von der Profilform wie von der verwendeten Legierungsart. So ergeben sich bei Rundstäben aus weichem Metall, wie etwa 2 S, Arbeitsgeschwindigkeiten bis zu etwa 60 m/min, während bei dünnwandigen, komplizierten Profilen aus einer Legierung hoher Festigkeit nur mit einer Geschwindigkeit von 0,5 m/min gerechnet werden kann. Bei Profilen mit veränderlicher Wandstärke besteht die Schwierigkeit, daß das Metall die Tendenz hat, in den dickeren Teilen rascher zu fließen als in den dünneren, wodurch Verzerrungen entstehen können. Innert gewisser Grenzen kann jedoch diese Schwierigkeit durch geeignete Formgebung des Werkzeuges behoben werden, indem der Metallfluß in den dickeren Teilen verlangsamt wird.

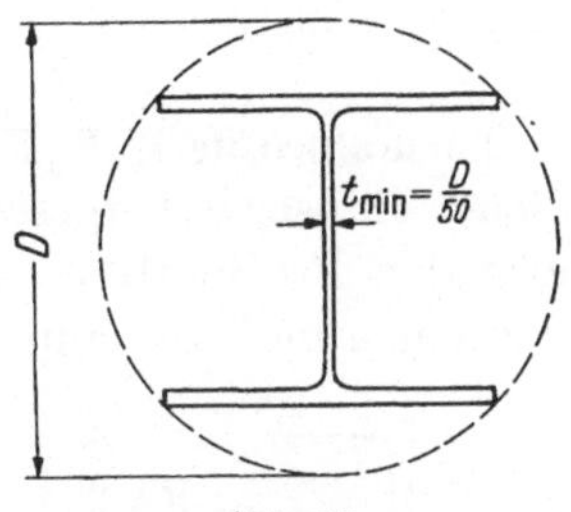

Abb. 17.

Symmetrische Profile verlangen im allgemeinen weniger Richtarbeit und Nachbearbeitung nach dem Strangpressen und Vergüten als unregelmäßige Profilformen. Bei sehr dünnwandigen Profilen können ferner Verzerrungen auftreten, solange das Material noch plastisch ist. Bei leicht verarbeitbarem Material, wie 2 S oder 50 S, ist eine Minimalstärke von 0,75 mm noch ausführbar. Im allgemeinen soll die kleinste Wandstärke eines Profils nicht kleiner als $^1/_{50}$ der größten Profilbreite sein; so soll beispielsweise bei einem I-Profil, dessen Querschnitt innerhalb eines Kreises von 100 mm Durchmesser Platz findet, die kleinste Stärke (Steg) nicht unter 2 mm betragen (Abb. 17).

Bei großen Profilen und Legierungen hoher Festigkeit ist das Verhältnis von kleinster Wandstärke zu größter Profilbreite angemessen zu vergrößern; so ist bei einem Profil mit $D = 300$ mm eine Wandstärke von weniger als 12 mm ($D/t_{min} = 25$) nicht zu empfehlen.

Bei der Herstellung komplizierter Profile aus Material hoher Festigkeit muß wegen des notwendigen hohen Preßdruckes auch die Matrize entsprechend kräftig gebaut sein; lange und dünne Zungen der Matrize zur Herstellung tiefer und schmaler Nuten im Profil können sich dabei verbiegen oder brechen und sind damit möglichst zu vermeiden. Gelegentlich ist der Einsatz zu dicker Zungen in der Matrize angezeigt, wobei die Nuten dann durch kaltes Nachziehen mit einer anderen Matrize auf die gewünschte Form gebracht werden können. Abb. 18

zeigt ein typisches Beispiel: das gepreßte Profil (links) wird nachher auf die gewünschte Form (rechts) kaltgezogen.

Scharfe Kanten können beim Strangpressen nicht hergestellt werden; Kanten sind mit einem Radius von mindestens 0,75 mm abzurunden.

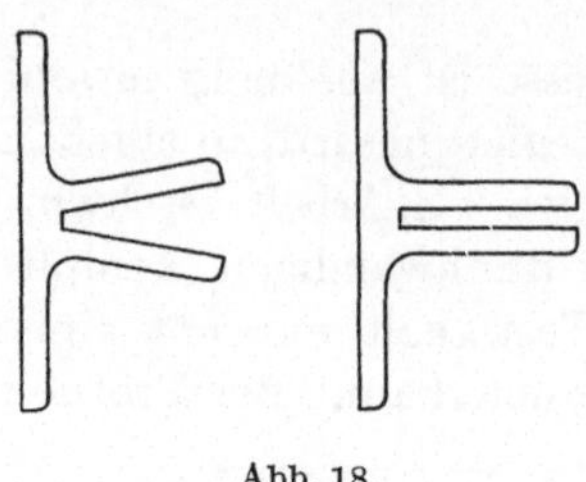

Abb. 18.

Scharfe einspringende Ecken, die ja auch statisch ungünstig sind, verringern die Strangpreßgeschwindigkeit und erhöhen die Abnützung der Werkzeuge.

Abb. 19 zeigt eine Auswahl typischer Profilformen, wie sie durch Strangpressen hergestellt werden. Nachstehend sollen die verschiedenen Gruppen von Strangpreßprofilen noch kurz charakterisiert werden.

Normalprofile I, T, Z usw. Diese Normalprofile werden mit parallelen Flanschen hergestellt, da beim Strangpressen, im Gegensatz zum normalen Profilwalzen, keine Flanschneigung notwendig ist. Die Verbindungen und Anschlüsse der Flanschen werden dadurch beim Schrau

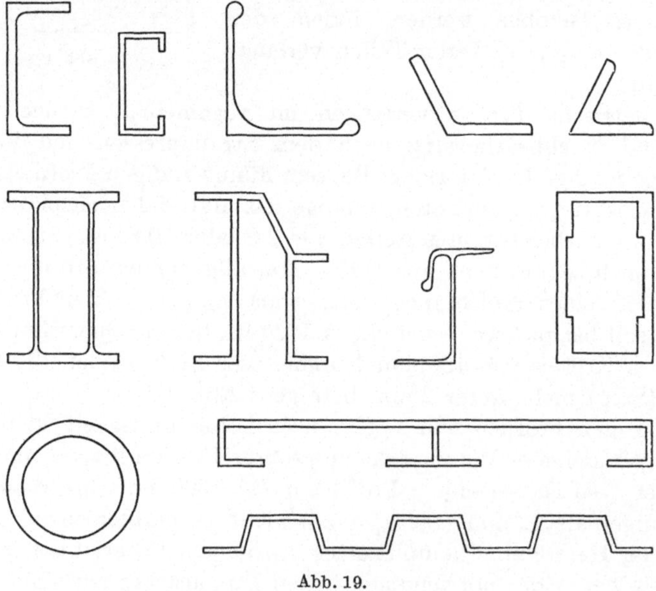

Abb. 19.

ben und Nieten gegenüber den Normalprofilen des Stahlbaues vereinfacht. Auch ist es möglich, solche Normalprofile sehr dünnwandig herzustellen.

Sonderprofile. Normalprofile werden nicht bei allen Anwendungsfällen die günstigste Lösung ergeben. So ist es gelegentlich erwünscht, die Ausrundung zwischen Steg und Flanschen eines I-Profils mit möglichst großem Radius oder dreieckförmig auszuführen, um die Verdrehungssteifigkeit zu vergrößern oder die Flanschränder durch Wulste zu verstärken, um eine größere seitliche Biegungssteifigkeit zu erreichen und die örtliche Beulsicherheit zu vergrößern. Ein Profil mit doppeltem Steg nach Abb. 18, als Gurtung verwendet, erlaubt eine einfache Herstellung von Blechträgern; das Stehblech wird zwischen die beiden Gurtstege eingeführt und vernietet. Da ferner Flansch und Steg eines ⊥-förmigen Profils in beliebigem Winkel zueinander angeordnet werden können, ergeben sich Gurtprofile, die eine besonders einfache Ausführung von räumlichen Fachwerkträgern mit drei Gurtungen erlauben. Mit solchen schiefwinkligen Profilen lassen sich auch schiefe Anschlüsse sehr einfach herstellen.

Hohlprofile. Hohlquerschnitte, wie rechteckige Kastenquerschnitte, Rohre und zweistegige geschlossene Profile besitzen ein sehr günstiges Verhältnis von kleinster zu größter Biegungssteifigkeit und eine besonders hohe Verdrehungssteifigkeit. Ihre Verwendung kann deshalb in besonderen Anwendungsfällen häufig wirtschaftlich sein, auch wenn ihre Herstellung etwas teurer ist als diejenige offener Profile.

Zusammenfassend kann festgestellt werden, daß die Möglichkeit, Profile im Strangpreßverfahren herzustellen, dem Konstrukteur eine große Freiheit in der Wahl der geeignetsten Querschnittsformen seiner Bauelemente verschafft. Die Kunst des guten Konstruierens beruht zu einem großen Teil auf der Ausnützung dieser Möglichkeit im Rahmen der Besonderheiten und Grenzen des Strangpreßverfahrens. Die Strangpreßprofile sind jedoch nicht das einzige Konstruktionsmittel im Leichtmetallbau; häufig können, besonders bei einfacheren Konstruktionsformen oder auch bei großen Profilabmessungen, die durch Abkanten aus Blech hergestellten „Blechprofile" eine wirtschaftlichere Lösung ermöglichen.

b) Platten und Bleche.

Flaches Aluminium wird bei einer zwischen 0,15 und 6,5 mm liegenden Stärke als *Blech* bezeichnet; für größere Stärken ist die Bezeichnung *Platte*, für kleinere *Folien* üblich. Folien werden im Bauwesen praktisch nur als Isolierungsmaterial verwendet. Bei den konstruktiven Anwendungen werden wir jedoch auch die Platten als Bleche bezeichnen (Blechträger, Knotenblech, Stehblech usw.), wie dies im Stahlbau üblich ist.

Bleche und Platten werden durch *Walzen* aus gegossenen Barren hergestellt. Durch das Walzen wird die Metallstruktur im Sinne einer Erhöhung von Festigkeit und plastischer Verformbarkeit verändert. Nichtvergütbare Legierungen erhalten ihre gegenüber dem Ausgangszustand „0" erhöhte Festigkeit nur durch das Walzen, die teilweise durch Kaltverformung erzielt wird. Dickere Platten, die nur einer geringen Kaltverformung ausgesetzt sind, werden im Zustand „M" („wie gewalzt") geliefert; ihre Festigkeitseigenschaften liegen nicht wesentlich höher als diejenigen von geglühtem Material und variieren mit der Stärke. Bleche und dünnere Platten, die in stärkerem Ausmaß kaltgewalzt werden, weisen je nach Stärke und Legierung eine große Mannigfaltigkeit von Härtegraden, zwischen 0 und H, auf.

Vergütbare Legierungen sind in allen drei Standardhärtegraden 0, W und T lieferbar. Bei Stärken über 25 mm, bei denen der Anteil des Kaltwalzens klein ist oder bei denen auch das rasche Abschrecken gewisse Schwierigkeiten bereitet, sind gelegentlich kleine Unterschreitungen der normalen Festigkeitswerte in Kauf zu nehmen.

Alclad-Bleche und Platten. Auf gewissen Legierungsmaterialien kann beim Walzen ein einheitlicher dichter Überzug aus Reinaluminium oder einer Legierung, die sich dem Kernmaterial gegenüber anodisch verhält, aufgebracht werden. Diese „Plattierschicht", deren Stärke auf jeder Seite etwa 5% der Blechstärke beträgt, erhöht einerseits die Korrosionsbeständigkeit und bedeutet andrerseits einen galvanischen Schutz des Kernmetalls bei scharfen Kanten (geschnittenes Material) oder tiefen Kratzern. Solches plattiertes Material wird mit „*Alclad*" bezeichnet, z. B. Alclad 17 S, Alclad 23 S, Alclad 26 S.

Wellblech. Wellblech für Bedachungs- und Verkleidungszwecke wird normalerweise aus der Legierung 3 S H in Stärken von 0,5 bis 1,2 mm hergestellt; es besitzt gute Korrosionsbeständigkeit bei annehmbarer Festigkeit. Die dünnsten Blechstärken werden nur für Eindeckungen auf Unterlage verwendet; Wellblech mittlerer Stärke wird unter gleichmäßig verteilter Wind- und Schneelast von Pfette zu Pfette freitragend angeordnet, während zur Aufnahme von Einzellasten (Begehbarkeit des Daches) Wellbleche der größten Stärke anzuordnen sind. Die Berechnung von Wellblech unter gleichmäßig verteilter Belastung bietet keine Besonderheiten, dagegen ist bei Einzellasten die Frage der Lastverteilung bzw. der mitwirkenden Breite des Wellblechstreifens noch nicht allgemein abgeklärt.

c) Blechprofile.

Blechprofile können mit einem weiten Bereich von Formen und Querschnittsgrößen hergestellt werden; die wichtigsten Herstellungsverfahren,

Abkanten,

Dreiwalzen-Rundbiegen,

Pressen,

Kaltwalzen und

Profilziehen,

sind nachstehend beschrieben.

Abkanten. Das Abkanten wird besonders für die Herstellung von kleinen Mengen aller möglichen Profile, auch mit großen Querschnittsabmessungen und Stärken bis 15 mm und darüber, angewendet. Die Abkantpresse ist eine Biegemaschine, in der das zu verarbeitende Blech zwischen zwei Matrizen der gewünschten Form eingelegt und durch Gegeneinanderdrücken der Matrizen verformt wird. Gelegentlich ist nur das Unterwerkzeug als Matrize geformt, in die das Oberwerkzeug, als Stempel ausgebildet, das Blech hineinpreßt. Größe und Leistung

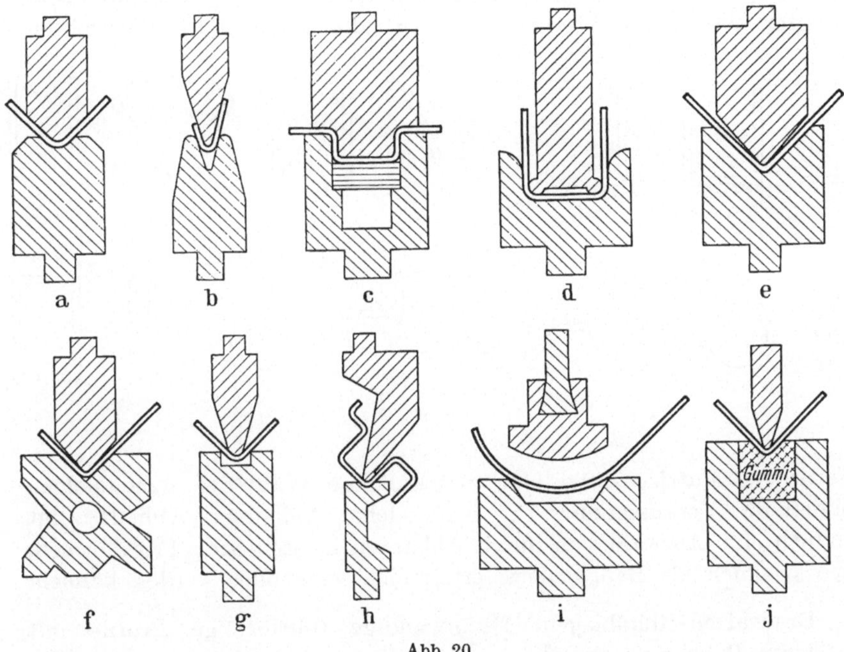

Abb. 20.

der Abkantpresse bestimmen die größten Abmessungen der herstellbaren Profile. Im allgemeinen entspricht die größte Profillänge der Arbeitslänge der Matrize (5 m oder mehr); bei offenen Pressen können längere Profile durch Nachschieben des Materials hergestellt werden. Der verfügbare Preßdruck bestimmt die größte verarbeitbare Materialstärke; bei Stärken von 15 mm und darüber kann das Profil normalerweise nicht mehr in einem einzigen Arbeitsgang hergestellt werden, sondern das Abkanten ist in zwei oder mehr aufeinanderfolgenden Operationen durchzuführen. Ein gewisses Zurückfedern des Materials, das bei Aluminium ausgeprägter ist als bei Stahlblech, muß berücksichtigt werden. Der minimale Biegeradius des Profils ist dem zulässigen Biegewinkel des verwendeten Materials anzupassen. Sofern keine verbindlichen Angaben des Lieferwerkes vorliegen, ist der zulässige Biegungsradius im Einzelfall durch Versuche zu bestimmen. Für Abkantprofile wird meist Material 57 S oder 65 S verwendet.

Abb. 20 zeigt eine Reihe von typischen Formen von Abkantwerkzeugen. Das Zurückfedern kann durch passende Formung der Matrize und des Druckstempels mit ausgerundeten vorstehenden Kanten (Beispiel d der Abb. 20) oder durch einen Stempel mit kleinerem Öffnungswinkel als die Matrize (Beispiele e und f) kompensiert werden. Zur Herstellung komplizierterer Profilformen ist entsprechendes Ausarbeiten des oberen Werkzeuges notwendig (Beispiel h). Die richtige

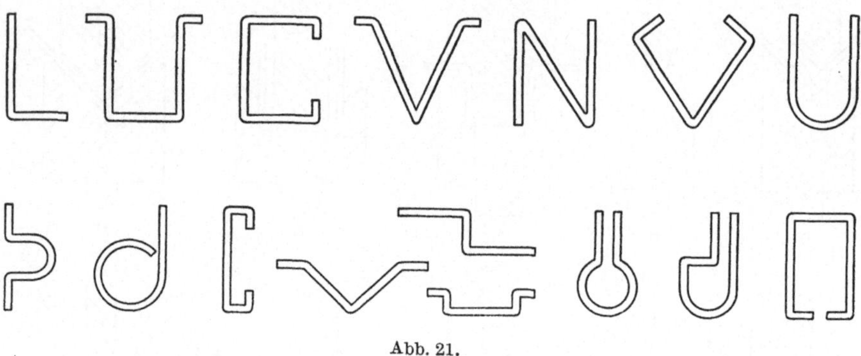

Abb. 21.

Form der Matrizen und eine zweckmäßige Wahl der Arbeitsfolgen bilden die Voraussetzung für erfolgreiches Abkanten. Abb. 21 zeigt endlich eine Auswahl von durch Abkanten herstellbaren Profilformen, wie sie auch als Bauelemente erfolgreich verwendet werden können.

Dreiwalzen-Rundbiegen. Dünnwandige rohrförmige Profile mit größeren Durchmessern, als sie durch Rohrziehen, Strangpressen oder durch Abkanten hergestellt werden könnten, lassen sich, mit einer oder mehreren Längsnähten, aus Blech mit Hilfe von Dreiwalzen-Biegemaschinen herstellen. Die Nähte können durch Schweißen oder Nieten hergestellt werden.

Der Arbeitsvorgang ist in Abb. 22 dargestellt: Das zu biegende Blech wird durch zwei senkrecht übereinanderstehende Walzen zugeführt, von denen die untere fest ist, während der Abstand je nach der Blechstärke und dem erforderlichen Walzdruck eingestellt werden kann. Eine dritte bewegliche Walze mit entsprechend dem gewünschten Krümmungsradius eingestellten Abstand lenkt das Blech mit der gewünschten Krümmung ab. Diese Einrichtung erlaubt auch die Herstellung konischer Rohre; es muß dabei lediglich die dritte Walze mit dem entsprechenden Winkel schief zu den beiden andern eingestellt werden.

Pressen. Kleinere Konstruktionsteile, die in größeren Mengen benötigt werden, können auf normalen Pressen hergestellt werden, doch wird dafür meist eine Presse mit Gummikissen verwendet (Abb. 23).

Bei diesem Verfahren wird das zu verarbeitende Blech auf eine Matrize aus Holz oder Metall gelegt und mit einem dicken Gummikissen, das auf drei Seiten in einem Stahlgehäuse eingeschlossen ist, unter hydraulischem Druck in die gewünschte Form gepreßt. Unter dem ausgeübten Druck „fließt" das Kissen mit dem Metall um die Matrize. Dieses Verfahren hat den Vorteil, daß die Matrizen verhältnismäßig einfach herzustellen sind und daß sich auch größere, unregelmäßige Profile ohne Schwierigkeiten formen lassen. Das Verfahren läßt sich auch zur Herstellung von Profilen mit einspringenden Ecken (Hutprofile) verwenden.

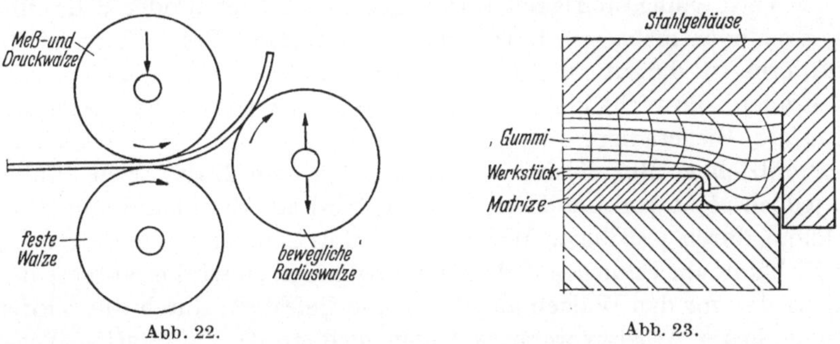

Abb. 22. Abb. 23.

Kaltwalzen. Beim Kaltwalzen wird das Blech durch Passieren zwischen profilierten Walzen in die gewünschte Form gebracht. Die endgültige Form wird mit Hilfe von mehreren hintereinanderliegenden und in ihrer Form aufeinander abgestimmten Walzen erreicht.

Die größte verarbeitbare Blechbreite und damit die Abwicklung der größten noch herstellbaren Profile liegt bei etwa 500 mm, wobei Zugaben für Beschneiden zu berücksichtigen sind. Die normalen Blechstärken betragen 0,5 bis 5 mm, doch läßt sich die Stärke mit besonderen Einrichtungen merklich erhöhen.

Kaltgewalzte Profile werden hauptsächlich für den Aluminium-Leichtbau verwendet. Ihre Herstellung ist bei vorhandenen Walzen erst wirtschaftlich, wenn mindestens 1500 Laufmeter eines Profils fabriziert werden können; müssen neue Walzen hergestellt werden, so erhöht sich die wirtschaftlich notwendige Liefermenge auf 150000 Laufmeter. Ein typisches Beispiel für die wirtschaftliche Anwendung solcher Profile bilden vorfabrizierte Häuser, bei denen so die Wandpfosten, Dachträger, Pfetten und Sparren hergestellt und in großen Mengen auf oft große Distanzen geliefert werden.

Kaltgewalzte Konstruktionsprofile werden meist aus den Legierungen 57 S und 65 S, jedoch auch aus 26 S, hergestellt. Bei nicht vergütbaren Legierungen soll die ursprüngliche Härte so hoch gewählt werden, wie es die für das Walzen erforderliche Verformbarkeit gerade noch erlaubt, um im Endzustand die höchste Festigkeit zu erzielen. Vergütbare Legierungen lassen sich auch in vollvergütetem Zustand (T) verformen, wenn das Profil keine übermäßig starken Biegungen aufweist; kompliziertere Profile sind in teilvergütetem Zustand (W) herzustellen. Eine thermische Vergütung nach der Verformung ist nicht ratsam, da Verzerrungen auftreten und damit nachträgliche Richtarbeiten notwendig werden.

Solche Profile können in der Form vom einfachen Winkel- oder ⌈-Profil bis zu komplizierten Profilen variieren. Kastenquerschnitte mit großer Verdrehungssteifigkeit lassen sich durch Nieten oder Schweißen aus zwei oder mehreren Einzelprofilen gewinnen. Beim Entwurf der Profilform ist darauf zu achten, daß die Ecken ausgerundet werden mit Radien, die nicht kleiner sind als die für die verwendete Legierung zulässigen Biegeradien.

Profilziehen. Bei diesem Verfahren, das dem Kaltwalzen ähnlich ist, jedoch nicht kontinuierlich arbeitet, wird ein Blechband von einem Ziehkopf durch profilierte Walzen oder Matrizen hindurchgezogen. Ist der Ziehkopf am Ende des Ziehtisches angelangt, so wird er ausgespannt und wieder vor den Walzen am Blechband befestigt; durch die Wiederholung dieses Arbeitsvorganges lassen sich große Fabrikationslängen der Profile erreichen. Dieses Verfahren erfordert einen größeren Kraft- und Arbeitsaufwand als das Kaltwalzen, dagegen sind die Werkzeuge billiger herzustellen.

Im *Vergleich zu Strangpreßprofilen* können *Blechprofile* billiger hergestellt werden. Sie besitzen außerdem den Vorteil, daß die Wandstärke sehr klein gehalten werden kann; da bei dünnwandigen Profilen meist örtliche Unstabilität (Ausbeulen) maßgebend wird, ist es gegeben, Blechprofile aus Legierungen mit verhältnismäßig niedriger Festigkeit herzustellen. Ferner können konische Blechprofile hergestellt werden, und sie eignen sich bei einfachen Verbindungen zur Herstellung zusammengesetzter Profile von komplizierterer Form; die einzige praktische Beschränkung in der Größe der herstellbaren Blechprofile liegt in der Größe der erhältlichen Blechbreite.

Die Nachteile der Blechprofile liegen darin, daß bei dünnwandigen Profilen die Fragen der örtlichen Instabilität und der mitwirkenden Breite erhöhte Bedeutung besitzen und die mögliche Materialausnützung oft stark einschränken und daß gelegentlich die Anschlüsse und Verbindungen gewisse Schwierigkeiten bieten. Ferner ist zu beachten, daß offene Profile, im Gegensatz zu Kastenquerschnitten, eine verhältnismäßig kleine Verdrehungssteifigkeit besitzen; häufig werden aus Blechen jedoch auch geschlossene Querschnitte hergestellt.

In Abb. 24 sind zur Veranschaulichung ein I-förmiger Querschnitt stranggepreßt und ein dünnwandiger Rohrquerschnitt einander gegenübergestellt. Der Rohrquerschnitt besitzt bei gleicher Querschnittsfläche $F = 64{,}6$ cm² einen Trägheitsradius $i_x = 24{,}2$ cm gegenüber $i_y = i_{\min} = 4{,}65$ cm des I-Querschnitts; es ist einleuchtend, daß derartige Unterschiede in der Biegungssteifigkeit sich beispielsweise bei gedrückten Bauteilen wirtschaftlich entscheidend auswirken können.

Ein solches dünnwandiges Rohrprofil nach Abb. 24 wird durch Schweißen zusammengesetzt; dabei wird durch die Erwärmung eine schmale Zone längs der Naht in ihren Festigkeitseigenschaften beeinträchtigt, was in der Bemessung zu berücksichtigen oder durch zweckmäßige Anordnung zu kompensieren ist. Bei Rundnähten, wie sie bei geschweißten Stößen vorkommen, betrifft diese Beeinträchtigung der Festigkeitseigenschaften den vollständigen Querschnitt, was bei der Bemessung und der Stoßanordnung zu berücksichtigen ist.

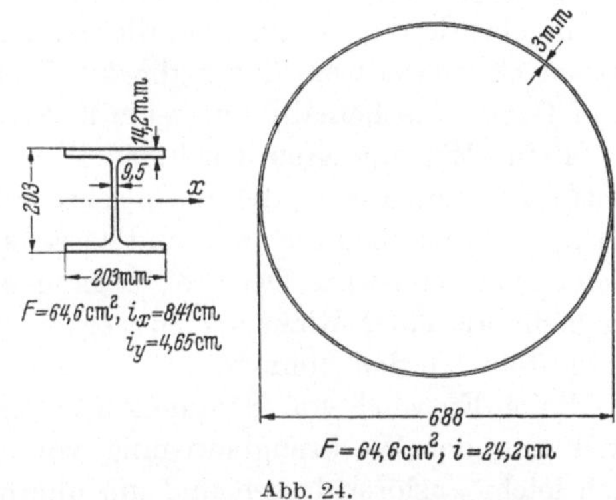

Abb. 24.

In Einzelfällen können, sofern eine Wirtschaftlichkeitsuntersuchung dies rechtfertigt, längslaufende Verstärkungsrippen zum Ausgleich des Festigkeitsabfalles angeordnet werden.

Ob bei der Lösung einer bestimmten Bauaufgabe Blechprofile oder Strangpreßprofile vorzuziehen sein werden, kann nicht in allgemeiner Form entschieden werden. Häufig wird auch eine Kombination beider Profilarten zur besten Lösung führen. Es gehört mit zur Kunst des Konstrukteurs, durch Ausnützung der spezifischen Vorzüge der einen oder anderen Profilart, im gegebenen Einzelfall die beste Wahl im Sinne einer technisch guten und wirtschaftlichen Lösung zu treffen.

d) Schmiedestücke.

Bauteile unregelmäßiger Form können durch Schmieden hergestellt werden; das Verfahren ist ähnlich zum Schmieden von Stahl, doch erfordert es mehr Arbeit und eine schärfere Temperaturkontrolle. Die Legierungen 51 S und 26 S können gut geschmiedet werden, doch wird häufig die Legierung 62 S mit ähnlichen Festigkeitseigenschaften wie 26 S als für das Schmieden besonders geeignet vorgezogen.

Da Schmiedestücke durch Warmverformung hergestellt werden und vergütbar sind, weisen sie ähnliche Festigkeitswerte wie Strangpreßprofile auf. Sie können in verschiedenster Größe, von Stückgewichten von 500 g bis zu mehreren hundert Kilogramm hergestellt werden und bilden, wenn sorgfältig entworfen, bei zahlreichen Spezialproblemen die beste Lösung.

Man unterscheidet drei verschiedene Schmiedeverfahren: Handschmieden, Gesenkschmieden und Warmpressen.

Handschmieden wird angewandt zur Vorbearbeitung von Gesenkschmiedestücken und zur Herstellung von Einzelteilen, die nur in kleinen Stückzahlen benötigt werden.

Gesenkschmieden eignet sich besonders für die Massenherstellung. Formgebende Werkzeuge sind die beiden je mit Bär und Amboß verbundenen Gesenkhälften, durch die das Werkstück stufenweise nach Form und Größe bis beinahe auf seine Fertigdimensionen geschmiedet wird.

Beim **Warmpressen** wird das Metall zwischen den Preßgesenken verformt, indem es in die gewünschte Form gepreßt oder „gequetscht" wird, während beim Hand- und Gesenkschmieden das Material durch Schlag verformt wird. Der Preßvorgang erlaubt, wenn nötig, das Material in mehr als einer Richtung zu verformen, so daß auch Unterschnitte hergestellt werden können.

Beim Entwurf von Schmiedestücken ist ein genügender Anzug in Richtung der Werkzeugbewegung vorzusehen, damit die Werkstücke sich leicht auslösen lassen und um übermäßige Werkzeugabnützung zu vermeiden. Beim Gesenkschmieden ist ein Anzug von 5° bis 7° üblich, während beim Warmpressen kleinere Winkel, oft bis hinunter auf 1°, genügen.

Die Abmessungen der herstellbaren Schmiedestücke hängen selbstverständlich von der Leistungsfähigkeit der vorhandenen Einrichtung, aber auch von der Art der Formgebung des herzustellenden Werkstückes ab. Beim Handschmieden ist die Ausführungsgrenze durch die Schwierigkeit der Handhabung großer und sperriger Stücke bestimmt; mit Gesenkschmieden können Stücke von 100 g bis zu 300 kg mit Außenabmessungen von 25 mm und noch weniger bis zu 2,5 m Länge und 90 cm Breite geschmiedet werden. Durch Warmpressen sind schon Stücke von über 130 kg Gewicht hergestellt worden.

e) Guß.

Die Güte eines Gußstückes hängt ebensosehr von den Gießeigenschaften der verwendeten Legierung, wie Dünnflüssigkeit, Warmbrüchigkeit, Schwinden, ab, wie von ihren mechanischen Eigenschaften, die übrigens durch die Gießeigenschaften oft mitbestimmt werden. Gußstücke aus Legierungen hoher Festigkeit weisen oft eine gewisse plastische

Verformbarkeit auf und sind damit eher mit Schmiedestahl als mit Grauguß vergleichbar; andererseits wird sich oft ein besseres Gußstück aus einer Legierung mit niedrigerer Festigkeit, aber mit guten Gießeigenschaften herstellen lassen als aus einer Legierung höherer Festigkeit, aber mit schlechteren Gießeigenschaften.

Beim Entwurf eines Gußstückes sind einige grundlegende Konstruktionsregeln zu beachten: Die Materialstärke soll so gleichmäßig wie möglich sein, bei notwendigen Querschnittsänderungen sind langsame, sanfte Übergänge vorzusehen, scharfe Kanten sind zu vermeiden und Bohrungen sind durch Wulste einzusäumen. Bei der Herstellung sind genügend große Anschnitte und Luftsteiger bei Verbindungsstellen anzuordnen.

Auch Gußstücke werden auf drei verschiedene Arten hergestellt: Große Stücke oder Stücke, die nur in kleinen Stückzahlen herzustellen sind, werden als *Sandguß* in aus Sand hergestellten Formen gegossen, während der *Kokillenguß* mit eisernen Dauerformen selten bei weniger als 1000 Stück und der *Spritzguß* oder *Druckguß*, bei dem das Metall in flüssigem oder breiig-teigigem Zustand unter hohem Druck in die Stahlform gepreßt wird, selten bei weniger als 10000 Stück wirtschaftlich ist.

Kokillenguß besitzt gegenüber Sandguß eine bessere Oberflächenbeschaffenheit, kleinere Dimensionstoleranzen und, verursacht durch die abschreckende Wirkung der Metallform, bessere mechanische Eigenschaften. Obwohl die Kokillenkosten hoch sind, machen sie sich bei großen Stückzahlen doch bezahlt, so auch deshalb, weil gegenüber Sandguß die Nachbearbeitung verkleinert wird oder oft sogar ganz wegfallen kann. Andrerseits ist Sandguß anpassungsfähiger als Kokillenguß, und Spritzguß wird auch geeigneter für die Anfertigung komplizierterer Gußstücke und etwas weniger empfindlich in bezug auf die Legierungsauswahl. In Sandguß sind schon Stücke von einigen Tonnen Gewicht hergestellt worden, in Kokillenguß jedoch bis heute nur bis 110 kg und in Spritzguß bis 13 kg Gewicht.

Die dünnste noch ausführbare Wandstärke bei Sandguß beträgt 3 mm; es ist jedoch zu empfehlen, nicht unter 5 mm Wandstärke zu gehen. Bei Kokillen- und Spritzguß sind bedeutend geringere Wandstärken möglich.

Bei kleinen Sandgußstücken kann günstigstenfalls mit einer Genauigkeitstoleranz von ± 1 mm, bei größeren Stücken mit entsprechend mehr, gerechnet werden. Bei zu bearbeitenden Flächen ist eine Materialzugabe von 3 bis 6 mm vorzusehen. Bei Kokillenguß sind die Toleranzen bedeutend kleiner; sie bewegen sich normalerweise in der Größenordnung von 0,02 bis 0,05 mm je cm Länge. Bei Spritzguß beträgt die Toleranz normalerweise 0,015 mm/cm. Besondere Zugaben sind jedoch für Schnittflächen und Kerne vorzusehen.

3*

4. Festigkeit, Verformung und zulässige Beanspruchung.

a) Das Spannungsdehnungsdiagramm.

Das Spannungsdehnungsdiagramm stellt den Zusammenhang zwischen der spezifischen Beanspruchung $\sigma(\tau)$ und der spezifischen Form-

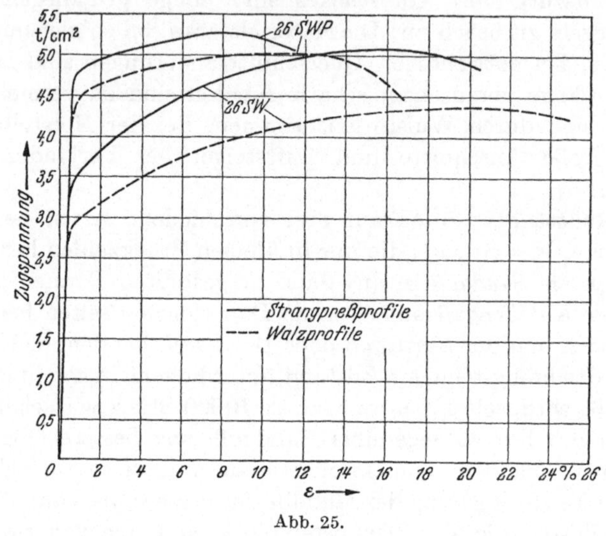

Abb. 25.

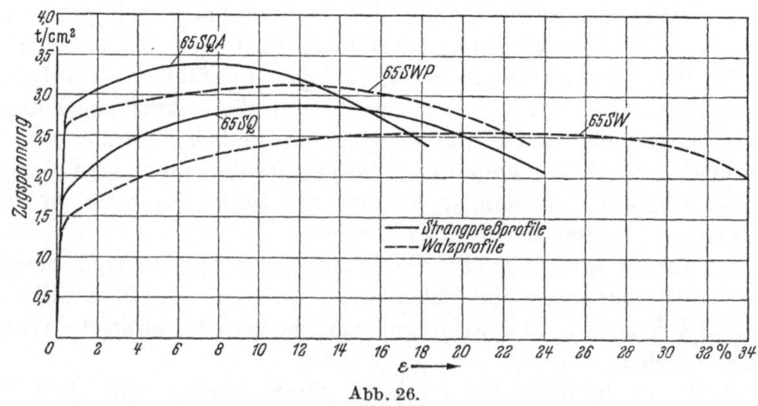

Abb. 26.

änderung $\varepsilon(\gamma)$ unter *langsam wachsender Belastung* dar; es charakterisiert das Verhalten des Materials unter *ruhender* oder „*statischer*" Beanspruchung. In den Abb. 25 bis 27 sind einige typische Spannungsdehnungsdiagramme von Aluminiumlegierungen unter Beanspruchung auf Zug dargestellt; die Spannungen σ sind wie üblich als Ordinaten, die spezifischen Dehnungen ε als Abszissen aufgetragen. Analoge Diagramme können selbstverständlich auch für den Zusammenhang zwischen Druckspannungen σ und den zugehörigen spezifischen Zusammen-

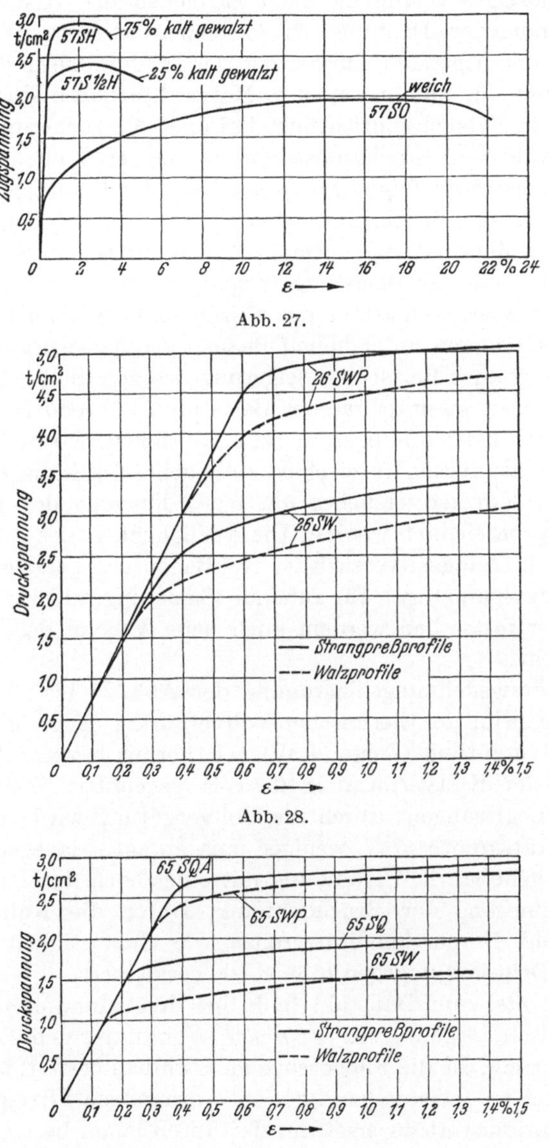

Abb. 27.

Abb. 28.

Abb. 29.

drückungen ε (Abb. 28 und 29), aber auch zwischen Schubspannungen τ und den spezifischen Winkeländerungen γ bestimmt werden.

Die Diagramme der Abb. 25 bis 27 sind, wie üblich, mit einer hydraulischen Versuchseinrichtung aufgenommen worden; dies hat zur Folge, daß die angezeigte Spannung nach Erreichen des Höchstwertes bei weiter zunehmender Dehnung wieder etwas absinkt. Die nach der Höchstspannung liegenden Kurventeile der Diagramme sind somit nicht charakteristisch für das untersuchte Material, sondern sind eine Folge der besonderen Versuchseinrichtung. Bei einer Versuchseinrichtung, die der in der Nähe der Bruchgrenze vorkommenden großen Verformung ohne Spannungsabfall folgen könnte, würde die Dehnung ohne Spannungsabfall bis zur Bruchdehnung noch weiter zunehmen.

Ein zweites Merkmal der „normalen" Spannungsdehnungsdiagramme beruht darauf, daß der Belastungsvorgang verhältnismäßig rasch verläuft. Nun ist aber, wenigstens aus einzelnen Versuchen bekannt, daß Aluminiumlegierungen unter hohen Beanspruchungen *kriechen* können; unter sehr langsamer Belastungssteigerung nehmen die bleibenden Dehnungen stärker zu als unter rascher Belastung, während gleichzeitig die erreichbaren Höchstspannungen merklich absinken. Wo es im folgenden darauf ankommt, diesen Unterschied zu beachten, soll die Zugfestigkeit des normalen Kurzzeitversuches mit σ_{0Z}, diejenige des Langzeitversuches mit σ_Z bezeichnet werden. Diese Möglichkeit des Absinkens der Zugfestigkeit im Langzeitversuch ist von Bedeutung bei der Festsetzung der zulässigen Spannungen für ruhende Belastung und sie macht sich, wie wir später feststellen werden, auch beim Verlauf der Dauerfestigkeit bemerkbar.

Die Spannungsdehnungsdiagramme der Abb. 25 bis 29 zeigen nun deutlich den Einfluß der thermischen Vollvergütung (Zustand WP) gegenüber der Teilvergütung (Zustand W) bei thermisch vergütbaren sowie den Einfluß der Kaltverformung (57 S H gegenüber 57 S 0) bei nicht vergütbaren Legierungen; durch die Vollvergütung wird vor allem die Proportionalitätsgrenze σ_P, weniger ausgeprägt, dagegen die Zugfestigkeit σ_Z gehoben in Verbindung mit einer noch durchaus annehmbaren Verkleinerung der Bruchdehnung. Durch die Kaltverformung werden sowohl Proportionalitätsgrenze wie Zugfestigkeit stark vergrößert, die Dehnung dagegen sehr stark verkleinert.

Im Gegensatz zum Baustahl fehlt bei den Aluminiumlegierungen eine physikalisch ausgeprägte *Fließgrenze*. Wohl unter dem Eindruck der großen Bedeutung, die die Fließgrenze im Stahlbau besitzt, ist man dazu gekommen, bei Leichtmetallen die nicht vorhandene Fließgrenze durch einen Konventionswert zu ersetzen, der durch einen bestimmten Wert der bleibenden Dehnung gekennzeichnet ist. Da auch bei Leichtmetallen, wie beim Stahl, bei einer Entlastung die Dehnungen entsprechend dem Elastizitätsmodul E abnehmen,

$$\Delta \varepsilon = \frac{\Delta \sigma}{E},$$

ist dieser Konventionswert für eine bestimmte bleibende Dehnung $\varepsilon_{bl.}$ aus dem Spannungsdehnungsdiagramm leicht zu bestimmen. In Abb. 30 ist das Spannungsdehnungsdiagramm für die Legierung 26 SWP im Be-

reiche kleiner Dehnungen, bis $\varepsilon =$ $\pm\,1,5\%$, herausgezeichnet, und es sind die Entlastungslinien für bleibende Dehnungen $\varepsilon_{bl.} = 0,1, 0,2$ und $0,5\%$ eingetragen. Als Konventionswert wird in den Vereinigten Staaten meist die Spannung für $\varepsilon_{bl.} = 0,2\%$, in England dagegen diejenige für $\varepsilon_{bl.} = 0,1\%$ gewählt und mit $\sigma_{0,2}$ bzw. $\sigma_{0,1}$ bezeichnet.

In Abb. 30 ist für den Bereich kleiner Dehnungen der Druckbereich des Spannungsdehnungsdiagramms spiegelbildlich zum Zugbereich eingetragen. Diese Übereinstimmung gilt mit guter Annäherung für thermisch vollvergütete Legierungen

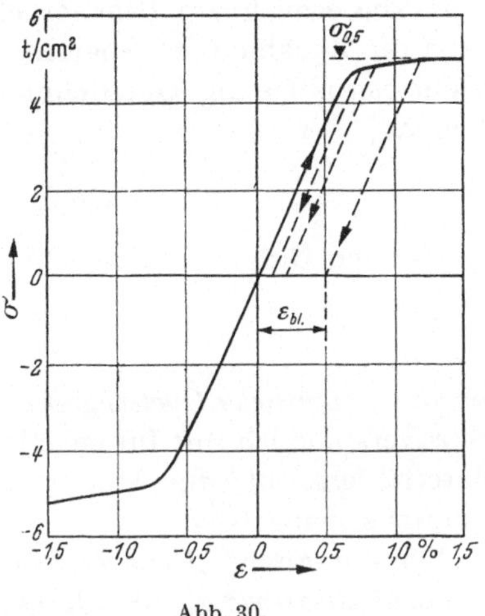

Abb. 30.

bis $\varepsilon_{bl.} \leqq 0,5\%$, so daß diese, wenigstens im Bereich kleiner plastischer Formänderungen, praktisch als *isotrope Baustoffe* betrachtet werden dürfen. Teilvergütete und nicht vergütbare Legierungen zeigen dagegen für Druck in der Regel eine etwas niedrigere Proportionalitätsgrenze als für Zug.

Die üblichen Spannungsdehnungsdiagramme in der Form der Abb. 25 bis 29 beschreiben die Formänderungen des Materials nicht vollständig, da neben den Dehnungen ε_x in der Richtung einer Spannung σ_x auch Querdehnungen (Querkontraktion bei Zugbeanspruchung) ε_y und ε_z auftreten. In Abb. 31 ist der Verlauf dieser

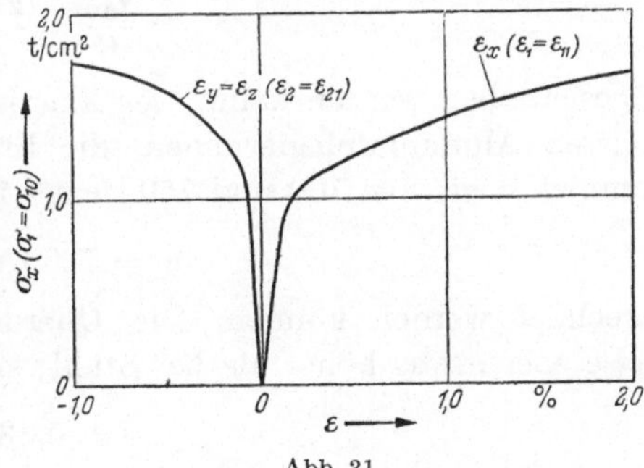

Abb. 31.

Querdehnungen für eine unvergütete Al–Cu–Mg-Legierung (Avional M-weich der A.I.A.G.) dargestellt.

Diese Querdehnung ist nun auch die Ursache dafür, daß eine eigentliche *Druckfestigkeit*, im Gegensatz zur Zugfestigkeit, nicht bestimmt werden kann. Das Spannungsdehnungsdiagramm wird normalerweise auf den ursprünglichen Querschnitt des Versuchsstabes bezogen. Bezeichnen wir die auf den wirklichen Querschnitt bezogene Spannung mit $\bar\sigma$,

$$\bar\sigma = \frac{\sigma}{(1+\varepsilon_y)^2} \cong \frac{\sigma}{1+2\,\varepsilon_y},$$

so ist die erreichbare Beanspruchungsgrenze bei Druck dann erreicht, wenn die Zunahme der Spannung $\bar\sigma$ durch die Vergrößerung des Querschnittes infolge der Querdehnung gerade kompensiert wird; diese Bedingung,

$$\frac{\sigma}{1+2\,\varepsilon_y} = \frac{\sigma+d\sigma}{1+2\,(\varepsilon_y+d\,\varepsilon_y)}$$

liefert nach Ordnen die Beziehung

$$\frac{d\,\varepsilon_y}{d\sigma} = \frac{1+2\,\varepsilon_y}{2\,\sigma}, \tag{3}$$

die die „*natürliche Quetschgrenze*" des Materials bestimmt. Diese wird selbstverständlich nur für sehr kurze Stäbe aus plastisch verformbarem Material erreicht; für längere Stäbe ist das Stabilitätsproblem des Knickens maßgebend.

Für die *Formänderungen* bei Beanspruchungen *unterhalb der Proportionalitätsgrenze* gilt das *Hookesche Gesetz*, das für den ebenen Spannungszustand in der Form

$$\varepsilon_x = \frac{1}{E}(\sigma_x - \nu\,\sigma_y),$$

$$\varepsilon_y = \frac{1}{E}(\sigma_y - \nu\,\sigma_x), \tag{4}$$

$$\gamma_{xy} = \frac{\tau_{xy}}{G} = \frac{2\,(1+\nu)}{E}\,\tau_{xy}$$

angeschrieben werden kann. Der Elastizitätsmodul E schwankt für die meisten Aluminiumlegierungen, die für Baukonstruktionen in Frage kommen, zwischen 700 und 750 t/cm²; im Mittel wird etwa mit

$$E = 720\ \text{t/cm}^2$$

gerechnet werden können. Die Querdehnungszahl ν liegt normalerweise eher etwas höher als bei Stahl; sie darf mit

$$\nu = 0{,}33$$

eingesetzt werden.

Für die Formänderungen unter Beanspruchungen *oberhalb der Proportionalitätsgrenze* gilt das Hookesche Gesetz nicht mehr, sondern ist durch einen allgemeineren Ansatz zu ersetzen, der, auf Hauptspannungen orientiert, in der Form

$$\varepsilon_1 = \mu_1\,\varepsilon_{11} + \mu_2\,\varepsilon_{12} + \mu_3\,\varepsilon_{13},$$

$$\varepsilon_2 = \mu_1\,\varepsilon_{21} + \mu_2\,\varepsilon_{22} + \mu_3\,\varepsilon_{23}, \tag{5}$$

$$\varepsilon_3 = \mu_1\,\varepsilon_{31} + \mu_2\,\varepsilon_{32} + \mu_3\,\varepsilon_{33}$$

angeschrieben werden kann[1]. Für *isotrope Baustoffe*, zu denen wir die Aluminiumlegierungen praktisch rechnen dürfen, ist

$$\varepsilon_{11} = \varepsilon_{22} = \varepsilon_{33},$$

$$\varepsilon_{12} = \varepsilon_{13} = \varepsilon_{23} = \varepsilon_{21} = \varepsilon_{31} = \varepsilon_{32}$$

und der Ansatz der Gl. (5) geht über in

$$\varepsilon_1 = \mu_1 \varepsilon_{11} + (\mu_2 + \mu_3)\,\varepsilon_{12},$$

$$\varepsilon_2 = \mu_2 \varepsilon_{11} + (\mu_3 + \mu_1)\,\varepsilon_{12}, \tag{5a}$$

$$\varepsilon_3 = \mu_3 \varepsilon_{11} + (\mu_1 + \mu_2)\,\varepsilon_{12}.$$

Dabei bedeuten ε_{11} und $\varepsilon_{21} = \varepsilon_{12}$ die spezifischen Dehnungen infolge einer Spannung $\sigma_1 = \sigma_{10}$ in den Richtungen 1 (Längsdehnung) und 2 (Querdehnung); diese beiden Kurven ε_{11} und ε_{21} sind somit durch die beiden Spannungsdehnungsdiagramme der Abb. 31 dargestellt. Die Zahlenwerte μ_i dagegen bedeuten die Verhältniswerte einer Spannung σ_i zur maßgebenden Vergleichsspannung σ_g,

$$\sigma_g^2 = \sigma_1^2 + \sigma_2^2 + \sigma_3^2 - \sigma_1 \sigma_2 - \sigma_2 \sigma_3 - \sigma_3 \sigma_1; \tag{6}$$

es ist somit definiert

$$\mu_1 = \frac{\sigma_1}{\sigma_g},$$

$$\mu_2 = \frac{\sigma_2}{\sigma_g},$$

$$\mu_3 = \frac{\sigma_3}{\sigma_g}.$$

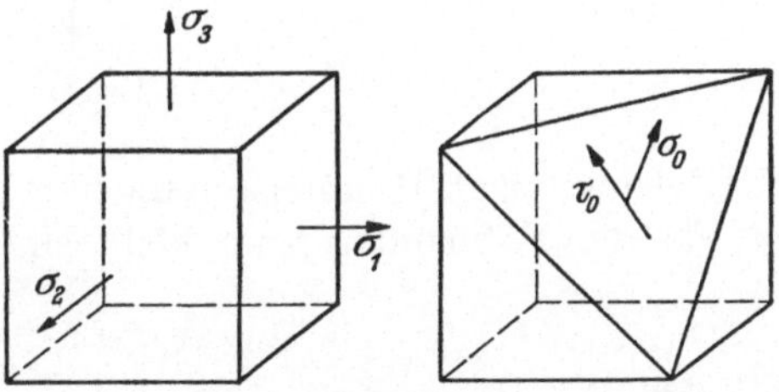

Abb. 32.

Die Vergleichsspannung σ_g nach Gl. (6) ergibt sich aus der Hypothese, daß die *resultierende Schubspannung τ_0 in der Oktaederebene* (Abb. 32) für den Formänderungszustand maßgebend sein soll. In dieser Oktaederebene eines auf die Hauptspannungsrichtungen orientierten Würfels liefern die Gleichgewichtsbedingungen eine Normalspannung σ_0,

$$\sigma_0 = \frac{\sigma_1 + \sigma_2 + \sigma_3}{3},$$

und eine resultierende Schubspannung τ_0,

$$\tau_0 = \frac{\sqrt{2}}{3}\,\sqrt{\sigma_1^2 + \sigma_2^2 + \sigma_3^2 - \sigma_1 \sigma_2 - \sigma_2 \sigma_3 - \sigma_3 \sigma_1};$$

der Vergleich von τ_0 für den räumlichen Spannungszustand σ_1, σ_2, σ_3 mit τ_0 für den einachsigen Spannungszustand $\sigma_1 = \sigma_{10}$ ($\sigma_2 = \sigma_3 = 0$), für den das Spannungsdehnungsdiagramm $\varepsilon_1 = \varepsilon_{11}$, $\varepsilon_2 = \varepsilon_{21}$ vorliegt, führt auf die Vergleichsspannung σ_g nach Gl. (6).

---

[1] STÜSSI, F.: Beitrag zur Plastizitätstheorie. Abh. I.V.B.H. Bd. 13, 1953.

Der Formänderungsansatz Gl. (5) bedeutet nun nichts anderes, als daß die Formänderungskurven für einen beliebigen Spannungszustand als *lineare Kombinationen* der Formänderungskurven ε_{11} und ε_{21} (bzw. sinngemäß erweitert für anisotrope Baustoffe) bestimmt werden dürfen. Die Koeffizienten μ drücken dabei aus, daß der untersuchte Spannungszustand σ_1, σ_2, σ_3 dem Spannungszustand $\sigma_1 = \sigma_{10}$ in bezug auf die Formänderungen gleichwertig ist.

Als Beispiel für die Anwendung der Gl. (5a) seien die Formänderungen γ_{xy} infolge einer Schubspannung τ_{xy} auf Grund der Diagramme der Abb. 31 bestimmt. Wir ersetzen zunächst die Schubspannung τ_{xy} durch

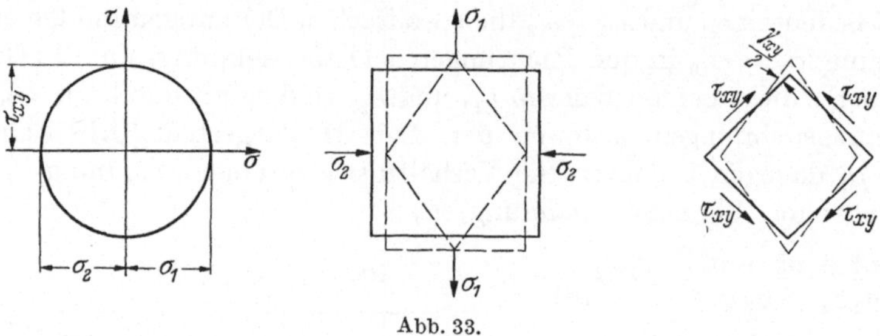

Abb. 33.

die gleichwertigen Hauptspannungen $\sigma_1 = -\sigma_2 = \tau_{xy}$ (Abb. 33); ferner ist, da die Formänderungen klein sind, aus geometrischen Gründen

$$\gamma_{xy} = \varepsilon_1 - \varepsilon_2.$$

Mit den Werten

$$\sigma_g = \sqrt{\sigma_1^2 + \sigma_2^2 - \sigma_1\sigma_2} = \sigma_1 \sqrt{3}, \quad \mu_{xy} = \mu_1 = -\mu_2 = \frac{1}{\sqrt{3}}$$

finden wir die zur Schubspannung $\tau_{xy} = \mu_{xy}\,\sigma_{10}$ zugehörigen Hauptdehnungen

$$\varepsilon_1 = -\varepsilon_2 = \mu_1\,\varepsilon_{11} + \mu_2\,\varepsilon_{12} = \mu_{xy}(\varepsilon_{11} - \varepsilon_{12})$$

und damit

$$\gamma_{xy} = 2\,\mu_{xy}(\varepsilon_{11} - \varepsilon_{12}). \tag{7}$$

Damit kann die gesuchte Kurve $\gamma_{xy} - \tau_{xy}$, die in Abb. 34 aufgetragen ist, aus den Kurven der Abb. 31 Punkt für Punkt bestimmt werden; zu einer Schubspannung τ_{xy} gehört der Gleitwinkel γ_{xy} nach Gl. (7), in der die zur Normalspannung $\sigma_{10} = \tau_{xy} \cdot \sqrt{3}$ zugehörigen Dehnungen ε_{11} und ε_{12} einzusetzen sind. Für Beanspruchungen unter der Proportionalitätsgrenze geht diese Berechnung in das HOOKEsche Gesetz über.

Soweit bis heute überblickt werden kann, stimmen die so berechneten Formänderungen mit den entsprechenden Versuchswerten überein; die

Hypothese, daß die resultierende Schubspannung τ_0 in der Oktaederebene für den Formänderungszustand maßgebend sein soll, ist dadurch als richtig nachgewiesen. Für isotrope Baustoffe ist diese Hypothese der resultierenden Schubspannung im elastischen Bereich gleichbedeutend mit der Hypothese von der Konstanz der Gestaltänderungsarbeit.

Damit sind wir in der Lage, für allgemeine Beanspruchungszustände eines isotropen Baustoffes die zugehörigen spezifischen Formänderungen zu berechnen und damit auch in bezug auf die Gefahr von unerwünschten Formänderungen zu beurteilen. Dabei ist einschränkend darauf hinzuweisen, daß ein an sich isotropes Material durch Belastung über die Proportionalitätsgrenze hinaus

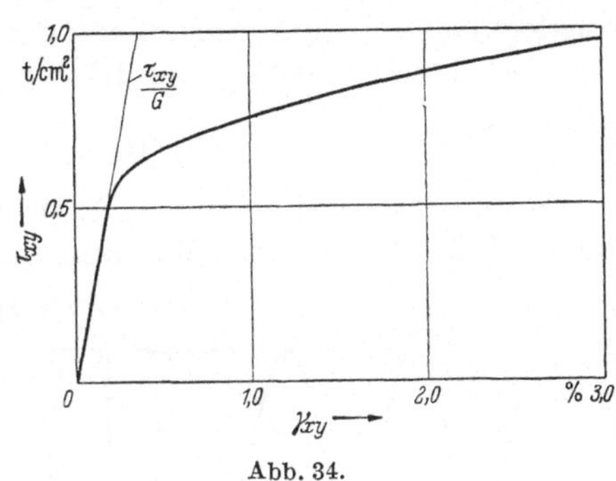

Abb. 34.

(Bauschinger-Effekt) für nachfolgende Be- und Entlastungen seine Isotropie verliert und sich anisotrop bzw. orthotrop verhalten wird.

Die Hypothese der resultierenden Schubspannung τ_0 gilt für die Formänderungen bis kurz vor dem Bruch, dagegen auf Grund der heute vorliegenden Versuchsergebnisse nicht mehr für den Bruch selbst, d. h. für die *Festigkeit* des Materials. Dies kann etwa aus einem Vergleich der Schubfestigkeit τ zur Zugfestigkeit σ_2 gefolgert werden. Dafür ergibt sich aus den mir zur Verfügung stehenden Versuchswerten etwa folgendes: Bei thermisch nicht vergütbaren Legierungen, wie 3 S und 57 S, steigt bei

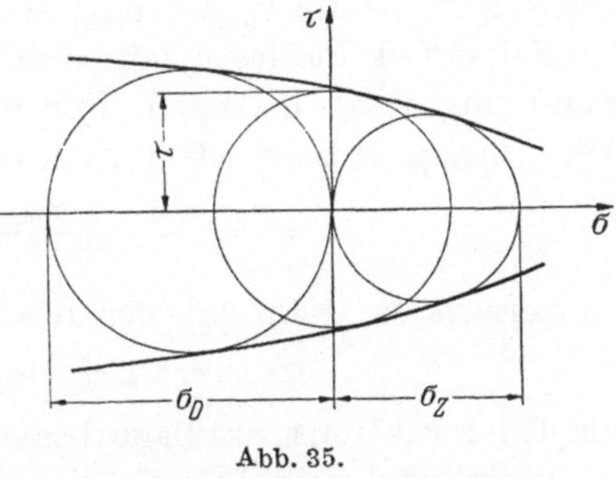

Abb. 35.

Kaltverformung die Zugfestigkeit σ_Z stärker als die Schubfestigkeit τ und es können etwa folgende Mittelwerte angenommen werden:

$$\text{Zustand} \quad \text{O}: \frac{\tau}{\sigma_Z} \simeq 0{,}65,$$

$$\tfrac{1}{2}\,\text{H} \qquad 0{,}60,$$

$$\text{H} \qquad 0{,}55.$$

Bei thermisch vergütbaren Legierungen dagegen scheint ein nennenswerter Unterschied im Verhältnis τ/σ_Z zwischen den Zuständen W und WP nicht zu bestehen und für die Legierungen 26 S und 65 S kann etwa mit dem konstanten Wert

$$\frac{\tau}{\sigma_Z} \cong 0{,}62$$

gerechnet werden. Dafür ergibt sich im Sinne der *Mohrschen Bruchtheorie* die in Abb. 35 skizzierte *Hüllkurve*, innerhalb derer die für die Festigkeit maßgebenden Hauptkreise liegen müssen. Im Sinne der Überlegungen, die zur Aufstellung der Gl. (3) geführt haben, hat dabei die „Druckfestigkeit" σ_D nur fiktive Bedeutung.

b) Dauerfestigkeit.

Es ist das Verdienst von A. Wöhler[1] (1819—1914), erkannt zu haben, daß der Bruch des Materials nicht nur durch eine genügend hohe ruhende Belastung („statische Festigkeit"), sondern auch durch eine zwischen zwei Beanspruchungsgrenzen σ_{max} und σ_{min} *oft wiederholte Belastung* herbeigeführt werden kann. Die für ein bestimmtes Verhältnis $\sigma_{min}/\sigma_{max}$ beliebig oft ertragbare Beanspruchung σ_{max} nennt man *Ermüdungsfestigkeit* oder *Dauerfestigkeit*; ihr Wert nimmt mit wachsender Schwingungsweite $\sigma_{max} - \sigma_{min}$ ab.

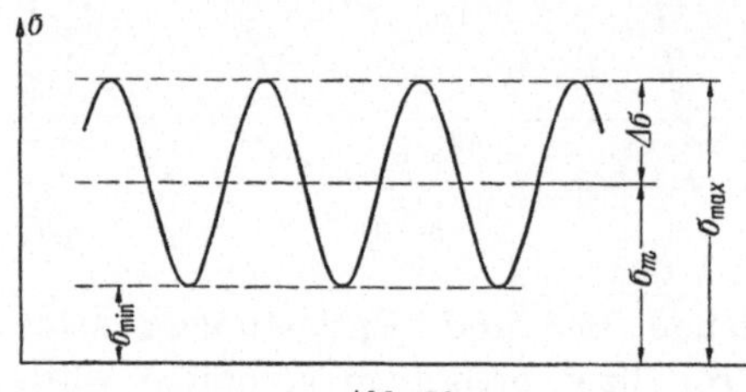

Abb. 36.

Bei der Dauerfestigkeit stehen die in Abb. 36 gekennzeichneten Spannungswerte im Spiel. Für die Auswertung und Beurteilung von Versuchsergebnissen ist es zweckmäßig, die Werte

$$\sigma_m = \frac{\sigma_{max} + \sigma_{min}}{2}, \quad \varDelta\sigma = \frac{\sigma_{max} - \sigma_{min}}{2}$$

zu verwenden, während sich die Werte

$$\sigma_{max} = \sigma_m + \varDelta\sigma, \quad \sigma_{min} = \sigma_m - \varDelta\sigma$$

als Konstruktionsgrundlage besser eignen.

Während bei Stahl mit etwa zwei Millionen Lastwechseln praktisch der Grenzwert der Dauerfestigkeit, unter den diese auch bei noch größerer Lastwechselzahl n nicht sinkt, erreicht wird und der damit als *„Arbeitsfestigkeit"* bezeichnet werden kann, liegen die Verhältnisse bei Aluminiumlegierungen wesentlich ungünstiger, da hier der Endwert bei einer sehr viel höheren Lastwechselzahl liegt und bei einzelnen Legierungen auch mit 500 Millionen Lastwechseln noch nicht erreicht ist. Häufig wird der Wert der Dauerfestigkeit für 500 Millionen Lastwechseln als Konventionswert der Arbeitsfestigkeit eingeführt.

---

[1] Wöhler, A.: Über die Festigkeitsversuche mit Eisen und Stahl. Z. Bauw. Bd. 20. Berlin 1870.

Diese Besonderheit der Aluminiumlegierungen, daß die Dauerfestigkeit auch bei sehr großen Lastwechselzahlen ihren Grenzwert immer noch nicht erreicht, hat zur Folge, daß einerseits die Dauerfestigkeitsversuche sehr zeitraubend werden und daß man andrerseits für die Konstruktionspraxis dazu kommen muß, die Dauerfestigkeit nicht durch ihren Grenzwert (Arbeitsfestigkeit) zu charakterisieren, sondern sie, je nach dem Verwendungszweck bzw. der Art der aufzunehmenden Belastung, auf eine bestimmte Lastwechselzahl zu beziehen. Eine solche Regelung soll auch hier im Abschnitt über zulässige Beanspruchungen besprochen werden.

Die Dauerfestigkeit einer Legierung wird normalerweise durch ihre *Wechselfestigkeit* σ_w ($\sigma_w = \Delta\sigma$ für $\sigma_m = 0$ oder $\sigma_{max} = -\sigma_{min}$) charak-

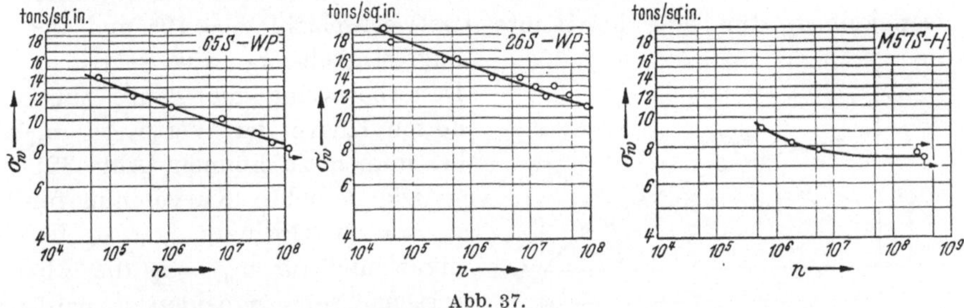

Abb. 37.

terisiert. Abb. 37 zeigt, als typische Beispiele, die Versuchswerte σ_w der Legierungen 26 SWP, 65 SWP und 57 SH, stranggepreßt. In diesen Versuchsdiagrammen sind meist nicht nur die Lastwechselzahlen $n = 10^i$, sondern auch die Spannungswerte $\sigma_w = \Delta\sigma$ in logarithmischem Maßstab aufgetragen, weil sich so die Versuchswerte im Untersuchungsbereich meist durch eine schwachgekrümmte Kurve interpolieren lassen. Allerdings ist dieser Untersuchungsbereich in bezug auf die Lastwechselzahl n meist beschränkt auf den praktisch wichtigen Bereich zwischen $n \simeq 10^5$ und $n \simeq 10^8$; für die Beurteilung der Sicherheit von Baukonstruktionen wäre es dagegen erwünscht, den ganzen Bereich von der einmaligen statischen Belastung bis zum Grenzwert zu kennen. Beim heutigen Stand der verfügbaren Versuchsergebnisse sind wir jedoch meistens darauf angewiesen, die Dauerfestigkeit für kleine Lastwechselzahlen durch Interpolation oder sogar durch Extrapolation zu bestimmen.

Für Bauzwecke genügt jedoch die Kenntnis der Wechselfestigkeit σ_w allein nicht, da bei Bauteilen die mittlere Spannung σ_m in der Regel von null verschieden ist und bei ruhender Belastung mit der größten Spannung σ_{max} zusammenfällt. Wir benötigen somit grundsätzlich den ganzen Bereich der Dauerfestigkeit für beliebige Werte sowohl der mittleren Spannung σ_m wie der Lastwechselzahl n. Es ist nun selbstverständlich praktisch kaum möglich, alle diese Dauerfestigkeitswerte, die wir nicht nur für die bisher entwickelten, sondern auch für die zukünftigen Legierungsarten benötigen, auf dem Versuchsweg zu bestimmen. Daraus ergibt sich das dringende Bedürfnis nach einer *Theorie der Dauerfestigkeit*, die uns erlaubt, alle Dauerfestigkeitswerte einer Legierung von einer möglichst kleinen Zahl charakteristischer Kennwerte aus rechnerisch zu bestimmen. Es scheint mir heute allerdings noch nicht möglich, eine solche Theorie aus ursächlichen Zusammenhängen, also etwa auf energetischer Grundlage, aufzustellen, dagegen habe ich versucht, eine Theorie der Dauerfestigkeit aus der Form von aus Versuchsergebnissen gewonnenen Kurven aufzustellen[1]. Diese Theorie sei nachstehend kurz dargestellt.

Das Ziel einer solchen Theorie ist, aus der Kenntnis der Wechselfestigkeit σ_w für eine bestimmte Lastwechselzahl $n = 10^i$ und der Zugfestigkeit σ_Z aus statischer Dauerbelastung die ganze zugehörige Kurve der Werte $\Delta\sigma - \sigma_m$ bestimmen zu können (Abb. 38).

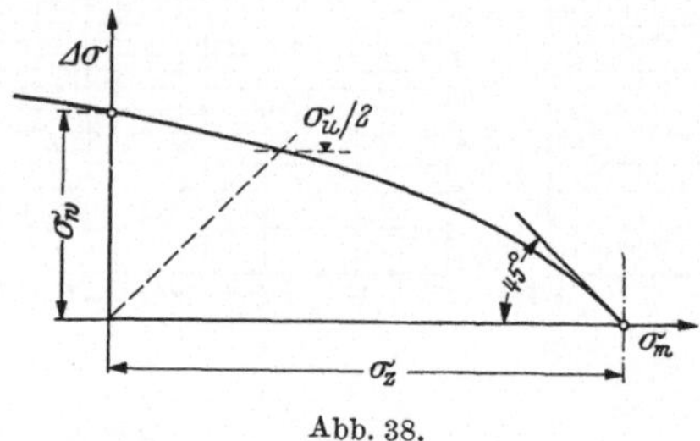

Abb. 38.

Die gesuchte Kurve muß für $\sigma_m = 0$ die Ordinate $\Delta\sigma = \sigma_w$ besitzen und für $\sigma_m = \sigma_Z$ die Abszissenachse σ_m schneiden ($\Delta\sigma = 0$). Diese beiden Bedingungen genügen jedoch noch nicht zur eindeutigen Festlegung, sondern wir müssen aus der Erfahrung und Verarbeitung von Versuchswerten noch weitere Merkmale beiziehen. Nach meinen bisherigen Feststellungen schneidet die $\Delta\sigma - \sigma_m$-Kurve die Abszissenachse σ_m unter 45°:

$$\frac{d\,\Delta\sigma}{d\sigma_Z} = -1.$$

Diese Bedingung ist die rechnerische Formulierung der schon von A. Wöhler festgestellten Tatsache, daß auch bei einer unmittelbar unter der Zugfestigkeit σ_Z liegenden Größtspannung $\sigma_{\max}$ endliche Schwingungsweiten $\sigma_{\max} - \sigma_{\min}$ ertragen werden.

Die geforderten Eigenschaften werden durch die Beziehung

$$\Delta\sigma = \sigma_w \frac{\sigma_Z (\sigma_Z - \sigma_m)}{\sigma_Z^2 - (\sigma_Z - \sigma_w)\,\sigma_m} \tag{8}$$

erfüllt; Gl. (8) stellt somit eine der denkbaren Lösungsmöglichkeiten für den gesuchten Zusammenhang dar. Den Entscheid darüber, ob

---

[1] Stüssi, F.: Zur Theorie der Dauerfestigkeit. Abh. I.V.B.H Bd. 14, 1954. Die hier entwickelte Theorie stellt eine Verbesserung und Vereinfachung eines früheren ersten Vorschlages dar: F. Stüssi: Dauerfestigkeit von Aluminiumlegierungen. Abh. I.V.B.H. Bd. 13, 1953.

sie die richtige Lösung ist, kann nur der Vergleich mit einer möglichst großen Zahl von Versuchsergebnissen liefern.

In Abb. 39 ist dieser Vergleich für die Legierung Noral 26 S W durchgeführt[1]; im Interesse der Übersichtlichkeit ist die Darstellung in zwei

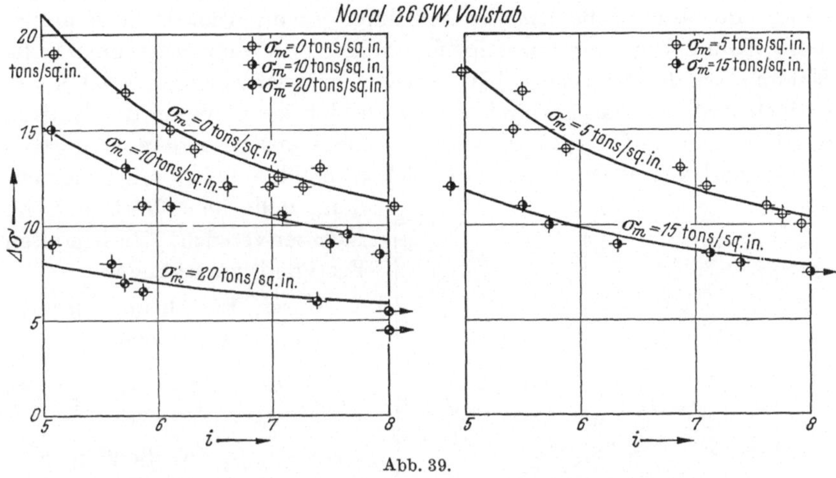

Abb. 39.

Einzeldiagramme auseinandergezogen. In Abb. 40 sind die zugehörigen $\Delta\sigma-\sigma_m$-Kurven dargestellt. Mit Rücksicht auf die beim Versuch unvermeidlichen großen Streuungen der Lastwechselzahlen darf die Übereinstimmung zwischen Versuch und Rechnung als sehr gut bezeichnet werden.

Bei der Auswertung von Dauerfestigkeitsversuchen ist ein Nebeneinfluß festzustellen, der zwanglos durch *Kriecherscheinungen* zu erklären ist; so ergeben sich bei den $\Delta\sigma-\sigma_m$-Kurven für kleine Lastwechselzahlen stets etwas größere Werte von σ_Z als für große Lastwechselzahlen.

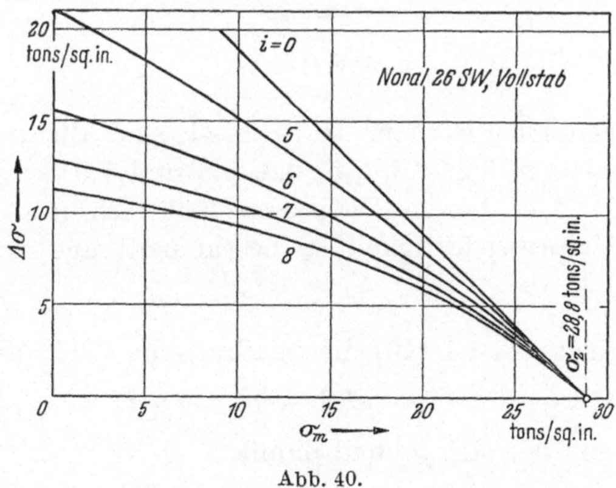

Abb. 40.

Dies rührt offensichtlich davon her, daß kleine Lastwechselzahlen einer kürzeren Belastungsdauer entsprechen als große. Bei den hier

<hr>

[1] Versuche der Aluminium Laboratories Limited, Banbury, England. Diese Ergebnisse wurden mir freundlicherweise von Ing. G. HUENERWADEL (L'Aluminium Commercial S. A., Zürich) zur Verfügung gestellt.

wiedergegebenen Auswertungsergebnissen ist für σ_Z der Mittelwert, der sich für den besonders interessierenden Bereich von $i = 5$ bis $i = 8$ ergibt, eingeführt worden. Man könnte allerdings auch daran denken, diesen Kriecheinfluß vollständig zu eliminieren und die ganze Versuchsauswertung auf den Endwert von σ_Z (für sehr große Belastungsdauer oder sehr große Lastwechselzahlen) zu orientieren, doch müßte diese Elimination rein rechnerisch erfolgen, da versuchstechnisch die Elimination des Kriechens bei kleinen Lastwechselzahlen wohl kaum einfach und zuverlässig durchgeführt werden kann. Wenn der Einfluß des Kriechens auf die Zugfestigkeit σ_Z nicht aus besonderen Langzeitversuchen bekannt ist, so dürfte es sich empfehlen, für σ_Z mit höchstens dem 0,9fachen Wert der im Kurzzeitversuch bestimmten Festigkeit zu rechnen.

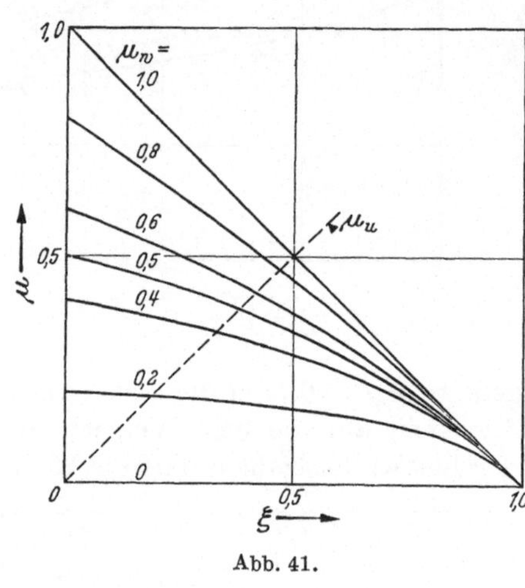

Abb. 41.

Durch Einführung der dimensionslosen Größen

$$\mu = \frac{\Delta\sigma}{\sigma_Z}, \quad \mu_w = \frac{\sigma_w}{\sigma_Z}, \quad \xi = \frac{\sigma_m}{\sigma_Z}$$

kann Gl. (8) auf die übersichtliche und einfache Form

$$\Delta\sigma = \sigma_w \frac{1-\xi}{1-(1-\mu_w)\,\xi} \tag{9}$$

oder auch

$$\mu = \frac{\mu_w(1-\xi)}{1-\xi+\mu_w\,\xi} \tag{10}$$

gebracht werden. In Abb. 41 sind die $\mu-\xi$-Kurven für die Werte $\mu_w = 0$, 0,2, 0,4, 0,5, 0,6, 0,8 und 1,0 dargestellt.

Aus diesem Diagramm läßt sich nun auch leicht der Wert der Ursprungsfestigkeit σ_u bestimmen; aus

$$\mu_u = \xi_u$$

folgt aus Gl. (10) die quadratische Gleichung

$$\mu_u^2(1-\mu_w) - \mu_u(1+\mu_w) + \mu_w = 0, \tag{11}$$

aus der sich μ_u und damit

$$\frac{\sigma_u}{\sigma_Z} = 2\,\mu_u$$

in Funktion von μ_w bestimmen läßt. Dieser Zusammenhang ist in Abb. 42 dargestellt.

Es ist nun notwendig, sich eine Vorstellung über den Gültigkeitsbereich der $\Delta\sigma-\sigma_m$-Kurven zu verschaffen. Der von der Zugfestigkeit σ_Z

aus bestimmten Kurvenschar („Zugkurven") muß offensichtlich eine entsprechende Schar von „Druckkurven" gegenüberstehen. In Abb. 43 ist diese Vorstellung für eine bestimmte Lastwechselzahl i in schematischer Form skizziert.

Die Schnittpunkte der beiden Doppelkurven bestimmen offensichtlich die Grenze der beiden Gültigkeitsbereiche. Die „Druckkurven" werden dabei allerdings aus ähnlichen Gründen, wie wir sie bei der Besprechung der statischen Druckfestigkeit festgestellt haben, lediglich eine mehr oder weniger hypothetische Bedeutung besitzen; sie sind ja auch für die Konstruktionspraxis kaum von Bedeutung. Nach der Vorstellung der Abb. 43 wird normaler-

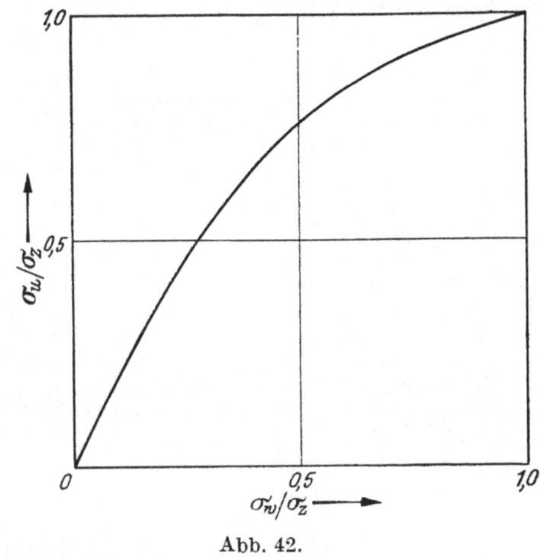

Abb. 42.

weise die „Zugkurve" $\Delta\sigma - \sigma_m$ auch maßgebend sein für den Wert der Ursprungsfestigkeit σ_{u-} auf Druck. Mit

$$\mu_{u-} = -\xi_{u-}$$

erhalten wir aus Gl. (10) für diese Größe eine zu Gl. (11) entsprechende Beziehung

$$\mu_{u-}^2(1 - \mu_w) + \mu_{u-}(1 - \mu_w) - \mu_w = 0 ; \tag{11a}$$

nach den bisherigen Feststellungen liegen die mit Gl. (11a) berechneten Werte der Ursprungsfestigkeit σ_{u-} auf Druck, wie zu erwarten ist, auf der sicheren Seite.

Die Konstruktionspraxis hat nun durch Einführung passender Sicherheitsgrade die zulässigen Spannungen σ_{zul} aus den Werten von

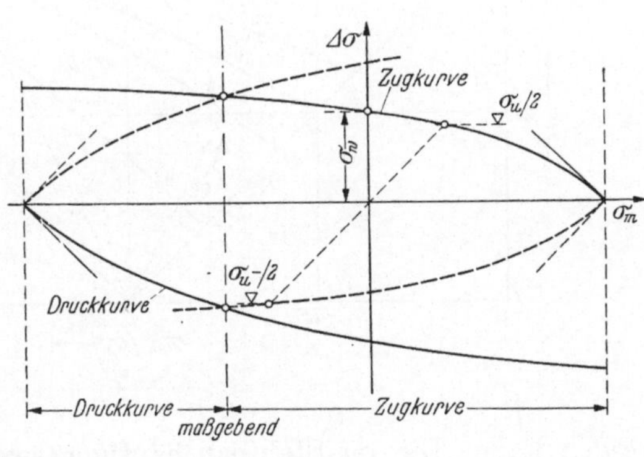

Abb. 43.

$\sigma_{\max} = \sigma_m + \Delta\sigma$ zu bestimmen. Abb. 44 zeigt den Verlauf der Werte

$$\varrho = \frac{\sigma_{\max}}{\sigma_Z},$$

bestimmt aus Abb. 41, in dimensionslosen Größen, in der Darstellung $\varrho - \xi$.

Die Größtspannung $\sigma_{\max}$ wird in der Konstruktionspraxis häufig in Funktion von $\sigma_{\min} = \sigma_m - \varDelta\sigma$ dargestellt; Abb. 45 zeigt die eben-

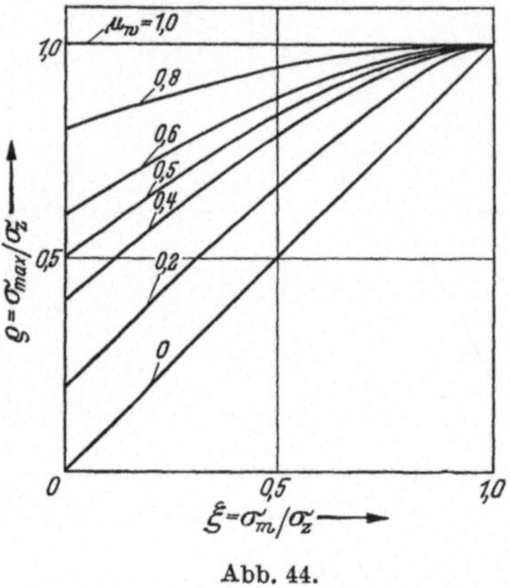

falls aus Abb. 41 berechneten entsprechenden Kurven. Spannungen, die einem bestimmten Spannungsverhältnis α,

$$\alpha = \frac{\sigma_{\min}}{\sigma_{\max}}$$

entsprechen, liegen dabei auf einer durch den Koordinatenursprung gehenden Geraden. In Abb. 45 sind diese Geraden für einige Werte von α eingetragen.

Für die Konstruktionspraxis könnte auch eine Darstellung bequem sein, bei der die Größtspannung $\sigma_{\max}$ als Funktion des Spannungsverhältnisses

Abb. 44.

$\alpha = \sigma_{\min}/\sigma_{\max}$ angegeben wird; dieser Zusammenhang ist in Abb. 46 dargestellt. Es ergibt sich aus diesen Kurven, daß dieser Zusammenhang nicht durch eine einfache Gebrauchsformel zutreffend dargestellt

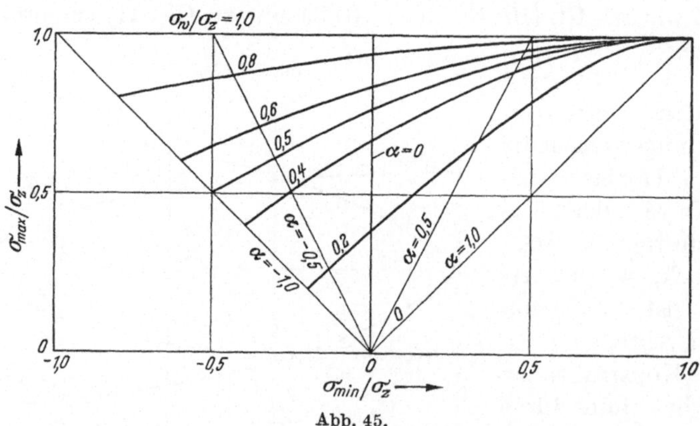

Abb. 45.

werden kann. Die im Stahlbau häufig verwendete LAUNHARDT-WEYRAUCHsche Formel

$$\sigma_{\max} = \sigma_u(1 + c\,\alpha)$$

trifft höchstens für $\mu_w \simeq 0{,}5$ noch einigermaßen befriedigend die wirklichen Verhältnisse (mit $\sigma_u = 0{,}75 \cdot \sigma_Z$, $c = 0{,}333$). Für normalen Baustahl treffen diese Werte annähernd zu; eine Übertragung dieser Gebrauchsformel auf Aluminiumlegierungen scheint mir dagegen nicht zulässig. Wie wir aus der Form der Kurven der Abb. 46 ersehen können, müßte eine solche Gebrauchsformel mindestens die Form

$$\sigma_{\max} = \sigma_u (1 + c_1 \alpha + c_2 \alpha^2 + c_3 \alpha^3)$$

besitzen, um eine befriedigende Anpassung an die Kurvenwerte zu erreichen. Es scheint deshalb einfacher, zunächst auf eine solche Ge-

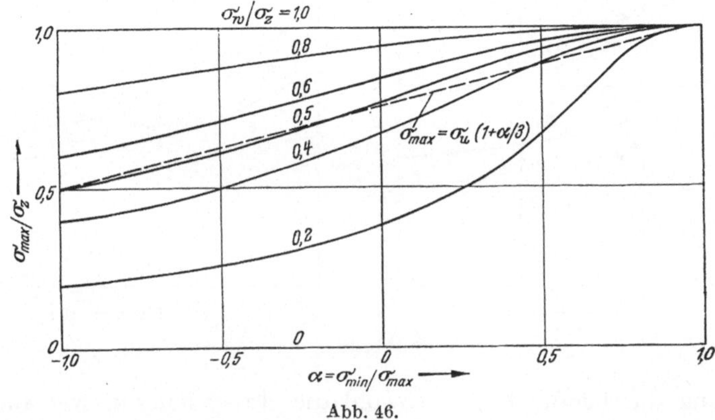

Abb. 46.

brauchsformel $\sigma_{\max}$ (α) zu verzichten und auf Grund der Gln. (8) oder (9) für jede verwendete Legierungsart und die zu berücksichtigenden Lastwechselzahlen ein Diagramm nach Abb. 46 (oder auch nach Abb. 45) aufzutragen und der Bemessung zugrunde zu legen.

Der gelochte oder gekerbte Zugstab. Für die Festigkeitsverhältnisse eines gekerbten oder gelochten Stabes („Kerbstab") ist charakteristisch, daß die Spannungen σ stark ungleichmäßig über die Stabbreite verteilt sind (Abb. 47). Unter statischer Belastung tritt im plastischen Beanspruchungsbereich allerdings ein weitgehender Spannungs-

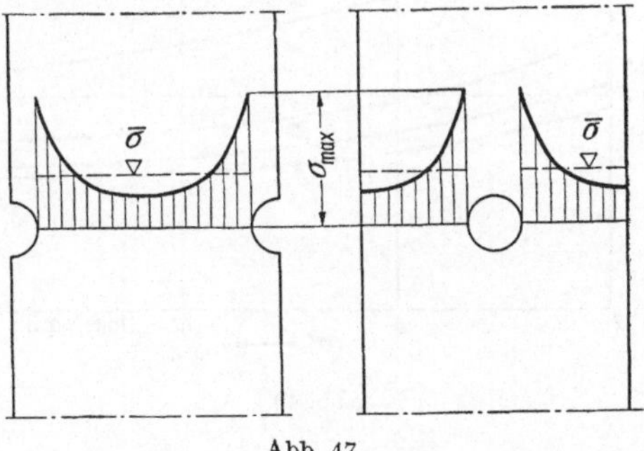

Abb. 47.

ausgleich ein („Selbsthilfe des Materials"), so daß für den statischen Bruch annähernd die durchschnittliche Spannung $\bar{\sigma}$ maßgebend wird. Unter oft wiederholter Belastung dagegen tritt ein solcher Spannungsausgleich nicht ein, und für den Bruch ist ein zwischen $\bar{\sigma}$ und $\sigma_{\max}$ liegender Spannungswert σ_k maßgebend.

In Abb. 48 sind Versuchsergebnisse an gekerbten Probestäben der Legierung Noral 26 SW (Versuche der Al. Lab. Ltd., Banbury) dargestellt. Der Ausgleich der Versuchsergebnisse wurde auf Grund der

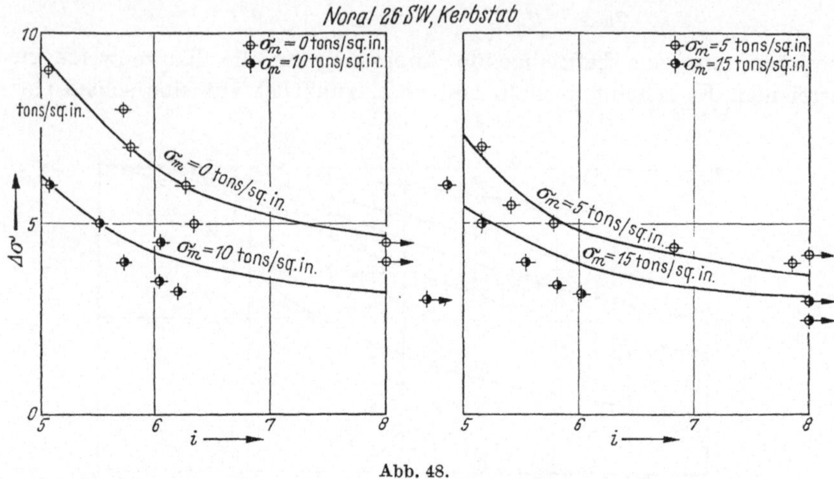

Abb. 48.

Forderung durchgeführt, daß sowohl die $\Delta\sigma-i$-Kurven wie auch die $\Delta\sigma-\sigma_m$-Kurven (Abb. 49) stetig verlaufen müssen. Die Form der $\Delta\sigma-\sigma_m$-Kurven weicht nun in charakteristischer Weise von der Form der

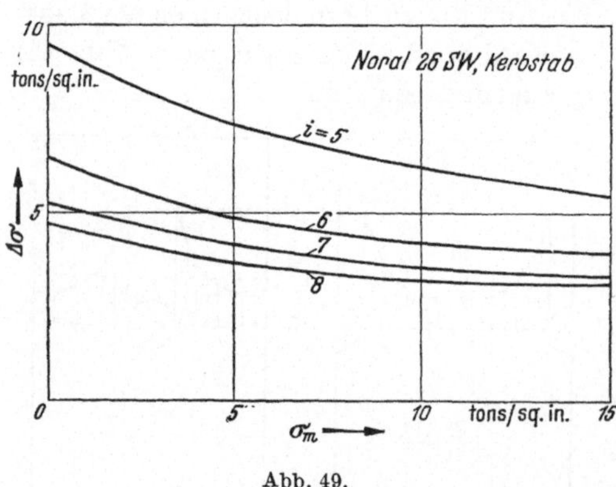

Abb. 49.

entsprechenden Kurven für Vollstäbe des gleichen Materials (Abb. 40) ab.

Um den Zusammenhang zwischen den Festigkeitsverhältnissen vonVollstab und Kerbstab zu erkennen, sind in Abb. 50 je die Spannungen $\sigma_{max} = \sigma_m + \Delta\sigma$ in Funktion von σ_m aufgetragen worden. Die Verwandtschaft zwischen den beiden Kurvenscharen ist unverkennbar; bezeichnen wir die Größtspannung im Kerbstab mit $\sigma_{k\,max}$, so verläuft die Verhältniszahl φ,

$$\varphi = \frac{\sigma_{k\,max}}{\sigma_{max}},$$

annähernd linear mit der Mittelspannung σ_m,

$$\varphi \cong \varphi_w + (1 - \varphi_w)\frac{\sigma_m}{\sigma_Z}. \tag{12}$$

Der Verlauf der aus den Versuchen bestimmten φ-Werte ist in Abb. 50
ebenfalls eingetragen. Der Wert von φ_w für die Wechselfestigkeit ist
selbstverständlich abhängig von der Form und der Bearbeitungs-
genauigkeit der Kerbe, wahrscheinlich auch von der Materialart und
grundsätzlich auch von der Lastwechselzahl. Im Untersuchungsbereich
($5 \leq i \leq 8$) ist allerdings φ_w annähernd konstant; es läßt sich lediglich
noch ein kleines Absinken von $\varphi_w = 0,45$ bei $i = 5$ auf $\varphi_w = 0,41$

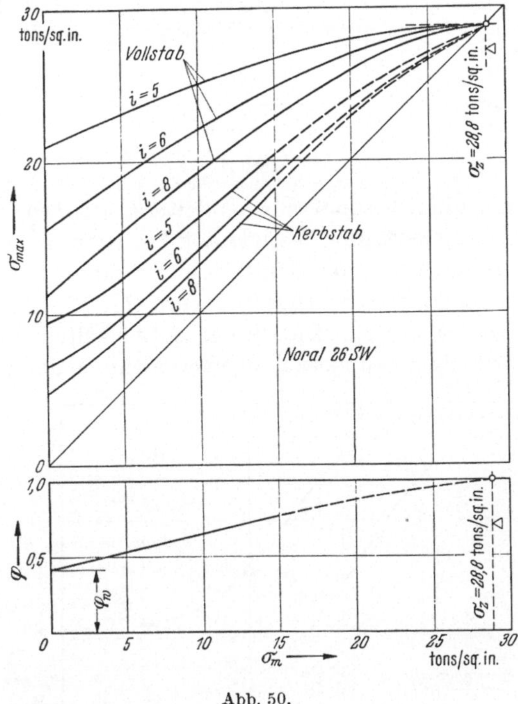

Abb. 50.

bei $i = 6$ feststellen, während für $i > 6$ keine Änderung mehr eintritt.
Andrerseits zeigt eine einfache Überlegung, daß φ_w mit abnehmendem
Lastwechsel bis auf annähernd $\varphi_w = 1$ für $i = 0$ (statischer Bruch)
zunehmen muß. Aus diesen Überlegungen dürfte sich etwa der in Abb. 51
skizzierte Verlauf von φ_w in Funktion der Lastwechselzahl ergeben.

Für gelochte Stäbe, wie sie in genieteten Bauteilen vorkommen,
dürfte praktisch für $i > 6$ etwa mit $\varphi_w = 0,7 - 0,8$ gerechnet werden,
sofern das Loch durch den Nietschaft satt ausgefüllt ist. Bei geschraubten
Verbindungen dagegen ist eher mit $\varphi_w = 0,65-0,75$ zu rechnen.

Eine Besonderheit der Aluminiumlegierungen gegenüber Stahl besteht in der verhältnismäßig großen Empfindlichkeit der Dauerfestigkeit gegenüber Oberflächenfehlern. Bei dünnen Blechen kann beispiels-

weise die Wechselfestigkeit σ_w durch solche Fehler erheblich, bis zu $30^0/_0$, verkleinert werden, während bei stärkeren Blechen dieser ungünstige Einfluß stark abnimmt. Andrerseits kann durch Polieren der Oberfläche die Wechselfestigkeit gegenüber unbearbeiteter, d. h. normaler Oberfläche merklich vergrößert werden. Im Bauwesen werden normaler-

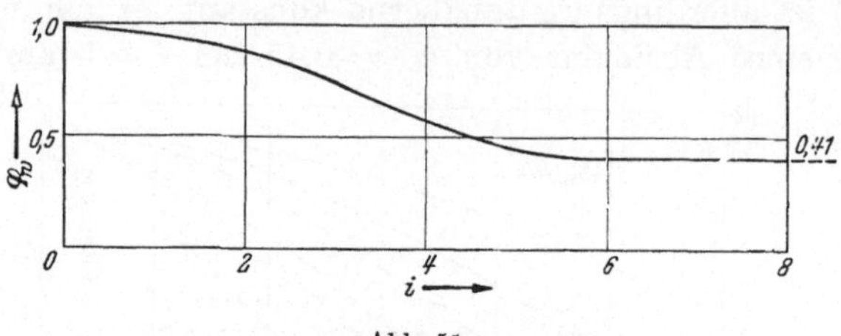

Abb. 51.

weise Profile mit nicht besonders behandelter Oberfläche verwendet und die gegebenen Richtwerte der Festigkeiten beziehen sich auf diesen Fall. Es ist bei der Bearbeitung mit Sorgfalt darauf zu achten, daß die Oberfläche nicht beschädigt wird (Kratzer vermeiden!).

Die Wöhlerkurve für σ_w. Die bisher entwickelten Beziehungen erlauben, für beliebige Beanspruchungsverhältnisse die Festigkeit σ_{max}

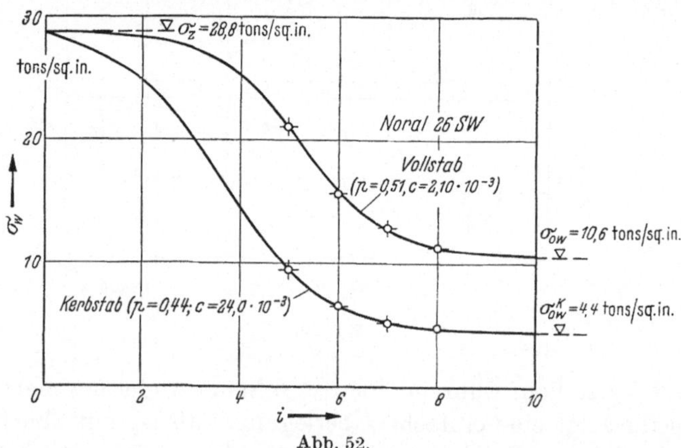

Abb. 52.

zu bestimmen, sobald die Zugfestigkeit σ_Z (Dauerbelastung) und die Wechselfestigkeit σ_w für beliebige Lastwechselzahlen $n = 10^i$ bekannt sind. Der gesuchte Zusammenhang $\sigma_w(n)$ wird durch die *Wöhlerkurve* dargestellt, die für $n = 1,\, i = 0$ auch den Wert von σ_Z enthalten muß[1].

In Abb. 52 sind die aus den Abb. 39 und 48 ermittelten Werte der Wechselfestigkeit σ_w in Abhängigkeit der Lastwechselzahl $i = \log n$ für

---

[1] Damit fassen wir näherungsweise die statische Belastung als einen vollen Lastwechsel auf, was ja in Wirklichkeit nicht zutrifft. Für die Wöhlerkurve ist jedoch diese Vereinfachung praktisch bedeutungslos.

die Legierung Noral 26 SW aufgetragen. Es zeigt sich (auch aus einer größeren Zahl von weiteren Versuchsauswertungen), daß die Wöhlerkurve σ_w sowohl für den Vollstab wie für den Kerbstab mit guter Genauigkeit durch den Ansatz[1]

$$\sigma_w = \frac{\sigma_Z + c\,n^p\,\sigma_{0w}}{1 + c\,n^p} \tag{13}$$

erfaßt werden kann. Dieser Ansatz kann auch in der physikalisch vielleicht etwas anschaulicheren Form

$$\sigma_w = \sigma_{0w} + \frac{\sigma_Z - \sigma_{0w}}{1 + c\,n^p} \tag{13a}$$

angeschrieben werden. Durch die Umformung

$$\frac{\sigma_Z - \sigma_w}{\sigma_w - \sigma_{0w}} = c\,n^p \tag{13b}$$

läßt er sich durch Logarithmieren linearisieren,

$$\log \frac{\sigma_Z - \sigma_w}{\sigma_w - \sigma_{0w}} = \log(c\,n^p) = p\,i + \log c, \tag{13c}$$

was für die Auswertung von Versuchen bequem ist.

Die Koeffizienten p und c lassen sich selbstverständlich am einfachsten und zuverlässigsten bestimmen, wenn σ_{0w} (für $i = \infty$) und σ_Z bekannt sind. Dagegen ist die Vervollständigung einer nur unvollständig gegebenen Wöhlerkurve, wie etwa in Abb. 37, unsicher, da sich die Streuungen der Versuchswerte auf die Zuverlässigkeit einer solchen Extrapolation ungünstig auswirken müssen. Immerhin läßt sich bei einer für den Lastwechselbereich von $i = 5$ bis $i = 8$ gegebenen Wöhlerkurve und gegebenem Wert von σ_Z wenigstens der Endwert σ_{0w} mit befriedigender Genauigkeit bestimmen.

Es ist noch darauf hinzuweisen, daß die Wechselfestigkeiten σ_w für sehr große Lastwechselzahlen für thermisch vollvergütete und für teilvergütete Legierungen der gleichen Zusammensetzung praktisch gleich groß sind; die untere Grenze σ_{0w} (die allerdings meist nicht durch Versuche, sondern durch eine rechnerische Extrapolation bestimmt wird) dürfte somit praktisch nur von der Zusammensetzung einer Legierung und nicht vom Vergütungszustand abhängen[2].

Die Wechselfestigkeit wird praktisch in der Regel durch Biegungsversuche an Rundstäben („Rotating Cantilever Test") oder an Flachstäben („Reversed Plane Bending Test") bestimmt. Bei kleinen Last-

---

[1] Stüssi, F.: Die Theorie der Dauerfestigkeit und die Versuche von August Wöhler. Mitt. T.K.V.S.B. Heft 13. Zürich 1955.

[2] Smith, T. D.: Fatigue and other mechanical properties of welded and nonwelded Alcan 65 S-T $^3/_4$ in. plate. Al. Lab. Ltd., Kingston, Report Nr. K-RR-382-52-30.

wechselzahlen können sich deshalb höhere Festigkeitswerte ergeben als im direkten Zug–Druck-Versuch, doch wird der Unterschied im praktisch wichtigen Bereich bedeutungslos gegenüber den Einflüssen von Profilherstellungsverfahren (Walzen, Strangpressen) und Materialstärke.

c) Einfluß von Temperaturänderungen.

Bei Temperaturänderungen ändern sich die Abmessungen von Leichtmetallwerkstücken; der lineare *Wärmeausdehnungskoeffizient* α_t mit im Mittel

$$\alpha_t \cong 23 - 25 \cdot 10^{-6} \text{ je } 1^\circ \text{ C}$$

ist hier rund doppelt so groß wie bei Baustahl. Da jedoch der Elastizitätsmodul E der Leichtmetallegierungen nur rd. ein Drittel desjenigen für Stahl beträgt, erreichen die bei verhinderter Längenänderung auftretenden Wärmespannungen nur rd. zwei Drittel der unter sonst gleichen Bedingungen bei Stahl zu erwartenden Werte. Bei langen Bauteilen kann die verhältnismäßig große Temperaturausdehnungszahl α_t die bauliche Anordnung beeinflussen (Gewährleistung eines freien Wärmespiels).

Soweit bis heute festgestellt werden kann, beeinflussen *tiefe Temperaturen* die mechanischen Eigenschaften von Aluminiumlegierungen nicht merklich; eine Abminderung der Festigkeitswerte für Bauteile, die Temperaturen unter 0° C ausgesetzt sind, ist somit nicht erforderlich.

Bei *hohen Temperaturen* verlieren Aluminiumlegierungen ihre Festigkeit. Bei Temperatursteigerungen bis auf 100° C ist der Festigkeitsabfall nicht sehr stark ausgeprägt, wächst aber schon von etwa 150° C sehr rasch an. Bei etwa 250° C ist bei den meisten Aluminiumlegierungen die Zugfestigkeit kleiner als die normale zulässige Zugbeanspruchung.

Die Wirkung einer Erwärmung mit anschließender Abkühlung auf Raumtemperatur ist abhängig von der Legierungsart sowie von der Höhe und Dauer der erreichten Höchsttemperatur. Bei den im Bauwesen verwendeten Legierungen darf angenommen werden, daß solche Erwärmungen bis zu höchstens 100° C keine schädlichen Folgen für die Festigkeit besitzen. So werden etwa Lufttemperaturen, wie sie in den Tropen vorkommen, oder eine vorübergehende Erwärmung, wie sie etwa bei einem über einen Ofen fahrenden Laufkran vorkommen können, die Eigenschaften der Aluminiumlegierungen kaum beeinflussen.

Bei Temperaturen über 100° C kann Aluminium bei Spannungen, die weit unter der statischen Zugfestigkeit liegen, kriechen, d. h. sich ohne Belastungssteigerung verformen. So genügt beispielsweise bei der Legierung 26 ST eine Spannung von etwa $1,9 \text{ t/cm}^2 \cong 0,4 \cdot \sigma_Z$, um bei einer Temperatur von 200° C innert einiger Stunden den Bruch herbeizuführen, während bei 100° C die gleiche Spannung in 1000 Stunden nur ein Kriechen von etwa 0,03% bewirkt. In Räumen, in denen Temperaturen von über 100° C auftreten können (Lagerung leicht brennbarer Stoffe), sind Bauteile aus Aluminium entsprechend der Brandgefahr durch Ummantelung mit isolierenden Baustoffen zu schützen. Allerdings dürfte in solchen Fällen bei der heutigen Marktlage die Wirtschaftlichkeit einer Leichtmetallkonstruktion gegenüber Stahl in Frage gestellt sein.

Die Verschiedenheit der Temperaturausdehnüngskoeffizienten von Aluminium und Stahl hat zur Folge, daß in *gemischten Bauteilen* bei einer Temperaturänderung t innere Spannungen entstehen. Die Berechnung dieser Spannungen sei nachstehend skizziert, wobei wir uns der Einfachheit halber auf einen zur y-Achse symmetrischen Querschnitt beschränken können.

Die spezifischen Dehnungen ε verlaufen entsprechend der Hypothese von BERNOULLI-NAVIER vom Ebenbleiben der Querschnitte linear über die Querschnittshöhe

$$\varepsilon = A + B y;$$

andrerseits ist im HOOKEschen Gesetz die Temperaturdehnung zu berücksichtigen:

$$\varepsilon = \frac{\sigma}{E} + \alpha_t t, \quad \sigma = E \varepsilon - E \alpha_t t.$$

Führen wir für die beiden Baustoffe die Wertigkeit n des Elastizitätsmoduls E ein,

$$n = \frac{E}{E_c},$$

so erhalten wir aus

$$\varepsilon E_c = a + b y$$

die Spannungen

$$\sigma = n(a + b y) - E \alpha_t t.$$

Zur Bestimmung der beiden Koeffizienten a und b stehen uns die beiden Gleichgewichtsbedingungen

$$N = \int\limits^{F} \sigma \, dF, \quad M_x = - \int\limits^{F} \sigma y \, dF$$

zur Verfügung, und wir erhalten durch Einsetzen und Integrieren, wenn wir die x-Achse durch den Schwerpunkt des reduzierten Querschnittes legen,

$$S_{xn} = \int\limits^{F} y \, n \, dF = 0,$$

und mit

$$F_n = \int\limits^{F} n \, dF, \quad J_{xn} = \int\limits^{F} y^2 \, n \, dF$$

die beiden Bestimmungsgleichungen

$$N = a F_n - \int\limits^{F} E \alpha_t t \, dF, \quad M_x = - b J_{xn} + \int\limits^{F} E \alpha_t t y \, dF$$

und damit die Spannungsformel

$$\sigma = n \left[\frac{N + \int\limits^{F} E\,\alpha_t\,t\,dF}{F_n} - \frac{M_x - \int\limits^{F} E\,\alpha_t\,t\,y\,dF}{J_{xn}}\,y \right] - E\,\alpha_t\,t \cdot$$

Solche Wärmeeinflüsse können etwa bei einem Aluminium-Fahrzeugkasten, der auf ein Stahlgestell unverschieblich aufgenietet ist, oder allgemeiner bei irgendeinem Aluminiumaufbau, der mit einem Stahlunterbau fest verbunden ist, eine Rolle spielen.

d) Sicherheit und zulässige Beanspruchungen.

Der bei der Bemessung einzuführende *Sicherheitsgrad s* hat die folgenden „Unsicherheiten" zu decken:

Die einzuführende *Belastung* ist wohl in der Regel durch behördliche Vorschriften vorgeschrieben, doch ist es in Ausnahmefällen immer möglich, daß diese Vorschriften überschritten werden (Überbelastung von Lagerräumen, von Lastwagen usw.).

Die *Querschnittswerte* der Bauteile können in Wirklichkeit etwas kleiner sein, als in der Berechnung angenommen wird (Herstellungstoleranzen).

In den *Materialeigenschaften* sind Streuungen unvermeidlich; auch wenn der Bemessung Mindestwerte der Festigkeit zugrunde gelegt werden, so können doch ausnahmsweise abnormal große Streuungen nach unten vorkommen.

Ungenauigkeiten oder Fehler der Ausführung können den Spannungszustand des Tragwerkes ungünstig beeinflussen (Zwängungsspannungen beim Zusammenbau von nicht genau passenden Bauteilen).

Endlich ist festzuhalten, daß die wirkliche Arbeitsweise eines Tragwerkes durch unsere statischen Berechnungen meistens nur angenähert erfaßt wird; um die Berechnungen in genügend einfacher Form durchführen zu können, sind wir häufig zur *Einführung vereinfachender Voraussetzungen* gezwungen (Annahme reibungsfreier Gelenke, Hypothese vom Ebenbleiben der Querschnitte usw.).

Alle diese Unsicherheiten haben zur Folge, daß die in der statischen Berechnung berechnete vorhandene Größtspannung $\sigma_{vorh.}$ nur eine rechnerische oder fiktive Größe ist, die gelegentlich in Wirklichkeit merklich überschritten werden kann. Um das Eintreten eines unerwünschten Zustandes $\sigma_{Gr.}$ zu vermeiden, stehen zwei Möglichkeiten zur Verfügung: wir können entweder die berechnete Spannung $\sigma_{vorh.}$ mit einem Sicherheitsgrad *s* multiplizieren und dann mit dem zu vermeidenden Zustand $\sigma_{Gr.}$ vergleichen:

$$\sigma_{vorh.}\,s \leqq \sigma_{Gr.}\,,$$

oder wir können die rechnerische Spannung mit dem durch den Sicherheitsgrad dividierten Wert $\sigma_{Gr.}$ vergleichen; diesen letzteren Wert bezeichnen wir als *zulässige Beanspruchung* $\sigma_{zul.}$:

$$\sigma_{vorh.} \leqq \frac{\sigma_{Gr.}}{s} = \sigma_{zul.} \, .$$

Diese zweite Art des Vorgehens ist die übliche.

Bei der Festlegung des Sicherheitsgrades s ist zu beachten, welche Folgen das Erreichen eines unerwünschten Zustandes nach sich ziehen würde. So muß das Eintreten eines Materialbruches unter allen Umständen vermieden werden, während wir uns gegen das Eintreten einer kleinen bleibenden Formänderung mit einem kleineren Sicherheitsgrad begnügen können.

Die heute im Stahlbau eingeführten Sicherheitsgrade haben sich aus den Erfahrungen und Beobachtungen an ausgeführten Bauwerken während eines Jahrhunderts ergeben; diese Erfahrungen fehlen uns im Leichtmetallbau heute noch. Bei der Übertragung der Erfahrungen des Stahlbaues auf den Leichtmetallbau ist jedoch ein wesentlicher und grundlegender Unterschied zwischen den beiden Baustoffen zu beachten: der Baustahl besitzt eine physikalisch ausgeprägte Fließgrenze, die beim Leichtmetall fehlt. Daran ändert auch die Einführung einer konventionellen 0,1- oder 0,2%-Grenze der bleibenden Dehnung bei Leichtmetallen nichts. Eine solche konventionelle, physikalisch jedoch nicht ausgeprägte Grenze kann das Verhalten der Tragwerke niemals so entscheidend beeinflussen, wie es die wirkliche Fließgrenze bei Stahltragwerken tut. Aus diesem Unterschied (oder sogar Gegensatz) ist mindestens der Schluß zu ziehen, daß die Sicherheitsgrade des Stahlbaues, die weitgehend durch die Existenz der Fließgrenze bedingt sind, nicht einfach (bezogen auf eine konventionelle Fließgrenze) in den Leichtmetallbau übernommen werden dürfen.

Bei Leichtmetalltragwerken muß (wie übrigens für alle Bauwerke) in erster Linie ein *Bruch des Materials* mit Sicherheit vermieden werden; daneben ist noch eine genügende Sicherheit gegen das Eintreten bleibender Formänderungen zu fordern. In bezug auf den Bruch des Materials sind zwei Ideal- oder Grenzfälle des Materialverhaltens mit aller Schärfe zu unterscheiden, nämlich einerseits die *statische Belastung* (Spannungsdehnungsdiagramm) und andrerseits die *oft wiederholte Belastung* (Dauerfestigkeit). Die Dauerfestigkeit besitzt bei Leichtmetallen normalerweise deshalb eine noch größere Bedeutung als bei Stahl, weil hier das Eigengewicht wesentlich kleiner ist und damit das Spannungsverhältnis in einem größeren Bereich variieren kann. Damit ist es naheliegend, für die Festsetzung der zulässigen Beanspruchungen sogenannte *Bauwerksklassen* einzuführen. Dabei dürfte etwa folgende Aufteilung zweckmäßig sein:

Bauwerksklasse I. Bauwerke, die einer vorwiegend ruhenden Belastung ausgesetzt sind, wie Lagerräume, oder in etwas freierer Auslegung des Begriffes „statische Belastung", überhaupt *normale Hochbauten*, bei denen sich die Belastung normalerweise nur langsam ändert. Da (außer beim Idealfall des ständig gefüllten Flüssigkeitsbehälters) im Laufe der Zeit stets Belastungsänderungen vorkommen, ist auch noch eine gewisse Sicherheit gegen Erreichen der Dauerfestigkeit bei beschränkter Lastwechselzahl, $n = 10^4 - 10^5$, zu fordern.

Bauwerksklasse II. Bauwerke mit normaler Häufigkeit der Lastwechsel, wie sie etwa bei *Straßenbrücken* vorkommt. Die Bauwerksklasse II ist eine „Mittelklasse" zwischen den Bauwerksklassen I und III.

Bauwerksklasse III. Bauwerke mit einer ausgesprochenen oft wiederholten Belastung; hierher gehören in erster Linie die *Eisenbahnbrücken*.

Im Rahmen einer solchen grundsätzlichen Regelung ist es nicht möglich, eine vollständige Einreihung aller möglichen Bauwerksarten aufzustellen; die richtige Einreihung in Einzelfällen muß der Verantwortung des Konstrukteurs überlassen werden.

Bei Tragwerken der *Bauwerksklasse I* dürfte eine 2,4fache Sicherheit gegen statischen Bruch, bezogen auf Langzeitbelastung, angemessen sein, wenn *alle möglichen Belastungen in ungünstigster Kombination gleichzeitig wirkend* berücksichtigt werden. Damit ist bei den heute gebräuchlichen Legierungen auch mindestens eine 1,25fache Sicherheit gegen Erreichen der Proportionalitätsgrenze und damit gegen das Eintreten bleibender Formänderungen sowie eine mindestens 1,5fache Sicherheit gegen Dauerbruch nach 10^4 Lastwechseln bei Wechselbeanspruchung gewährleistet.

Bei der Festlegung der Sicherheitsgrade für die *Bauwerksklassen II und III* ist zunächst festzustellen, daß die ungünstigsten Beanspruchungsverhältnisse sich nicht sehr häufig wiederholen; dies hat im Stahlbau zu verhältnismäßig kleinen Sicherheitsgraden gegen Ermüdungsbruch geführt. Andrerseits steht aber fest, daß bei Leichtmetallen eine größere Empfindlichkeit der Dauerfestigkeit gegenüber kleinen Bearbeitungsschäden besteht; wenn die Grundwerte der Dauerfestigkeit aus Laboratoriumsversuchen an sehr sorgfältig hergestellten (z. B. polierten) Probestäben ermittelt werden, so muß durch einen entsprechend gewählten Sicherheitsgrad die weniger sorgfältige Herstellung der Werkstücke in der Werkstätte berücksichtigt werden. Bei Bauwerksklasse III ist es ferner angezeigt, die zulässigen Beanspruchungen auf eine unbeschränkte Zahl von Lastwechseln zu orientieren, da man im Bauwesen, im Gegensatz etwa zum Flugzeugbau, nicht von vornherein mit einer begrenzten Lebensdauer der Tragwerke rechnen darf. Bei der Bauwerksklasse II dagegen scheint es zulässig, mit einer endlichen Lastwechselzahl von beispielsweise $n = 10^6$ zu rechnen, die bei einer täglichen Lastwechselzahl von 50 immerhin einer Dauer von 55 Jahren entspricht.

Damit dürften etwa die folgenden Werte der Sicherheit s als ausreichend angesehen werden.

Bauwerksklasse	Sicherheit s	Gegen
B. K. I	2,4	statischen Bruch σ_Z
B. K. II	2,6	Dauerbruch, 10^6 Lastwechsel
B. K. III	2,8	Dauerbruch, unbegr. Lastwechselzahl

Mit diesen Zahlenwerten ergeben sich für die im Bauwesen gebräuchlichsten Legierungen in vollvergütetem bzw. halbhartem Zustand die folgenden *Richtwerte* für die zulässigen Beanspruchungen des *Grundmaterials*.

Zulässige Beanspruchungen in t/cm^2 für glatte Zugstäbe.

$\dfrac{\sigma_{min}}{\sigma_{max}}$	26 S WP: $\sigma_Z = 4,60$ $\sigma_{w_6} = 2,25$ $\sigma_{w\infty} = 1,50$			65 S WP: $\sigma_Z = 2,70$ $\sigma_{w_6} = 1,55$ $\sigma_{w\infty} = 0,95$			57 S $\tfrac{1}{2}$ H: $\sigma_Z = 2,15$ $\sigma_{w_6} = 1,35$ $\sigma_{w\infty} = 1,10$		
	B. K. I	II	III	B. K. I	II	III	B. K. I	II	III
1,0	1,92	1,77	1,64	1,13	1,04	0,96	0,90	0,83	0,77
0	1,92	1,33	0,95	1,13	0,85	0,59	0,90	0,70	0,59
— 1,0	1,92	0,87	0,54	1,13	0,60	0,34	0,90	0,52	0,39

Für gelochte Stäbe, wie sie bei genieteten oder geschraubten Bauteilen vorkommen, ist die *Kerbwirkung* sinngemäß zu berücksichtigen. Auf Grund der Feststellungen des Abschn. II, 4, 6 über die Dauerfestigkeit gelangen wir mit $\varphi_w = 0,75$ für *genietete Bauteile* etwa zu den folgenden Werten für die zulässigen Beanspruchungen.

Zulässige Beanspruchungen in t/cm^2 für gelochte Zugstäbe (genietet).

$\dfrac{\sigma_{min}}{\sigma_{max}}$	26 S WP:			65 S WP:			57 S $\tfrac{1}{2}$ H:		
	B. K. I	II	III	B. K. I	II	III	B. K. I	II	III
1,0	1,92	1,77	1,64	1,13	1,04	0,96	0,90	0,83	0,77
0	1,92	1,02	0,68	1,13	0,68	0,42	0,90	0,59	0,50
— 1,0	1,92	0,65	0,40	1,13	0,45	0,25	0,90	0,39	0,29

Diese Werte gelten für Biegung und Druck selbstverständlich nur unter dem Vorbehalt einer genügenden Sicherung gegen Unstabilität (Kippen, Knicken, Ausbeulen; s. Abschn. IV).

Die Zahlenwerte der beiden Tabellen erlauben die Auftragung der entsprechenden Diagramme $\sigma_{max} - \sigma_{min}$ mit genügender Genauigkeit der Zwischenwerte; so sind als Beispiel die Diagramme für die Legierung 65 S WP in Abb. 53 aufgetragen worden.

Für den Spannungsnachweis unter *allgemeinen Spannungszuständen* dürfte es zweckmäßig sein, die Vergleichsspannung σ_g nach Gl. (6),

$$\sigma_g = \sqrt{\sigma_1^2 + \sigma_2^2 + \sigma_3^2 - \sigma_1\sigma_2 - \sigma_2\sigma_3 - \sigma_3\sigma_1} \leqq \sigma_{zul}.$$

beizuziehen; für ebene Spannungszustände wird

$$\sigma_g = \sqrt{\sigma_1^2 + \sigma_2^2 - \sigma_1\sigma_2} = \sqrt{\sigma_x^2 + \sigma_y^2 - \sigma_x\sigma_y + 3\tau_{xy}^2}. \qquad (6a)$$

Ein solcher Spannungsnachweis liegt, nach den früheren Feststellungen über die Schubfestigkeit von Leichtmetallen, eher auf der sicheren Seite.

In verschiedenen Ländern ist es üblich, bei der Bemessung zwei verschiedene Belastungszustände, „*Hauptlasten*" einerseits und „*Haupt-*

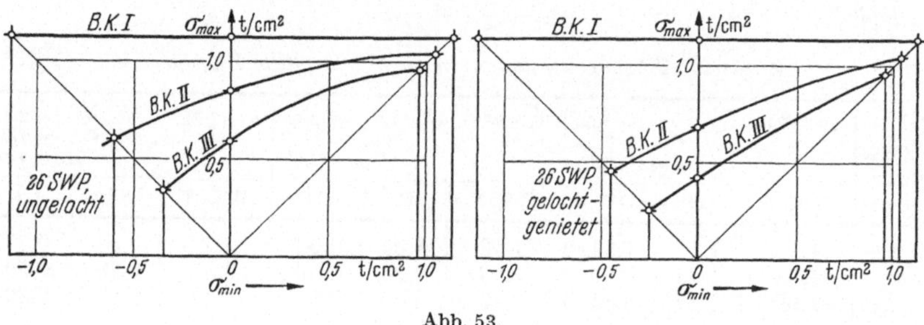

Abb. 53.

und Zusatzlasten" andererseits, zu unterscheiden. Unsere Zahlenwerte beziehen sich auf den Belastungsfall „Haupt- und Zusatzlasten". Für den Belastungsfall „Hauptlasten allein", d. h. für Eigengewicht, Nutzlast einschließlich Stoßzuschläge und Fliehkräfte, jedoch ohne Schnee, Wind, Brems- und Reibungskräfte sowie Wärmewirkungen sind die Werte der zulässigen Beanspruchungen um etwa 15% zu verkleinern. Der Spannungsnachweis ist dann jedoch grundsätzlich für beide Belastungszustände zu führen.

Die hier gemachten Vorschläge erheben keinen Anspruch auf Alleingültigkeit; es handelt sich um orientierende Richtlinien, die dem Konstrukteur vor allem dort, wo bis jetzt offizielle Vorschriften für die Leichtmetallbauweise fehlen, helfen sollen, im gegebenen Einzelfall vernünftige Werte der zulässigen Beanspruchungen zu finden, um einwandfrei und sicher konstruieren zu können. Bei wichtigen Bauwerken wird es vorläufig angezeigt sein, für die ausgewählte Legierungsart eine (vollständige) Wöhlerkurve der Wechselfestigkeit σ_w (einschließlich σ_Z) zu bestimmen, um daraus die zulässigen Beanspruchungen festlegen zu können.

Die für die Bauwerksklasse III vorgeschlagenen Werte der zulässigen Beanspruchungen mögen auf den ersten Blick vor allem im

Bereich negativer Spannungsverhältnisse $\sigma_{min}/\sigma_{max}$ vielleicht etwas niedrig erscheinen; ich bin jedoch der Auffassung, daß wir die fehlende Erfahrung über das langfristige Verhalten von Bauwerken, insbesondere auch über den Einfluß des Kriechens nach langer Zeit durch eine vorsichtige Festsetzung der Beanspruchungen kompensieren müssen, um Rückschläge und Schadenfälle, die die gesamte Entwicklung der Leichtmetallbauweise entscheidend hemmen könnten, zu vermeiden.

III. Verbindungsmittel.

1. Allgemeines.

Aufgabe der Verbindungsmittel ist die Verbindung der bearbeiteten Einzelprofile zu Bauelementen (Werkstätte) und der Bauelemente zu Bauwerken (Montage).

Wir unterscheiden *lösbare Verbindungen* (Schrauben und Bolzen) sowie *unlösbare Verbindungen* (Nieten, Schweißen und Kleben), die nur durch Zerstörung des Verbindungsmittels lösbar sind. Löten dürfte im Bauwesen keine nennenswerte Rolle spielen.

Bauelemente werden *in der Werkstätte* normalerweise mit unlösbaren Verbindungen zusammengesetzt. Ausnahmen können vorkommen, wenn beispielsweise eine spätere andersartige Verwendung der Profile in Aussicht genommen ist oder aus anderen besonderen Gründen. In der Werkstätte hergestellte Niet- oder Schweißverbindungen sind in der Regel wirtschaftlicher als Schrauben und Bolzen.

Auf der Baustelle, d. h. bei der Verbindung von Bauelementen zu ganzen Bauwerken, kommen sowohl lösbare wie unlösbare Verbindungen in Betracht, wobei etwa die folgenden Überlegungen wegleitend sein dürften:

Beim heutigen Stand der Technik im Leichtmetallbau ist die Nietung das normale Verbindungsmittel. Es ist jedoch zu beachten, daß die Nietung besondere Montageeinrichtungen erfordert, die bei einer kleinen Zahl von zu schlagenden Nieten (einfache Hochbauten) die Ausführungskosten unverhältnismäßig stark belasten. Hier können Schraubenverbindungen wirtschaftlicher sein, wobei jedoch zu beachten ist, daß die Tragfähigkeit einer Schraube in Leichtmetall merklich kleiner ist als diejenige eines Nietes von gleichem Durchmesser. Schrauben sind auch zu verwenden an schwer zugänglichen Stellen, wo das Schlagen der Nieten erschwert wäre, sowie wenn Zugkräfte in Richtung der Schaftachse aufgenommen werden müssen.

Die Schweißung ist heute, aus wirtschaftlichen und technischen Gründen, vorwiegend auf Werkstattverbindungen und bei diesen auf Bauteile mit nicht zu großen Materialstärken beschränkt. Hauptanwendungsgebiet dürften vorläufig Bauteile für vorwiegend ruhende Belastung bilden. An sich erlaubt die Schweißung eine einfachere Formgebung der Bauteile und Verbindungen als die Nietung, die ja zur Kraftübertragung häufig zusätzliche Teile, wie Stoßlaschen oder Anschlußwinkel, erfordert, doch bedeutet die Schweißung mit der erforderlichen großen Wärmeentwicklung einen so großen Eingriff in das Material, besonders bei vergüteten Legierungsarten, daß eine meist erhebliche Festigkeitsabnahme eintritt, die die baulichen Vorzüge oft wieder aufhebt. Heute ist im Leichtmetallbau somit die Nietung das wichtigste Verbindungsmittel, doch ist nicht daran zu zweifeln, daß durch Verbesserung der Schweißverfahren und Fortschritte in der Entwicklung gut schweißbarer Legierungsarten die Bedeutung der Schweißtechnik in der Zukunft weiter zunehmen wird.

Klebverbindungen haben bei Leichtmetallbaukonstruktionen bis heute noch keine große Bedeutung erlangt und kommen vorläufig nur für wenig beanspruchte, untergeordnete Bauteile in Betracht.

2. Nieten.

a) Nietmaterial.

In den Anfängen der Leichtmetallbauweise wurden bei größeren Durchmessern *Stahlniete* verwendet, die sich leichter schlagen ließen und die auch eine größere Scherfestigkeit besitzen als Aluminiumniete. Mit der Entwicklung von für die Nietherstellung geeigneten Aluminiumlegierungen tritt jedoch der Stahlniet, der ja in Leichtmetall auch wesentliche Nachteile besitzt (thermische Beeinflussung des Grundmaterials bei warm geschlagenen Nieten, unerwünscht große Steifigkeit des Nietes gegenüber dem Grundmaterial, Korrosionsgefahr) in seiner Bedeutung gegenüber dem Aluminiumniet mehr und mehr zurück; in Zukunft dürfte der Aluminiumniet mehr und mehr den Normalfall darstellen.

Bei der Auswahl des Materials für *Aluminiumnieten* sind vor allem zwei Gesichtspunkte (neben guten Festigkeitseigenschaften) zu beachten: es muß die galvanische Korrosion vermieden werden und die Nieten müssen sich leicht schlagen lassen.

Die Vermeidung galvanischer Korrosion bedingt, daß Nietmaterial und Grundmaterial möglichst gleiche chemische Zusammensetzung besitzen müssen. Nietmaterial und Grundmaterial müssen also in der Legierungsart aufeinander abgestimmt sein. So sind insbesondere das Nieten von kupferhaltigen Legierungen mit kupferfreiem Nietenmaterial und umgekehrt zu vermeiden.

Die leichte Schlagbarkeit hängt bei einer gegebenen Legierung in erster Linie vom Anlieferungszustand ab, doch verbietet die geringe

Festigkeit die Verwendung von Nietmaterial in unvergütetem Zustand. Für *thermisch nicht vergütbare Legierungen* wird das Nietmaterial gewöhnlich in halbhartem Zustand geliefert; es läßt sich dann noch gut schlagen, ohne daß Materialschäden auftreten. Neben dem Kaltnieten, das für kleinere Nieten die Regel bildet, lassen sich solche Nieten, beispielsweise aus der Legierung A 56 S, bei sorgfältiger Temperaturkontrolle auch gut warm schlagen; es ist dabei zwischen 400 und 500° zu nieten, wobei darauf zu achten ist, daß durch sofortiges Schlagen des eingesetzten Nietes keine schädliche Abkühlung eintreten kann. Bei *thermisch vergütbaren Legierungen* werden die Nieten in teilvergütetem oder vollvergütetem Zustand angeliefert, wobei der teilvergütete Zustand bessere Schlagbarkeit, aber geringere Festigkeit zeigt als der vollvergütete. Solche Nieten lassen sich jedoch nicht im angelieferten Zustand schlagen, sie müssen unmittelbar vor dem Nieten neu vergütet werden und innert kurzer Zeit nach dem Abschrecken geschlagen werden. Nieten aus 16 SWP müssen beispielsweise innert 2 bis 3 Stunden nach dem Abschrecken geschlagen werden, d. h. bevor die Bearbeitbarkeit durch die Alterungsaushärtung in Frage gestellt wird; bei Aufbewahrung bei einer Temperatur von 0° bzw. — 18° C kann dieser Zeitraum bis auf etwa 24 Stunden bzw. 6 Tage verlängert werden. Nietmaterial der Gruppe der AlMgSi, wie etwa 65 S, läßt sich in vollvergütetem Zustand bei größeren Durchmessern nur schwer verarbeiten; die Nietbarkeit von teilvergütetem Material (65 S W) ist, auf Kosten der Festigkeit, erheblich besser. Neben der Zusammensetzung und dem Zustand des Nietmaterials beeinflußt auch die Nietform (Schließkopf) die Schlagbarkeit eines Nietes.

b) Nietformen.

Als *Setzkopf* ist auch bei Aluminiumnieten der aus dem Stahlbau übernommene Halbrundkopf üblich. Für den *Schließkopf* sind verschiedene Formen ausgebildet worden, von denen die für Baukonstruktionen wichtigsten in Abb. 54 zusammengestellt sind.

Der *Tonnenkopf* ist verhältnismäßig leicht zu schlagen; er benötigt von allen Kopfformen die geringste Stauchkraft, und die Kopfbildung ist unabhängig von der genauen Einhaltung der theoretisch erforderlichen Schaftlänge. Ähnliches gilt für die beiden Formen der Kegelköpfe, wobei der *Kegelspitzkopf* noch den Vorzug besitzt, besser zentriert und angepreßt werden zu können. Der *elliptische Kopf* wird als Schließkopf nur bei kleinen Nietdurchmessern verwendet ($d \leqq 8$ mm); er besitzt eine geringe Kopfstärke k, benötigt jedoch große Stauchkraft. Für kalt geschlagene Nieten großen Durchmessers, bis vorläufig etwa zu $d = 22$ mm, ist die besondere Form des *Ringnietkopfes*[1] in ver-

---

[1] ANDERS, E., u. D. G. ELLIOT: Recent Canadian Developments in the Cold Riveting of Aluminium. The Engineering Institute of Canada. Montreal 1950.

schiedenen Varianten entwickelt worden; wesentlich ist dabei, daß eine gute Nietbarkeit auch bei großen Durchmessern durch Ausbohren des Nietschaftendes erreicht wird. Der Versenkniet und der Linsensenkniet haben, wie auch der Halbrundniet, analoge Form und Verwendung wie im Stahlbau.

Neben diesen für das Bauwesen in erster Linie in Betracht kommenden Formen sind weitere Sonderformen, wie Hohlnieten, Rohrnieten, Sprengnieten und Blindnieten, entwickelt worden, die vor allem im

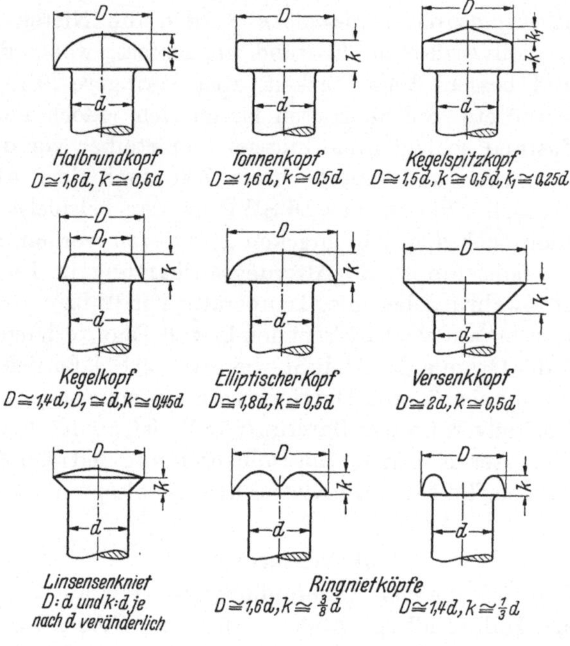

Abb. 54.

Fahrzeugbau und Flugzeugbau verwendet werden und vorläufig im Bauwesen noch keine nennenswerte Bedeutung besitzen.

Der Lochdurchmesser ist im Verhältnis zum Schaftdurchmesser kleiner als im Stahlbau; für kalt geschlagene Nieten soll ein Spiel von 0,4 bis höchstens 0,8 mm gegenüber dem Schaftdurchmesser des Rohnietes nicht überschritten werden. Bei warm geschlagenen Nieten ist dieses Spiel etwas zu erhöhen, damit der warme Niet eingezogen werden kann, aber doch so klein wie möglich zu halten.

Die Klemmlänge der Nieten ist derart zu begrenzen, daß der Schaft beim Schlagen vollständig und möglichst gleichmäßig durchgestaucht werden kann; die größte Schaftlänge wird damit höchstens etwa $5\,d$ betragen dürfen. Als zweckmäßiges Verhältnis zwischen dem Durchmesser d

des geschlagenen Nietes und der kleinsten Blechstärke t kann für *ein-schnittige* Nieten etwa gesetzt werden

$$d \cong 1{,}8 \cdot (1{,}0 \pm 0{,}3)\, t\,;$$

für zweischnittige Nieten ist ein etwas kleinerer Durchmesser d zu wählen.

In einzelnen Ländern bestehen Ansätze zu einer Normalisierung der Nietformen und Nietdurchmesser, doch kann von einer internationalen Normung heute noch nicht gesprochen werden.

c) Nietberechnung.

Die zulässige Belastung eines Nietes wird ähnlich berechnet wie im Stahlbau; wir unterscheiden die Bemessung auf Abscheren einerseits und auf Lochleibungsdruck andererseits. Unterschiede gegenüber dem Stahlbau bestehen dagegen in der Festlegung der zulässigen Beanspruchungen.

Auf *Abscheren* beträgt die zulässige Belastung eines einschnittigen Nietes

$$N_{a\,zul.} = \frac{\pi\, d^2}{4}\, \tau_{a\,zul.}\,, \tag{14a}$$

wobei d den Schaftdurchmesser des geschlagenen Nietes, also den Lochdurchmesser bedeutet. Bei der Festsetzung von $\tau_{a\,zul.}$ ist einerseits zu beachten, daß die Scherfestigkeit des geschlagenen Nietes etwa 20 % größer ist als die Schubfestigkeit des Nietmaterials; für statische Belastung dürfen wir somit entsprechend den Feststellungen des Abschn. II, 4, a sowohl für thermisch vergütbare wie für nicht vergütbare Legierungen in halbhartem Zustand und für kalt geschlagene Nieten etwa setzen

$$\tau_{a\,zul.} = 0{,}75 \cdot \sigma_{zul.}\,; \tag{14b}$$

für den harten Zustand nicht vergütbarer Legierungen wäre dagegen eher $\tau_{a\,zul.} \cong 0{,}65 \cdot \sigma_{zul.}$ zu setzen.

Bei oft wiederholter Belastung sinkt die Scherfestigkeit im Mittel einer größeren Zahl von daraufhin untersuchten Legierungsarten mit zunehmender Lastwechselzahl in ähnlichem Verhältnis wie die Dauerfestigkeit des ungelochten Zugstabes; dies führt dazu, daß für alle drei Bauwerksklassen in Gl. (14b) für $\sigma_{zul.}$ der Wert der *zulässigen Beanspruchung des ungelochten Zugstabes* nach Abschn. II, 4, d einzusetzen ist.

Die zulässige Nietbelastung auf *Lochleibungsdruck* beträgt

$$N_{l\,zul.} = d\,t\,\sigma_{l\,zul.}\,; \tag{15a}$$

dabei bedeutet t die maßgebende kleinste Blechstärke. Unter statischer Belastung beträgt (wieder im Mittel für eine größere Zahl von untersuchten Legierungen) das Verhältnis der Lochleibungsfestigkeit zur Zugfestigkeit etwa 2,0 mit dem Mindestwert

$$\frac{\sigma_l}{\sigma_{0Z}} \cong 1{,}80\,.$$

Für das entsprechende Verhältnis auf die konventionelle Fließgrenze bezogen, werden die Werte von etwa 1,8 im Mittel und 1,6 im Minimum gefunden. Da die eingeführten Werte für die Bruchsicherheiten auch eine angemessene Sicherheit gegen das Eintreten bleibender Formänderungen gewährleisten, dürfen wir mit den für den Bruch festgestellten Verhältniswerten rechnen und setzen

$$\sigma_{l\,zul.} = 1,80 \cdot \sigma_{zul.} \, . \tag{15b}$$

Bei oft wiederholter Belastung sinkt die Dauerfestigkeit σ_l auf Lochleibungsdruck etwas stärker ab als die Scherfestigkeit τ_a, nämlich in ähnlichem Verhältnis wie die Zugfestigkeit des gelochten Zugstabes. Gl. (15b) gilt somit für alle drei Bauwerksklassen, wenn für $\sigma_{zul.}$ der Wert der *zulässigen Beanspruchung des gelochten Zugstabes* mit $\varphi_w = 0,75$ eingesetzt wird.

Bei statischer Belastung (Bauwerksklasse I) ergibt sich für die vorgeschlagenen Werte, daß bei einschnittigen Nieten *Abscheren* bis zu einem Verhältnis $d:t$ von

$$\frac{d}{t} = \frac{4 \cdot 1,8}{\pi \cdot 0,75} \cong 3,05$$

maßgebend ist; für Wechselbelastung ($\sigma_{\min} : \sigma_{\max} = -1,0$) der Bauwerksklassen II und III vermindert sich dieses Verhältnis mit $\varphi_w = 0,75$ auf

$$\frac{d}{t} = 0,75 \cdot 3,05 = 2,29 \, .$$

Außerhalb dieses Bereiches, $2,29 \leqq d/t \leqq 3,05$ muß somit jeweils nur ein Spannungsnachweis (Abscheren oder Lochleibung) durchgeführt werden.

Für *zweischnittige Nieten* ändert sich das entsprechende Verhältnis d/t auf die Werte 1,52 bzw. 1,15.

Analog wie im Stahlbau ist auch bei Aluminiumnieten eine nennenswerte Zugbeanspruchung in Schaftrichtung nach Möglichkeit zu vermeiden (Ersatz der Nieten durch Schrauben).

Bei der Verwendung von *Stahlnieten* gelten für *Abscheren* selbstverständlich die zulässigen Beanspruchungen $\tau_{a\,zul.}$, wie sie im Stahlbau üblich sind. Damit sinkt das Verhältnis d/t, von dem an der Lochleibungsdruck maßgebend wird, erheblich ab.

Im Spannungsnachweis des *Grundmaterials* ist die Lochschwächung durch Einführung der *Nettoquerschnittswerte* in der im Stahlbau üblichen Weise durchzuführen; die Wirkung der Spannungsspitzen in der unmittelbaren Umgebung der Lochränder („Kerbwirkung") ist durch Einführung der Abminderungszahlen φ bei der Ermittlung der zulässigen Beanspruchungen des gelochten Zugstabes erfaßt.

Bei *warm geschlagenen Nieten* ist wegen der ungünstigen Beeinflussung des Werkstoffes mit einer um 15 bis 20% verminderten Tragfähigkeit zu rechnen.

d) Bauliche Einzelheiten.

Für die *Nietabstände* sind mit den Bezeichnungen der Abb. 55 normalerweise die folgenden Regeln einzuhalten:

Nietabstand e: min. 2,5 d, besser 3 d, max. 6 d bei Kraftnieten, 7 d bzw. 14 t bei Heftnieten.

Randabstand e_r: 2 d bzw. 4 t parallel und quer zur Kraftrichtung.

Allgemein ist festzuhalten, daß der kleinste Niet- oder Randabstand so groß gewählt werden muß, daß ein Aufreißen oder Aufquetschen des Grundmaterials vermieden wird und daß sich die Nieten noch gut

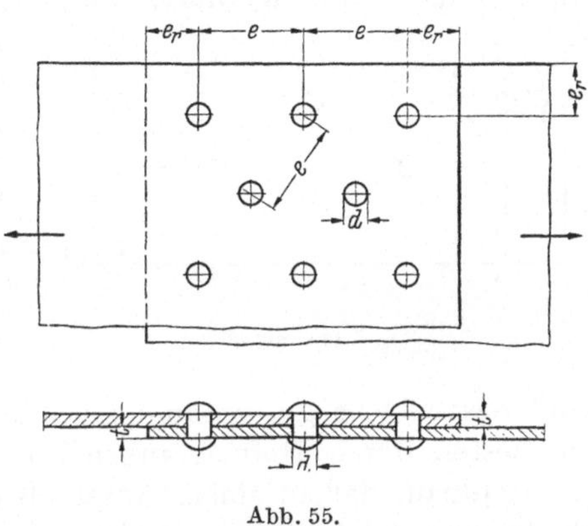

Abb. 55.

schlagen lassen. Der kleinste Randabstand ist somit von der Form und Bearbeitung der Ränder abhängig. Andererseits ist der größte Abstand so klein zu halten, daß ein Aufklaffen der zu verbindenden Teile vermieden wird. Abb. 56 zeigt einige Beispiele, bei denen für den Randabstand e_r von der Normalregel abgewichen werden darf.

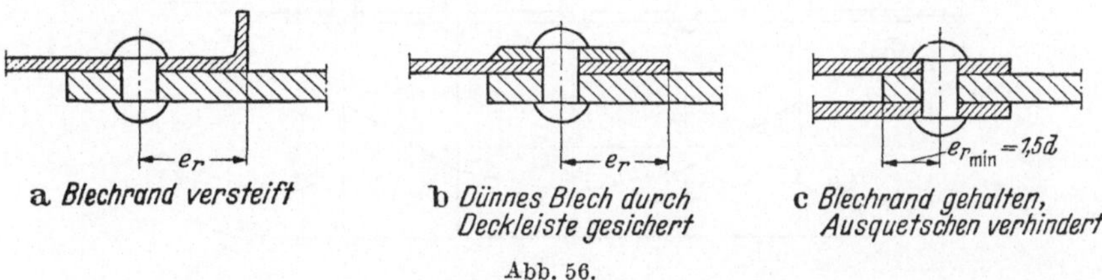

a *Blechrand versteift*   b *Dünnes Blech durch Deckleiste gesichert*   c *Blechrand gehalten, Ausquetschen verhindert*

Abb. 56.

Bei roh geschnittenen und nicht nachbearbeiteten Rändern ist die Gefahr des Aufreißens größer als bei glatten Rändern; in solchen Fällen ist der Randabstand e_r eher etwas größer zu wählen als 2 d bzw. 4 t.

Für die Festsetzung des größten Nietabstandes ist davon auszugehen, daß die miteinander verbundenen Bleche durch die Nietung satt aneinandergehalten werden sollen. Die angegebenen Werte von e_{max} gelten grundsätzlich für auf Zug beanspruchte Teile. Bei Druckbeanspruchung sind diese Werte je nach der Größe der Beanspruchung (Beulgefahr) unter Umständen zu verkleinern.

Bei mehrreihigen Nietungen sind die Nieten möglichst versetzt anzuordnen, um die Lochschwächung klein zu halten. Über die erforderlichen Mindestabstände, bei denen in Anordnungen nach Abb. 57 nur zwei Nietlöcher d abgezogen werden müssen, dürften die im Stahlbau üblichen Regeln wegleitend dienen.

Wasserdichte Nietungen werden mindestens zweireihig mit kleinen Nietabständen durchgeführt, wobei bei dünnen Blechen verstärkende Deckstreifen (Abb. 56b) anzuordnen sind. Durch das Einlegen von Dichtungseinlagen wird die Tragfähigkeit der Nieten erheblich (bis etwa 20%) vermindert.

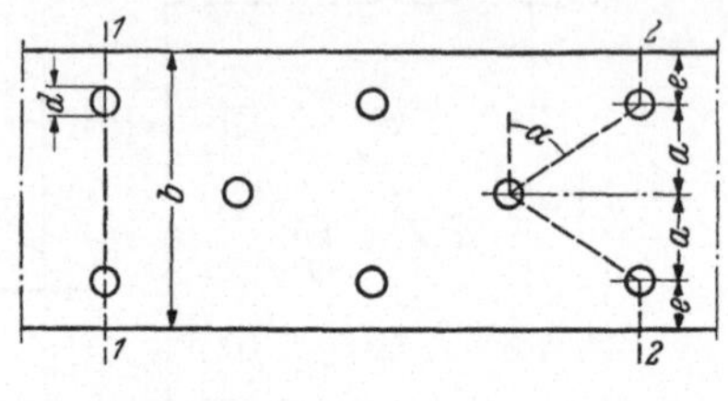

Abb. 57.

Damit ein Niet einwandfrei geschlagen werden kann, müssen die zu verbindenden Teile während des Nietens gut zusammengeklemmt werden, was normalerweise am besten durch Heftschrauben erreicht wird; dies führt dazu, wie im Stahlbau, daß in einem Anschluß (abgesehen von untergeordneten Bauteilen mit sehr dünnen Profilen) stets mindestens zwei Nieten anzuordnen sind.

Bei längeren Nietreihen in Anschlüssen ist die Kraftverteilung auf die einzelnen Niete stark ungleichmäßig (Abb. 58). Die Ungleichmäßigkeit der Kraftverteilung, d. h. das Verhältnis $N_{\max}/N_m$, steigt mit

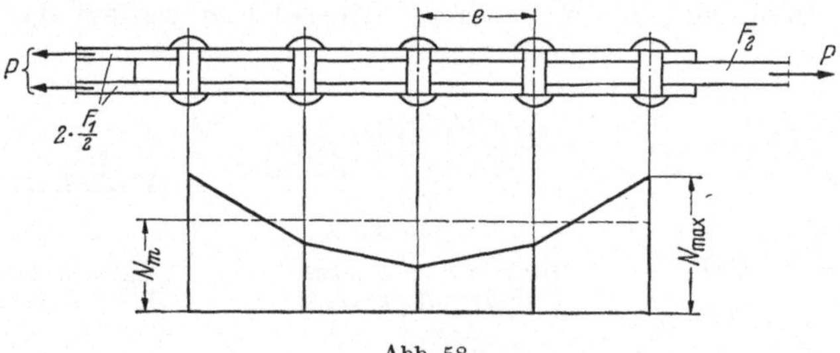

Abb. 58.

wachsender Nietzahl und mit wachsender Größe der Verhältniszahl

$$\frac{C}{E}\,\frac{F_1+F_2}{F_1 F_2}\,e\,.$$

Praktisch ist aus diesen Verhältnissen etwa die Schlußfolgerung zu ziehen, daß in Anschlüssen höchstens 5 Niete in einer Reihe hintereinander bei den Bauwerksklassen II und III bzw. höchstens 6 Niete bei Bauwerksklasse I angeordnet werden dürfen. Dabei sollen die Nietabstände e tunlichst klein gehalten werden. Eine Vergrößerung der

Nietzahl einer Reihe verschlechtert die Kraftverteilung und nützt somit nichts; wenn 5 (bzw. 6) Nieten zur Kraftübertragung nicht ausreichen, so ist der Anschluß zu verbreitern, d. h. die Zahl der Nietreihen zu vermehren.

Dauerversuche an unsymmetrischen einschnittigen Stoßverbindungen nach Abb. 59 zeigen einwandfrei, daß die Festigkeit bei etwa

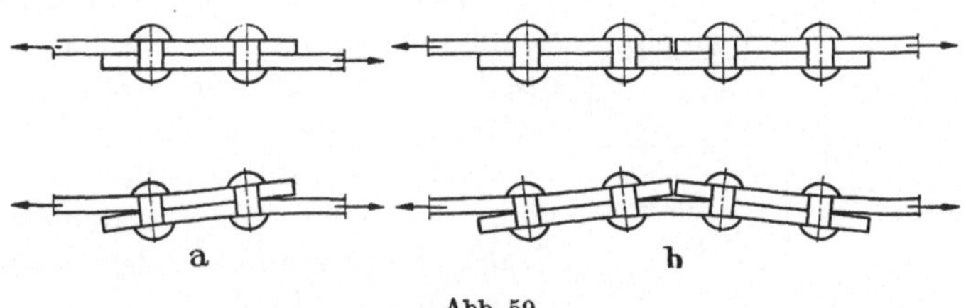

Abb. 59.

10^6 bis 10^7 Lastwechseln auf weniger als 10% der statischen Festigkeit sinken kann[1].

Eine Konstruktionsart, bei der mit einer (rechnerischen) Materialausnützung von weniger als 10% gerechnet werden muß, ist selbstverständlich als unwirtschaftlich eindeutig abzulehnen. Es zeigt sich aus solchen und ähnlichen Versuchen, daß Aluminiumlegierungen und ihre Verbindungen bei oft wiederholter Belastung sehr empfindlich sind gegen ungleichmäßige Spannungsverteilungen, wie sie in solchen unsymmetrischen Verbindungen ja auftreten müssen. *Solche Verbindungen sind somit im Leichtmetallbau nicht materialgerecht.*

Aus diesen Feststellungen ist eine *allgemein verbindliche Konstruktionsregel* für die Leichtmetallbau-

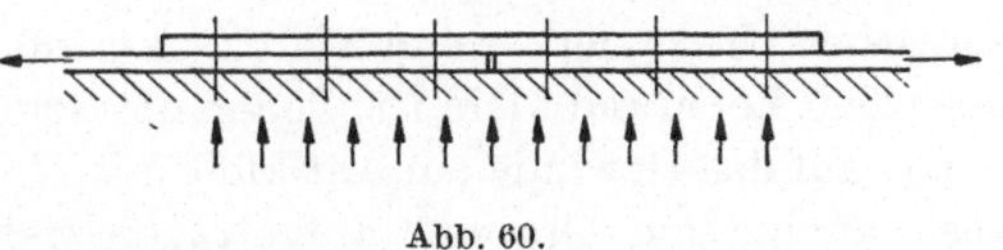

Abb. 60.

weise abzuleiten: *Alle Verbindungen und Anschlüsse sind möglichst symmetrisch derart auszubilden, daß eine möglichst gleichmäßige Spannungsverteilung mit möglichst „weichem" Kraftfluß möglich ist.*

Einschnittige Stoßdeckungen und Anschlüsse nach Abb. 59b kommen also nur dort in Betracht, wo durch die stützende Wirkung von Nachbarelementen die ungünstigen Zusatzwirkungen aus der Kraftablenkung annähernd ausgeglichen werden. Ein Beispiel für einen solchen Fall stellt die Stoßdeckung der Lamellen bei einem genieteten Blechträger dar (Abb. 60).

---

[1] Siehe z. B. B. K. O. LUNDBERG u. G. G. E. WALLGREN: A study of some factors affecting the fatigue life of aircraft parts with application to structural elements of 24 S-T and 75 S-T Aluminium alloys. Flygtekniska Försöksanstalten FFA, Medd. Nr. 30. Stockholm 1949 (z. B. Fig. 7).

Gemischte Bauteile Stahl–Leichtmetall. Solche gemischte Bauteile sind als Ausnahmefälle zu betrachten; sie können jedoch gelegentlich notwendig werden. Ein direkter Kontakt zwischen Stahl und Leichtmetall ist dann möglichst zu vermeiden (isolierender Schutzanstrich usw.). Genietet wird hier in der Regel mit Stahlnieten. Bei dünnen Leichtmetallteilen, die sich bei Warmnieten zu stark erwärmen würden, ist kalt zu nieten, was bis zu etwa $d = 8$ mm möglich ist. Um Beschädigungen des Leichtmetalls beim Nieten zu vermeiden, ist der Schließkopf auf der Stahlseite anzuordnen; unter dem Setzkopf ist eine Unterlagsscheibe aus Stahl, feuerverzinkt oder kadmiert, anzuordnen (Abb. 61).

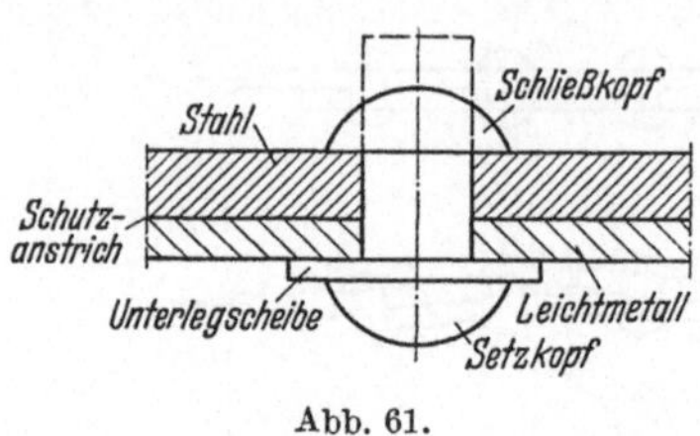

Abb. 61.

3. Schrauben.

Schrauben werden im Leichtmetallbau ähnlich verwendet wie im Stahlbau, nämlich als lösbares Verbindungsmittel oder statt Nieten an schwer zugänglichen Stellen oder zur Aufnahme größerer Zugkräfte in Schaftrichtung.

Bei **Aluminiumschrauben** ist zur Vermeidung galvanischer Korrosion eine ähnliche Abstimmung von Grundmaterial und Schraubenmaterial in bezug auf chemische Zusammensetzung der Legierungsarten notwendig wie bei Nieten. Gedrehte und gepreßte Bolzen sollen vor dem Einziehen anodisiert und geschmiert werden, da sie sonst gerne einfressen, besonders wenn sie etwas groß sind, d. h. das Spiel gegenüber dem Lochrand klein ist. Sollen die Schrauben wieder gelöst werden, so soll auf das Gewinde ein Antiklebemittel (beispielsweise eine Mischung aus Lanolin und Graphit) aufgetragen werden.

Stahlschrauben müssen entweder aus rostfreiem Stahl bestehen oder dann müssen sie feuerverzinkt oder kadmiert sein. Ungeschützte Stahlbolzen müssen gestrichen werden.

Die *Tragfähigkeit* der Schraubenverbindung ist merklich kleiner als diejenige der Nietverbindung mit gleichem Schaftdurchmesser und gleichen Blechstärken. Auch wenn es durch die Herstellung (Pressen) gelingt, die gleiche Scherfestigkeit des Schraubenschaftes zu erreichen wie beim geschlagenen Niet, so ist doch, weil das Schraubenloch durch den Schaft nicht satt ausgefüllt ist, die Lochleibungspressung erheblich ungünstiger verteilt als beim Niet, was sich bei oft wiederholter Belastung auch auf das Grundmaterial (Kerbwirkung) ungünstig auswirkt. Bei sonst gleichen Verhältnissen dürfte bei gut passenden Schrauben mit kleinem Spiel die Abminderung der Tragfähigkeit gegenüber der Nietung mit mindestens etwa 20% eingeschätzt werden dürfen.

4. Schweißen.

a) Allgemeines.

Bei der entscheidenden Bedeutung, die die thermische Behandlung bei der Herstellung von Aluminiumlegierungen hoher Festigkeit besitzt, ist es selbstverständlich, daß der mit Schweißen verbundene Erwärmungs- und Abkühlungsvorgang die Festigkeitseigenschaften wesentlich beeinflussen muß, und zwar in ungünstigem Sinne. Über die Größe dieses Einflusses sollen etwa die in der nachstehenden Tabelle zusammengestellten Versuchsergebnisse (Mittelwerte) orientieren, bei denen die Schweißung im Argonarc-Verfahren hergestellt wurde; die angegebenen Wechselfestigkeiten sind Biegewechselfestigkeiten bei $5 \cdot 10^8$ Lastwechseln („Rotating beam test")[1]:

Grundmaterial	Schweißgut	Statische Zugfestigkeit σ_{0Z}			Dauerfestigkeit σ_w		
		unge-schweißt t/cm^2	ge-schweißt t/cm^2	ψ	unge-schweißt t/cm^2	ge-schweißt t/cm^2	ψ
65 S W P	33 S	3,21	1,75	0,55	0,98	0,63	0,64
65 S W	33 S	2,69	1,71	0,64	0,95	0,62	0,65
65 S W	X 1051[2]	2,69	1,64	0,61	0,95	0,62	0,65
X 1051-0[2]	X 1051[2]	2,61	2,20	0,84	1,28	0,83	0,65

In der Tabelle sind auch die Verhältniszahlen ψ der Festigkeiten „geschweißt" (σ_s) gegenüber „ungeschweißt" (σ) angegeben:

$$\psi = \frac{\sigma_s}{\sigma}.$$

Ohne aus diesen wenigen (wenn auch mit vorbildlicher Sorgfalt durchgeführten) Versuchsreihen allgemeine Schlußfolgerungen ziehen zu wollen, seien doch die folgenden besonders auffallenden Punkte festgehalten:

Zwischen den Versuchen mit thermisch vollvergütetem und teilvergütetem Material (65 S W P und 65 S W) zeigt sich in der Festigkeit des geschweißten Probestabes praktisch kein Unterschied, weder im statischen Zugversuch noch unter Dauerbelastung ($n = 5 \cdot 10^8$); die Wirkung der thermischen Vollvergütung scheint also beim Schweißen wieder verlorenzugehen. Auffällig ist ferner, daß die Verhältniszahl ψ für alle vier untersuchten Kombinationen bei $5 \cdot 10^8$ Lastwechseln praktisch den gleichen Wert besitzt; es scheint sich bei diesem Wert von

---

[1] Versuche der Aluminium Laboratories Limited, Dept. of metallurgical Engineering and fabricating Research, Kingston. Die Zugfestigkeit σ_{0Z} der hier untersuchten Legierung 65 S W liegt etwas höher als die der Festlegung der zulässigen Spannungen (Abschn. II, 4) zugrunde gelegten Versuchswerte.

[2] Legierung mit 4% Magnesium im Versuchsstadium.

$\psi \cong 0{,}65$ um das bei dem verwendeten Schweißverfahren erreichbare
Optimum für den Endzustand der Dauerfestigkeit zu handeln. In Abb. 62
ist noch der Verlauf der Werte ψ in Funktion der Lastwechselzahl
$n = 10^i$ für die drei verschiedenen charakteristischen Fälle skizziert.

Der Verlauf dieser ψ-Kurven zeigt eindeutig, daß es sich hier, im
Gegensatz zur „Kerbwirkung" (Abminderung φ, vgl. Abb. 51), um

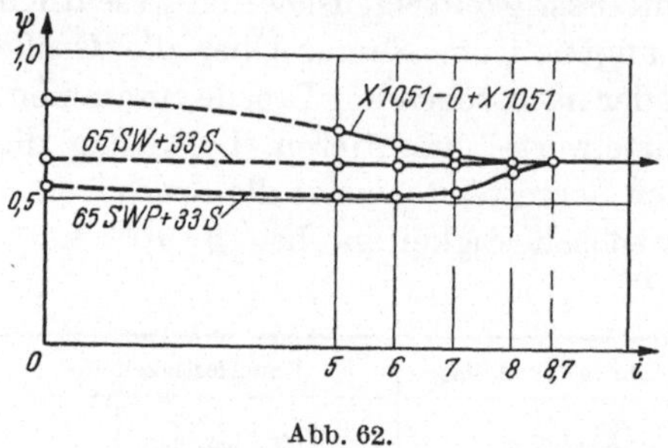

Abb. 62.

eine eigentliche Festigkeitsabnahme handelt und nicht etwa
um die Wirkung einer ungleichmäßigen Spannungsverteilung.

Nun kommt jedoch bei ge-
schweißten Konstruktionen,
neben dem Festigkeitsabfall ψ
auch noch die Wirkung ungleich-
mäßiger Spannungsverteilungen, die einer Kerbwirkung φ
gleichzusetzen ist, hinzu; es
gibt kein spannungsfreies Schweißen. Es sei hier mit Abb. 63 an die
beim Schweißen einer Platte mit einer Stumpfnaht auftretenden
Schrumpfspannungen erinnert. Beim Abkühlen der Schweißnaht, d. h.
beim Festwerden des Schweißgutes müssen die vorhandenen thermischen
Verformungen durch Formänderungen aus Schrumpfspannungen kompensiert werden.

Die ungünstige Wirkung der Schrumpfspannungen kann nun durch
verschiedene besondere Maßnahmen beim Entwurf oder der Aus-

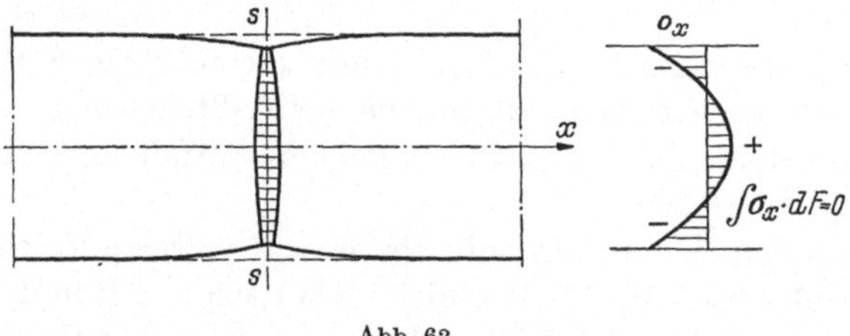

Abb. 63.

führung, wenn auch nie beseitigt, so doch oft weitgehend gemildert
werden. Eine solche Möglichkeit besteht beispielsweise beim Schweißen
von plattenförmigen Bauteilen nach Abb. 63 darin, daß die Platte durch
Anschweißen seitlicher Lappen vorübergehend verbreitert wird (Abb. 64);
durch die nachträgliche Entfernung dieser Lappen werden die Schrumpfspannungen wesentlich verkleinert, wobei gleichzeitig auch die Kerbwirkung von Nahtansatzstellen vermindert wird. Ferner ist bei hoch-
beanspruchten Schweißnähten die Nahtoberfläche glatt zu bearbeiten,
um die sonst vorhandenen Kerbwirkungen zu beseitigen.

Weitere stets auszunützende Möglichkeiten bestehen darin, daß die Schweißnähte allgemein an Stellen geringer Beanspruchung gelegt werden und daß durch geeignete Reihenfolge der Schweißnähte versucht wird, an denjenigen Stellen, die im Betriebszustand auf Zug beansprucht werden, durch die Schrumpfwirkung Druckvorspannungen zu erzeugen.

Endlich besteht eine weitere Besonderheit beim Schweißen von Aluminiumlegierungen darin, daß sich an der Oberfläche von Aluminiumbauteilen eine dünne Schicht von Aluminiumoxyd bildet. Diese Schicht, die als Korrosionsschutz ja sehr willkommen ist, besitzt einen sehr hohen Schmelzpunkt ($\sim 2000°$); um diese Schicht wegzuschmelzen, wäre somit eine viel höhere Temperatur notwendig, als die Schweißung des Metalls an sich mit einem Schmelzpunkt von rd. $600°$ erfordern

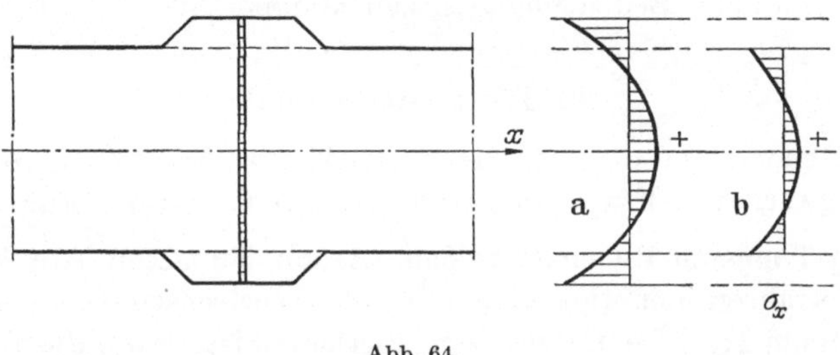

Abb. 64.

würde; die ungünstige Einwirkung einer so hohen Temperatur auf die Festigkeit der Legierung ist offensichtlich. Bei thermischen Schweißverfahren werden nun chemische Flußmittel, die meist aus Gemischen von Lithium, Kalium und Natriumsalzen bestehen, eingesetzt, die die Oxydschicht auflösen, jedoch auf das Aluminium korrosiv wirken. Solche Verfahren müssen somit auf Verbindungen beschränkt werden, die nach dem Schweißen leicht und gründlich gereinigt werden können. Die Entwicklung des „Argonarc"-Schweißverfahrens, bei dem keine solchen Flußmittel benötigt werden, bedeutet einen vielversprechenden Fortschritt.

Das Ziel der zukünftigen Entwicklung, Schweißverfahren zu finden, bei denen der Festigkeitsabfall der Verbindungen gegenüber dem Grundmaterial möglichst klein ist, kann nicht in einer einzigen Entwicklungsrichtung, sondern nur durch das günstige Zusammenspiel einer ganzen Reihe von Faktoren erreicht werden. Einmal müssen *gut schweißbare Legierungsarten* mit entsprechend abgestimmtem Schweißgut entwickelt werden; es ist wahrscheinlich, daß diese Entwicklungsrichtung auf Legierungsarten orientiert sein wird, die nach dem Schweißen eine genügende natürliche Alterungsaushärtung zeigen. Hand in Hand damit sind günstige *Schweißverfahren*, wahrscheinlich im Sinne des Argonarc-Verfahrens, zu entwickeln. Endlich müssen alle *konstruktiven Maß-*

nahmen sowohl beim Entwurf wie bei der Herstellung eingesetzt werden, die die ungünstige Wirkung des Schrumpfens mildern und Kerbwirkungen beseitigen können.

Ein solcher befriedigender Entwicklungsstand der Schweißtechnik ist heute im Leichtmetallbau noch nicht (oder höchstens für vereinzelte besondere Anwendungsfälle) erreicht; wie rasch sich der angestrebte Fortschritt erreichen lassen wird, kann heute nicht mit Sicherheit beurteilt werden. Dagegen besteht kein Zweifel, daß dieser Fortschritt einmal kommen wird und daß dann die Vorzüge der Schweißtechnik im Sinne einer einfachen Formgebung der Verbindungen auch im Leichtmetallbau voll ausgenützt werden können. Es ist selbstverständlich, daß die folgenden Ausführungen beim heutigen Stand der Technik keine verbindliche Bedeutung besitzen können.

b) Die Schweißverfahren.

Nachstehend sind die wichtigsten der für das Schweißen von Leichtmetalltragwerken in Frage kommenden Schweißverfahren kurz skizziert.

Argon-Tungsten-Bogenschweißen (Argon Tungsten Arc Welding). Dieses Verfahren benötigt eine normale Wechselstromschweißanlage, die mit einem Hochfrequenzsystem überlagert ist, sowie die Zuführung von Argongas hoher Reinheit. Der Schweißbrenner besitzt eine sich nicht verbrauchende Tungstenelektrode mit Stahl- oder Keramikmantel, durch den der Argongasstrom der Schweißstelle zugeführt wird. Größere Schweißbrenner werden wassergekühlt. Die Oxydschicht der Werkstückoberfläche wird durch den Lichtbogen aufgeschmolzen; der aus dem Argongas gebildete Schutzschild verhindert eine Neubildung der Oxydschicht während des Schweißens.

Das Argongasschweißen erlaubt einen raschen Arbeitsfortschritt, und die Schweißnähte besitzen eine gute Struktur, die verhältnismäßig wenig Fertigungsarbeit erfordert. Ein Vorwärmen ist nicht notwendig, so daß im Zusammenhang mit dem raschen Arbeitsfortschritt die Wärmeverformungen kleiner sind als beim normalen Gasschweißverfahren; die Schweißnähte weisen auch bessere Festigkeitswerte auf und die durch die Schweißtemperatur in ihren mechanischen Eigenschaften beeinträchtigte Zone des Grundmaterials („Einbrandzone") ist kleiner. Da keine Flußmittel verwendet werden müssen, fallen Reinigungsarbeiten weg und die Nahtkontrolle wird vereinfacht. Mit geeigneten Ausrüstungen können mit diesem Verfahren Blechstärken von 0,8 bis 50 mm Stärke geschweißt werden; dabei ist jedoch der Elektrodendurchmesser der Arbeitsgeschwindigkeit und der Stromstärke sorgfältig anzupassen. Wenn Argongas nicht erhältlich ist, kann an seiner Stelle auch Helium verwendet werden.

Argon-Metallbogenschweißen (Argon Metal Arc Welding). Dieses Verfahren ist eine Weiterentwicklung des Argon-Tungsten-Bogenschweißens, bei der die sich nicht verbrauchende Tungsten-Elektrode durch den Schweißdraht ersetzt ist; dieser Schweißdraht wird kontinuierlich durch die Schweißpistole unter automatischer Kontrolle (gleichmäßige Lichtbogenlänge) nachgeführt. Auch hier verhindert ein Schutzschild aus dem inerten Argongas eine Neubildung der Oxydschicht.

Das Argon-Metallbogenschweißen erlaubt gegenüber dem Argon-Tungsten-Verfahren eine Vergrößerung der Arbeitsgeschwindigkeit; die thermisch beeinträchtigte Zone des Grundmaterials wird dabei noch kleiner. Das Verfahren kann auch für Schweißung in ungünstiger Lage, wie Überkopfschweißen, verwendet werden. Trotzdem seine Anwendungsmöglichkeiten heute noch nicht ausgeschöpft erscheinen, ist es als eine Ergänzung zum Argon-Tungsten-Verfahren und nicht als ein Ersatz dafür anzusehen.

Metallbogenschweißen. Gewöhnliche Schweißungen können mit normalen Gleichstromschweißmaschinen von über 300 A ausgeführt werden. Wechselstrommaschinen sind ebenfalls brauchbar, sofern sie mit Hochfrequenz überlagert sind. Die mit dem Flußmittel bedeckten Elektroden werden in normalen Zangen gehalten; die Elektrodenqualität hat einen großen Einfluß auf die Qualität der Schweißung. Das Verfahren wird meist nur bei Materialstärken von mehr als 3 mm verwendet; bei sorgfältiger Handhabung erlaubt es jedoch auch die Verarbeitung von kleineren Materialstärken. Nach dem Schweißen müssen Flußmittelrückstände sorgfältig mit der Drahtbürste entfernt und darauf die Nähte mit heißem Wasser oder unter Verwendung von Chemikalien gewaschen werden.

Gasschmelzschweißen (Autogenschweißen). Gasschweißen mit einer Sauerstoff–Azetylen-Flamme (oder auch mit Wasserstoff–Sauerstoff oder mit Wasserstoff–Propan) wird besonders zur Verbindung dünner Teile, normalerweise bis zu einer Stärke von 0,5 mm, verwendet; praktisch dürfte die obere Anwendungsgrenze bei etwa 5 mm oder auch etwas mehr liegen. Die Werkstücke müssen im Ofen oder durch die Schweißflamme unter Temperaturkontrolle vorgewärmt werden. Flußmittel werden hier in Pastenform gebraucht; sie müssen nach dem Schweißen sorgfältig entfernt werden durch Behandlung mit einer 5%igen Salpeterlösung, gefolgt vom Waschen in heißem und kaltem Wasser. Die Schweißflamme soll neutral oder leicht reduzierend sein und die Brennerdüsen sowie der Gasdruck sollen der herzustellenden Verbindung angepaßt sein.

Ein typisches Flußmittel für Gasschweißung zeigt folgende Zusammensetzung:

Lithiumchlorid . . . . . .   mindestens 15%
Kaliumchlorid . . . . . .   „   44%
Kaliumfluorid . . . . . .   „   7%
Kaliumbisulfat . . . . . .   „   3%
Natriumchlorid . . . . .   Rest.

Kaltschweißen. Ein interessantes Verfahren, das in jüngster Zeit entwickelt wurde, besteht darin, daß die zu verbindenden Werkstücke mit gereinigter Oberfläche aufeinandergelegt und unter hohem mechanischem Druck zusammengepreßt werden; dadurch wird eine atomische Verbindung der Oberflächen mit guter Verformbarkeit im plastischen Beanspruchungsbereich erreicht. Reinaluminium (2 S) und gewisse Legierungen wie 3 S, 65 S 0, M 57 S können bei Raumtemperatur verbunden werden; der dabei notwendige Druck schwankt, je nach der Festigkeit des Materials, zwischen etwa 15 und 60 kg/mm². Legierungen hoher Festigkeit müssen auf Temperaturen von 440 bis 600° C gewärmt werden, damit eine gute Verbindung entsteht; dabei kann eine Verminderung des notwendigen Druckes eintreten.

Dieses Verfahren wurde bis jetzt nur in kleinem Ausmaß angewendet, besonders für die Verbindung von Blechen unter sich oder mit Profilen. Sein großer Nachteil besteht darin, daß der tragende Querschnitt an der Verbindungsstelle durch die Preßverformung stark verkleinert wird; dadurch wird die Anwendungsmöglichkeit bei Tragwerken eingeschränkt.

Widerstandsschweißen. Aluminium läßt sich durch Punkt-, Naht- oder Stumpfschweißen verbinden, wobei die Punktschweißung wohl am meisten angewandt wird. Die erforderlichen hohen Stromstärken müssen genau kontrolliert werden; sie werden nur während kurzer Zeit, zusammen mit genau synchronisiertem Druck benötigt. Die Stromstärke variiert von 1500 bis 4500 A/mm² und der Elektrodendruck kann 24 kg/mm² erreichen. Beim Nahtschweißen, das man sich als eine Reihe von sich überlappenden Punktschweißungen vorstellen kann, liegen diese Werte etwa 25% höher.

Material von mehr als 3 mm Stärke wird üblicherweise nicht punktgeschweißt. Im Rahmen von tragenden Leichtmetallkonstruktionen wird das Verfahren deshalb nur für die Herstellung untergeordneter Teile mit geringer Beanspruchung verwendet werden können.

c) Berechnung von Schweißverbindungen.

Verbindliche und allgemeingültige Zahlenwerte für die Berechnung von Schweißverbindungen können heute noch nicht angegeben werden; wir müssen uns deshalb nachstehend auf einige grundsätzliche Richtlinien beschränken.

Bei der Berechnung geschweißter Verbindungen ist in erster Linie zu beachten, daß sowohl die Schweißnaht wie die Einbrandzone gegenüber dem Grundmaterial durch Schweißen eine Festigkeitsverminderung erleiden, die wir durch die Verhältniszahl ψ charakterisiert haben. Der Wert von ψ ist abhängig von der Legierungsart von Grundmaterial und Schweißgut sowie vom Schweißverfahren.

Dann ist ferner zu beachten, daß durch die Schrumpfspannungen ungleichmäßige Spannungsverteilungen entstehen, die sich ähnlich auswirken können wie normale Kerbwirkungen. Systematische Untersuchungen vorbehalten, dürfte der Einfluß dieser Wirkungen bei sorgfältiger Ausführung zahlenmäßig nicht ungünstiger sein als die Kerbwirkung beim gelochten Zugstab, die wir etwa mit $\varphi_w = 0{,}75$ erfaßt haben.

Die in Abschn. II, 4, d eingeführten Sicherheitsgrade dürften bei sorgfältiger Ausführung und bei Einhaltung der noch aufzustellenden Konstruktionsgrundsätze auch bei geschweißten Verbindungen angemessen sein.

Beziehen wir, um die (scheinbare) Abminderung der Festigkeit durch Schrumpfungsspannungen und Kerbwirkungen (φ_w) zu berücksichtigen, die Berechnung auf die zulässigen Beanspruchungen $\sigma_{zul.}$ des gelochten Zugstabes, so kann damit gesetzt werden:

$$\sigma_{vorh.} \leqq \psi\, \sigma_{zul.}$$

oder auch

$$\frac{\sigma_{vorh.}}{\psi} \leqq \sigma_{zul.} \qquad (16\,a)$$

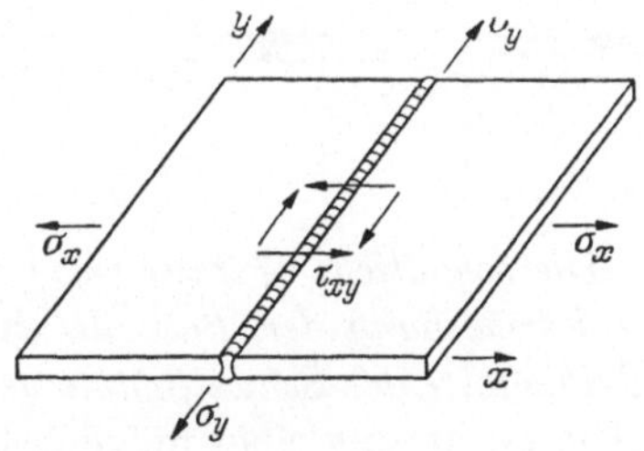

Abb. 65.

Der Abminderungsfaktor ψ wird auch noch von der Beanspruchungsart abhängig sein, so daß wir beispielsweise für eine *Stumpfnaht* mit Orientierung nach Abb. 65 die drei verschiedenen Werte

$$\psi_x \text{ senkrecht zur Naht,}$$
$$\psi_y \text{ in Nahtrichtung und}$$
$$\psi_{xy} \text{ für Schubspannungen}$$

zu unterscheiden haben.

Aus bisherigen Versuchen ist ψ_x am ehesten bekannt (vgl. Abb. 62); für die andern beiden Werte dürfen wir vorläufig aus sinngemäßen Analogieschlüssen zu den Verhältnissen im Stahlbau etwa setzen

$$\psi_y = \psi_{xy} = \frac{1 + 2\,\psi_x}{3}.$$

Bei ebenen Spannungszuständen erscheint es bequem, den Spannungsnachweis durch Einführung einer *modifizierten Vergleichsspan-*

nung σ_g,

$$\sigma_g = \sqrt{\left(\frac{\sigma_x}{\psi_x}\right)^2 + \left(\frac{\sigma_y}{\psi_y}\right)^2 - \frac{\sigma_x\,\sigma_y}{\psi_x\,\psi_y} + 3\left(\frac{\tau_{xy}}{\psi_{xy}}\right)^2} \leqq \sigma_{zul}. \qquad (16\,\mathrm{b})$$

durchzuführen[1].

Es ist eine dringliche Aufgabe der Materialprüfung, der Konstruktionspraxis die für eine einwandfreie Bemessung notwendigen zahlenmäßigen Unterlagen zur Verfügung zu stellen.

d) Bauliche Einzelheiten.

Die bauliche Ausbildung geschweißter Verbindungen wird durch zwei grundlegend wichtige Forderungen beherrscht:

Es muß durch Vermeidung von plötzlichen Querschnittsänderungen und von unsymmetrischen Anschlüssen ein stetiger und gleichmäßiger Kraftfluß mit sanften Änderungen gewährleistet sein.

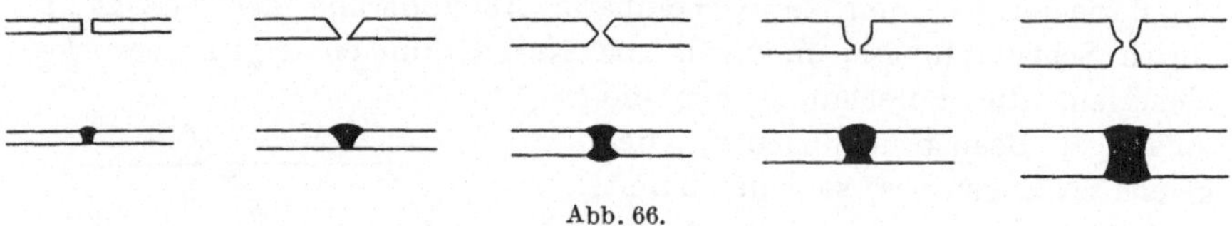

Abb. 66.

Die schädliche Wirkung von Schrumpfspannungen muß sowohl durch die Formgebung der Bauteile wie auch durch zweckmäßige Bearbeitung (Reihenfolge der Schweißnähte usw.) soweit als möglich vermieden werden.

Die Forderung eines möglichst gleichmäßigen Kraftflusses muß schon bei der Wahl der Querschnittsform der Naht und der entsprechenden Vorbereitung der Werkstücke berücksichtigt werden (Abb. 66, Stumpfnähte).

Wesentlich ist bei solchen Stumpfnahtverbindungen, daß die Verbindung möglichst gleichmäßig voll durchgeschweißt werden kann. Nicht oder nur einseitig abgeschrägte Blechränder lassen diese Forderung nur bei kleinen Blechstärken auch bei wurzelseitigem Nachschweißen, das stets nötig ist, erfüllen.

Besonders aufschlußreich für die Beurteilung der Festigkeit verschiedener Formen von Anschlüssen und Verbindungen ist eine neuere umfangreiche amerikanische Versuchsreihe[2]; Abb. 67 zeigt eine Auswahl der besonders charakteristischen geprüften Anordnungen.

---

[1] Eine solche Regelung ist in der Eidg. Verordnung von 1935 auf Vorschlag von Prof. Dr. M. Roš für die Berechnung von Stahlbauten eingeführt worden.

[2] HARTMANN, E. C., Marshall HOLT u. A. N. ZAMBOKY: Static and fatigue tests of arc-welded Aluminium alloy 61 S-T plate. Supplement to the J. Amer. Weld. Soc., March 1947.

Alle Schweißungen wurden nach Vorwärmen auf rd. 200° C mit dem Metallbogen-Schweißverfahren durchgeführt; auf eine Wärmebehandlung nach dem Schweißen wurde verzichtet. Die Stärke der geprüften Platten betrug durchweg $^3/_8$ in. $\simeq$ 9,5 mm. In der folgenden Tabelle sind die wichtigsten Versuchsergebnisse zusammengestellt; die Dauerfestigkeitswerte bedeuten Ursprungsfestigkeiten (Zug). In den drei letzten Kolonnen sind die Verhältniszahlen der auf den Plattenquer-

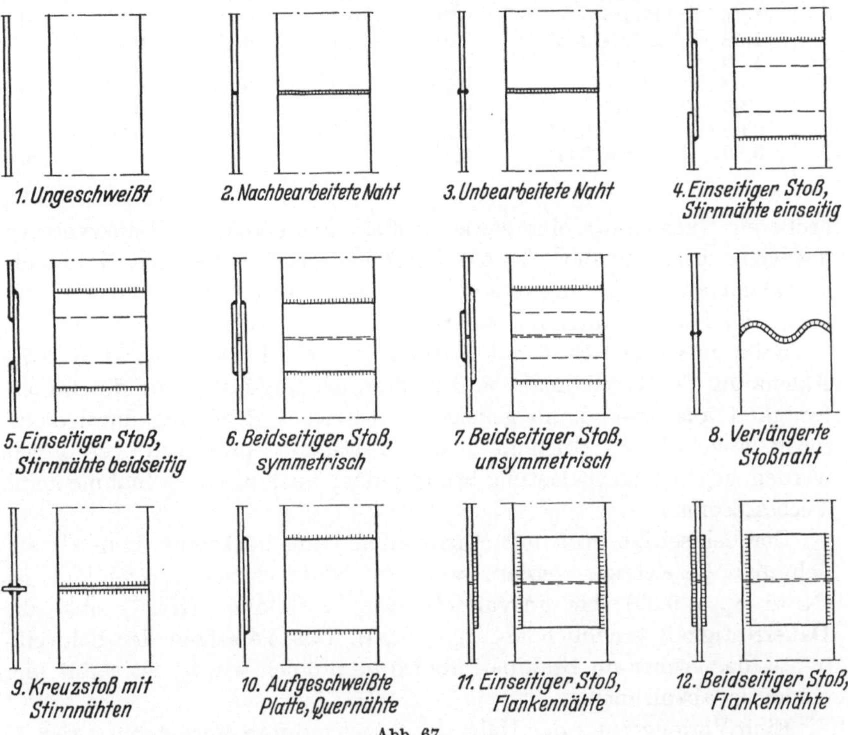

Abb. 67.

schnitt bezogenen Spannungswerte zur Festigkeit des Grundmaterials für statische Belastung α_s und für Dauerbelastung bei 10^7 Lastwechseln α_u sowie der Dauerbelastung zur statischen Festigkeit $\alpha_{u\,s}$ angegeben.

Aus der Lage der Bruchstellen ergibt sich, daß bei statischer Belastung eine Festigkeit der Schweißverbindung erreicht werden kann, die der Festigkeit des durch den Einbrand geschwächten Grundmaterials gleichkommt oder sie sogar übertrifft; diese Festigkeitswerte liegen jedoch immer ganz wesentlich unter denjenigen des Ausgangsmaterials (Werte α_s).

Die unbearbeitete Schweißnaht (Nr. 3) besitzt gegenüber der bearbeiteten Schweißnaht (Nr. 2) im statischen Zugversuch dank ihrem

Versuchs-Nr.	Statische Belastung		Dauerbelastung		Verhältniszahlen		
	σ_{0Z} t/cm²	Bruchstelle	σ_{u1} $n=10^5$ t/cm²	σ_{u1} $n=10^7$ t/cm²	α_s	$\alpha_u^{n=10^7}$	$\alpha_{us}^{n=10^7}$
1	3,26	—	2,13	0,97	1,00	1,00	0,30
2	1,65	Schweißnaht	1,05	0,53	0,51	0,55	0,16
3	1,88	Platte	0,53	0,44	0,58	0,45	0,13
4	0,69	Schweißnaht	0,15	0,11	0,21	0,11	0,03
5	1,47	Platte	0,18	0,11	0,45	0,11	0,03
6	1,78	Platte	0,70	0,32	0,55	0,33	0,10
7	1,58	Schweißnaht	0,39	0,19	0,48	0,20	0,06
8	1,70	Platte	0,91	0,39	0,52	0,40	0,12
9	1,58	Platte	0,70	0,34	0,48	0,35	0,10
10	1,85	Platte	0,81	0,45	0,57	0,46	0,14
11	0,62	Schweißnaht	0,11	<0,05	0,19	<0,05	<0,015
12	0,89	Schweißnaht	0,31	0,18	0,27	0,19	0,06

größeren Querschnitt eine etwas größere Festigkeit, im Dauerversuch dagegen wirkt sich der glattere Kraftfluß der bearbeiteten Naht entscheidend aus. Bei Tragwerken der Bauwerksklassen II und III sind somit die Nähte immer nachzuarbeiten.

Beim einseitigen Stoß mit Stirnnähten (Nr. 4 und 5) wirkt sich die Ablenkung des Kraftflusses außerordentlich ungünstig auf die Dauerfestigkeit aus; wohl kann gegenüber statischer Belastung durch beidseitig angeordnete Stirnnähte die Festigkeit praktisch verdoppelt werden, gegen Dauerbelastung bringt jedoch auch diese Maßnahme keine Verbesserung.

Der beidseitige Stoß mit Stirnnähten kann höchstens dann als annehmbar bezeichnet werden, wenn er symmetrisch ausgebildet ist (Nr. 6, $\alpha_u = 0{,}33$); bei unsymmetrischer Ausbildung (Nr. 7) sinkt die Dauerfestigkeit erheblich ab ($\alpha_u = 0{,}20$). Das Versetzen der Schweißnähte, das früher im Stahlbau häufig empfohlen wurde, ist somit hier eindeutig abzulehnen.

Eine Verlängerung der Naht durch gekrümmte Formgebung (Nr. 8) ist der geraden Naht im Dauerversuch deutlich unterlegen; die Vergrößerung der Schweißfläche wird durch die Störung des gleichmäßigen Kraftflusses mehr als kompensiert.

Der Kreuzstoß mit Stirnnähten (Nr. 9) ist, wie zu erwarten war, ungünstiger als der Stumpfstoß; er wird deshalb nur in Ausnahmefällen (er ist bei gewissen Anschlüssen gelegentlich nicht zu vermeiden) anzuwenden sein.

Quernähte, normal zur Kraftrichtung, wirken sich nach Versuch Nr. 10 auch bei ungestoßenen Platten ähnlich aus wie ein Stumpfstoß; dieser Versuch zeigt deutlich den großen Einfluß der thermischen Beeinflussung des Grundmaterials durch die Schweißung. Die Festigkeit der Einbrandzone ist praktisch kaum größer als diejenige einer Stumpfnaht.

Die beiden letzten Versuche, Nr. 11 und 12, zeigen eindringlich, daß Flankennähte zur Kraftübertragung sehr ungünstig sind. Beim symmetrischen Stoß, Nr. 12, äußert sich die stark ungleichmäßige Spannungsverteilung in einer Flankennaht (Abb. 68), die noch wesentlich ungünstiger ist als die Kraftverteilung in einer langen Nietreihe (Abb. 58). Beim einseitigen Stoß, Nr. 11, kommt die ungünstige Wirkung der Unsymmetrie noch dazu; derartige Verbindungen dürfen im Leichtmetallbau überhaupt nicht vorkommen.

Beim Stoß von Platten ungleicher Stärke ist durch Abarbeiten der dickeren Platte ein sanfter Kraftfluß zu gewährleisten (Abb. 69). In ge-

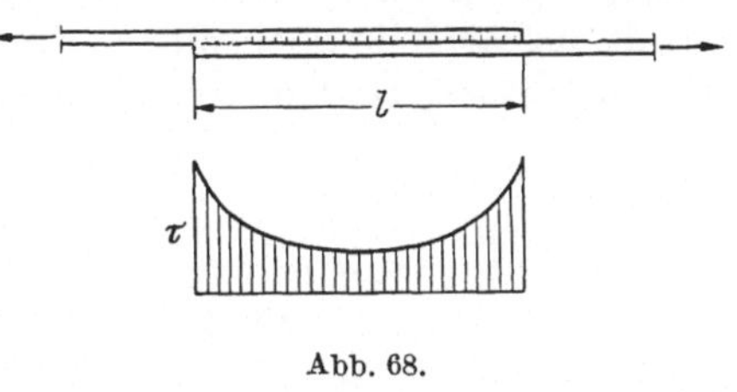

Abb. 68.

krümmten Teilen sind Schweißungen zu vermeiden, um nicht die Abminderung der Festigkeit durch Schweißen mit der ungünstigen Wirkung einer ungleichmäßigen Spannungsverteilung zu kombinieren; in solchen Fällen ist die Schweißnaht außerhalb der Krümmung anzuordnen (Abb. 70).

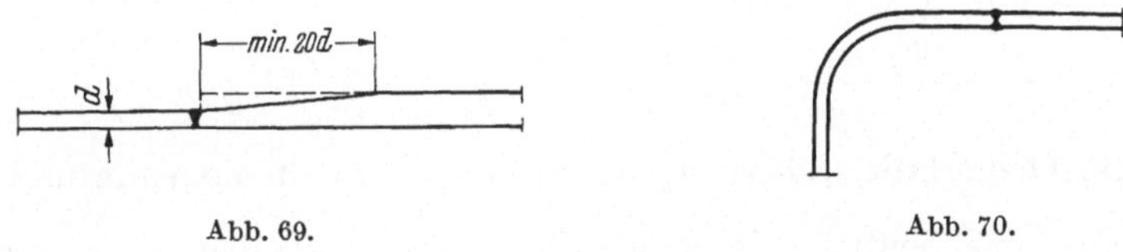

Abb. 69.

Abb. 70.

5. Kleben.

Aluminium kann mit Aluminium oder auch mit anderen Materialien durch Kleben mit Kunstharzen oder mit Klebemitteln auf Gummigrundlage verbunden werden; bei diesen Klebemitteln handelt es sich meist um Markenartikel wie Araldit oder Redux. Für tragende Konstruktionen wird das Kleben im Flugzeugbau schon heute verwendet; im Bauwesen wird es, abgesehen von Dekorationen, in nächster Zukunft wohl höchstens für untergeordnete Bauteile und nur für Werkstattverbindungen in Frage kommen.

Das Klebemittel wird auf die vorher gereinigten Oberflächen in Form von Flüssigkeit, Pulver oder als Film aufgetragen, worauf die Teile zusammengeklemmt und unter Erwärmung zusammengepreßt werden. Das Klebemittel ist auf Abscheren zu beanspruchen; bei überlappten Verbindungen ist die erforderliche Scherfläche leicht zu erreichen. Bei der Verbindung dünner Bleche sind die erreichten Festigkeiten der Verbindungen heute schon etwa der Nietung und der Punktschweißung annähernd gleichwertig; mit zunehmender Materialstärke fällt jedoch die spezifische Festigkeit ab.

Der Vorteil geklebter Verbindungen besteht im Wegfall von Lochschwächungen gegenüber der Nietung und von schädlichen Wärmeeinwirkungen gegenüber der Schweißung. Es ist deshalb eine Weiterentwicklung des Verfahrens und seiner Einrichtungen auch zur Verbindung von Blechen mittlerer Stärke zu erwarten.

Kalt aushärtende Klebemittel, die nur durch Anwendung von Druck wirksam werden, sind in Ausarbeitung.

IV. Besondere Festigkeitsprobleme und Stabilitätsprobleme.

1. Biegung und Verdrehung.

a) Grundlagen und Voraussetzungen.

Bei den meisten Bemessungsaufgaben der täglichen Konstruktionspraxis wird die Spannungsberechnung von Bauelementen aus Leichtmetall, wie im Stahlbau, mit den Spannungsformeln der elementaren Biegungslehre[1] durchgeführt werden können; für beliebig orientierte Schwerachsen des Querschnittes ist

$$\sigma = \frac{N}{F} + \frac{N\,(x_A J_x - y_A Z_{xy})}{J_x J_y - Z_{xy}^2}\,x + \frac{N\,(y_A J_y - x_A Z_{xy})}{J_x J_y - Z_{xy}^2}\,y\,,$$

wobei F die Querschnittsfläche, J_x und J_y die Trägheitsmomente und $Z_{xy} = \int\limits^{F} xy\,dF$ das Zentrifugalmoment des Querschnitts bezüglich der Achsen x, y bedeutet. Wählen wir konjugierte Schwerachsen, $Z_{xy} = 0$ (also beispielsweise auch Hauptachsen), so vereinfacht sich die Spannungsformel auf

$$\sigma = \frac{N}{F} + \frac{N x_A}{J_y}\,x + \frac{N y_A}{J_x}\,y$$

oder, nach Einführung der Momente

$$M_y = N x_A\,, \quad M_x = -N y_A$$

(unter Beachtung der üblichen Vorzeichenregeln), auf

$$\sigma = \frac{N}{F} - \frac{M_x}{J_x}\,y + \frac{M_y}{J_y}\,x\,.$$

Diese normale Biegungslehre setzt bei der Ableitung der Spannungsformeln die Hypothese von JACOB BERNOULLI und LOUIS NAVIER voraus, wonach ursprünglich ebene Querschnitte des untersuchten Stabes auch nach der Formänderung eben bleiben sollen.

---

[1] Siehe z. B. F. STÜSSI: Baustatik I. Basel 1946 u. 1953.

Ein besonderer Vorzug der Leichtmetallbauweise besteht nun in der *leichten Formgebung der Profile*, die damit dem besonderen Verwendungszweck im Einzelfall leicht angepaßt werden können. Bei Profilen beliebiger, d. h. unsymmetrischer Form bleiben jedoch unter beliebiger Belastung ursprünglich ebene Querschnitte nicht mehr eben, und die klassische Biegungslehre muß (übrigens auch für die Bedürfnisse des Stahlbaues) erweitert werden, wenn der Vorzug der leichten Formgebung voll ausgenützt werden soll.

Diese Erweiterung beruht in einer ersten (und praktisch der wichtigsten) Stufe darauf, daß als *Elastizitätsbedingung* der Spannungsberechnung die Voraussetzung eingeführt wird, *daß die Form der Stab-*

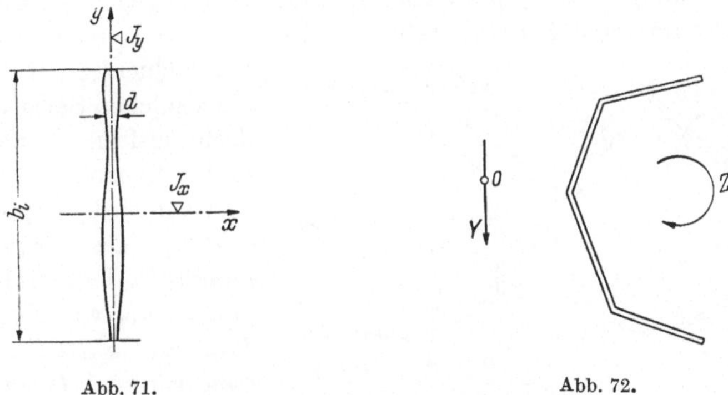

Abb. 71.   Abb. 72.

querschnitte erhalten bleiben soll. Von der klassischen Biegungslehre behalten wir die Voraussetzung schlanker Stäbe bei.

Wir setzen ferner voraus, daß die einzelnen ebenen Scheiben, aus denen sich ein Profilstab zusammensetzt und für die die klassische Biegungslehre gültig bleiben soll, *dünnwandig* sein sollen. Diese Voraussetzung erfordert zwei Abgrenzungen: nach oben ist sie dadurch zu begrenzen, daß wir das Trägheitsmoment J_y einer Einzelscheibe gegenüber J_x vernachlässigen dürfen (Abb. 71); die Begrenzung nach unten ergibt sich daraus, daß die eingeführte Elastizitätsbedingung (Erhaltung der Querschnittsform) mindestens annähernd gewährleistet sein muß. Bei sehr dünnen Wandstärken ist diese Bedingung nicht mehr erfüllt; wir sprechen dann von Leichtprofilen, deren wichtigste Besonderheiten im Abschn. IV, 4 kurz besprochen werden sollen.

b) Doppelbedeutung und Grenzlagen des Schubmittelpunktes.

Wenn ein Stab durch ein Drehmoment Z belastet wird, so dreht sich jeder Querschnitt des Stabes um einen noch zu bestimmenden Punkt O, der somit keine Verschiebung erfährt (Abb. 72). Wenn nun in einem dieser Punkte O eine Belastung Y angreift, so kann sie, da ja ihr Angriffspunkt in Ruhe bleibt, während der Verdrehung keine Arbeit leisten; die Verschiebung a_{yz} des Punktes O in Richtung y infolge des Drehmomentes $Z = 1$ ist Null:

$$a_{yz} = 0 \,.$$

Für Einheitsbelastungen Y und Z gilt das Maxwell-Mohrsche Reziprozitätsgesetz

$$a_{yz} = a_{zy} \,;$$

es muß somit auch die Verdrehung α_{zy} des Querschnittes um den Punkt O infolge der Belastung Y Null sein,

$$a_{zy} = 0 \,;$$

damit ist nachgewiesen, daß während einer durch O gehenden Belastung Y das Drehmoment Z keine Arbeit leisten kann und daß sich deshalb der Querschnitt infolge einer solchen Belastung verdrehungsfrei verschieben muß. Daraus ergibt sich nun sofort die *doppelte Bedeutung des Schubmittelpunktes* O: der Schubmittelpunkt ist sowohl *Drehpunkt des Querschnittes bei Verdrehung* wie auch *Lastangriffspunkt für verdrehungsfreie*

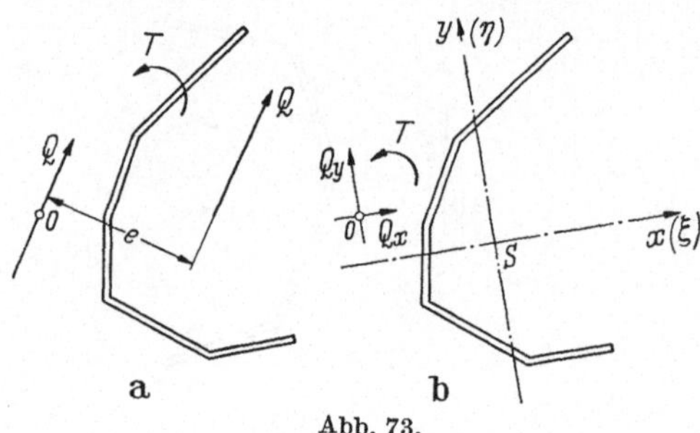

Abb. 73.

Biegung Haben wir es nicht mit einer Einzellast Y, sondern mit einer. über die Stablänge beliebig verteilten Belastung zu tun, so ist diese Feststellung zu erweitern; der Schubmittelpunkt wird in jedem Querschnitt zum Angriffspunkt der Querkraft Q, und an Stelle des Drehmomentes Z tritt allgemein das Torsionsmoment T.

Die wesentliche praktische Bedeutung des Schubmittelpunktes beruht nun darauf, daß wir mit seiner Hilfe jede beliebige Belastung in zwei voneinander unabhängige Teilbelastungen zerlegen können; bezeichnen wir mit Q die in irgendeinem Querschnitt auftretende Querkraft infolge der Gesamtbelastung, so zerfällt diese in eine verdrehungsfreie Biegung, bei der die zugehörige Querkraft im Schubmittelpunkt O angreift, und ein Torsionsmoment $T = Qe$ (Abb. 73a).

Wegen $a_{yz} = a_{zy} = 0$ sind nicht nur die Formänderungen, sondern daraus auch die Beanspruchungen aus den beiden Teilbelastungen voneinander unabhängig.

Für die praktische Berechnung ist eine noch weitergehende Aufteilung bequem, indem der Querschnitt auf seine beiden *Hauptschwerachsen* x und y orientiert und die Querkraft Q (und damit der Teilbelastungsfall der verdrehungsfreien Biegung) in die beiden Komponenten Q_x und Q_y aufgeteilt wird. Damit werden auch die beiden Verschiebungskomponenten ξ und η nicht nur vom Verdrehungswinkel φ, sondern auch gegenseitig voneinander unabhängig (Abb. 73 b). Wir setzen im folgenden diese Aufteilung immer voraus.

Eine gewisse Schwierigkeit tritt nun dadurch auf, daß der Schubmittelpunkt grundsätzlich kein Querschnittsfestpunkt ist, sondern daß seine Lage, außer von der geometrischen Querschnittsform, auch von der Art der Belastung sowie von der Lagerungsart des ganzen Stabes abhängt. Dies läßt sich am Beispiel der Abb. 74 leicht einsehen.

Gehen wir von der Deutung des Schubmittelpunktes als Angriffspunkt der Querkraft bei verdrehungsfreier Biegung aus, so müssen sich die beiden Scheiben oder Flanschen 1 und 2 eines Trägers mit einfach symmetrischem Querschnitt nach Abb. 74 unter lotrechter Belastung gleich stark durchbiegen.

Würden wir bei der Berechnung dieser Durchbiegungen η nur den Einfluß der Momente berücksichtigen (wobei wir die „Flanschbiegungsmomente" mit $\mathfrak{M}$ bezeichnen), so würde mit

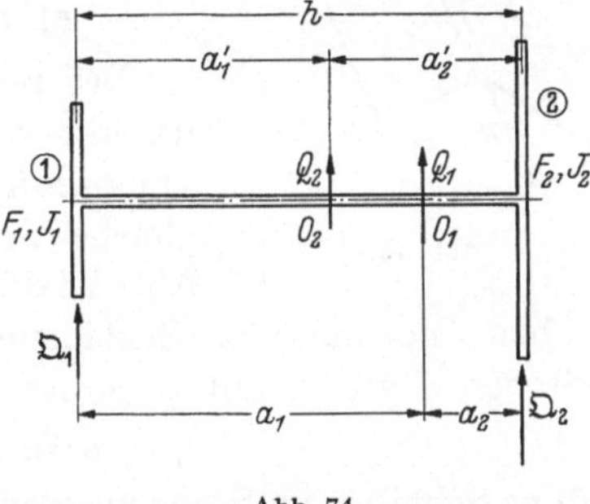

$$\eta_{1(M)}'' = -\frac{\mathfrak{M}_1}{E J_1},$$

$$\eta_{2(M)}'' = -\frac{\mathfrak{M}_2}{E J_2}$$

aus

$$\eta_1 = \eta_2$$

Abb. 74.

folgen, daß der Schubmittelpunkt $O = O_1$ den Flanschabstand h umgekehrt proportional zu den Trägheitsmomenten J_1 und J_2 aufteilt:

$$a_1 = h\,\frac{J_2}{J_1 + J_2}, \qquad a_2 = h\,\frac{J_1}{J_1 + J_2}. \tag{17a}$$

Nun beeinflussen jedoch auch die Querkräfte $\mathfrak{Q}$ die Flanschdurchbiegungen η; würden wir umgekehrt nur diesen Einfluß mit

$$\eta_{1(Q)}' = \frac{\mathfrak{Q}_1}{G F_1''}, \qquad \eta_{2(Q)}' = \frac{\mathfrak{Q}_2}{G F_2''}$$

berücksichtigen, so würden wir die Schubmittelpunktsabstände zu

$$a_1' = h\,\frac{F_2'}{F_1'' + F_2''}, \qquad a_2' = h\,\frac{F_1'}{F_1'' + F_2''} \tag{17b}$$

erhalten; dabei bedeutet F' den für die Schubverformung maßgebenden reduzierten Querschnitt ($F' = {}^5/_6 \cdot F$ für den Rechteckquerschnitt).

Je nach Lagerungsart und Belastung muß somit die Lage des Schubmittelpunktes zwischen den beiden durch die Gln. (17a) und (17b) angegebenen Punkten variieren; diese beiden Punkte bedeuten somit die *Grenzlagen des Schubmittelpunktes.*

Nun sind glücklicherweise bei schlanken Stäben die Schubverformungen gegenüber den Biegungsverformungen normalerweise klein; dies hat zur Folge, daß die zweite Grenzlage O_2 des Schubmittelpunktes nur eine sekundäre Bedeutung besitzt. Bei Biegung allgemein und bei der Torsion offener Querschnitte kann in diesem Zusammenhang die Schubverformung praktisch vernachlässigt werden, so daß der Schubmittelpunkt O mit der Grenzlage O_1 zusammenfällt und damit zum Querschnittsfestpunkt wird. Dagegen besitzt bei der Torsion von Kastenquerschnitten auch die zweite Grenzlage O_2 eine nicht mehr vernachlässigbare Bedeutung.

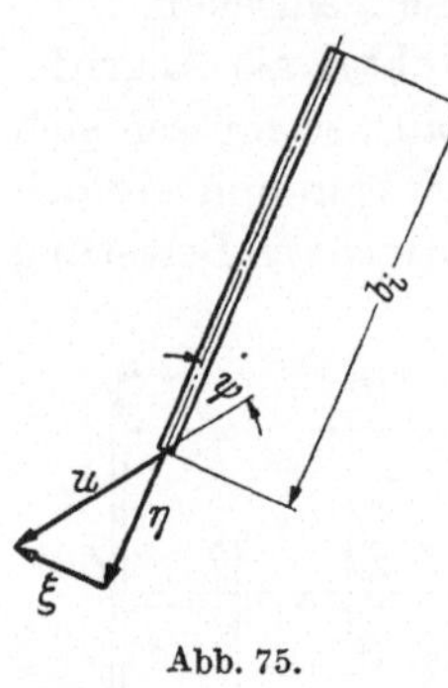

Abb. 75.

c) Stäbe mit offenem Querschnitt.

Bei *verdrehungsfreier Biegung* erfahren nach unserer Voraussetzung von der Erhaltung der Querschnittsform alle Punkte eines Querschnittes gleiche Verschiebungen u. Bezeichnen wir nach Abb. 75 die Komponenten dieser Verschiebungen u in bzw. normal zur Scheibenebene mit η und ξ und den Winkel zwischen η und u mit ψ, so ist

$$\eta = u\cos\psi, \quad \xi = u\sin\psi. \tag{18}$$

Dünne Scheiben im Sinne unserer Voraussetzungen (dünnwändiger Stab) leisten einer Verschiebung ξ keinen Widerstand; wir brauchen deshalb hier die Verschiebungen ξ nicht weiter zu berücksichtigen.

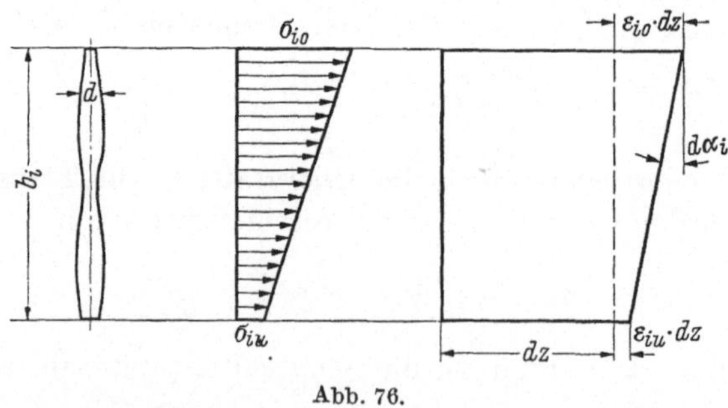

Abb. 76.

In einer herausgetrennt gedachten Einzelscheibe b_i sollen die Randspannungen die Werte σ_{io} und σ_{iu} besitzen (Abb. 76); zwei um den Abstand dz voneinander entfernte Schnitte drehen sich damit gegenseitig um den Winkel $d\alpha_i$,

$$d\alpha_i = \frac{\varepsilon_{io} - \varepsilon_{iu}}{b_i}\, dz = \frac{\sigma_{io} - \sigma_{iu}}{E\, b_i}\, dz;$$

da aber $d\alpha_i/dz$ die Neigungsänderung

$$\eta'' = \frac{d^2\eta}{dz^2}$$

der elastischen Linie ist, folgt

$$\eta_i'' = \frac{\sigma_{io} - \sigma_{iu}}{E\,b_i}. \tag{19}$$

Für gleichbleibende Richtung einer Verschiebung u wird somit für alle Scheiben eines Stabquerschnittes aus den Gln. (18) und (19)

$$u'' = \frac{\eta''}{\cos\psi_i} = \frac{\sigma_{io} - \sigma_{iu}}{b_i \cos\psi_i\,E} = \text{konst}. \tag{20}$$

Dies bedeutet, daß alle auf die u-Richtung projizierten Spannungsdiagramme der Einzelscheiben gleiche Neigung besitzen; da ferner die Spannungen σ zweier Scheiben in zusammenstoßenden Kanten gleich groß sein müssen, folgt daraus, daß für verdrehungsfreie Biegung die Spannungen linear über den Querschnitt verteilt sind oder daß *die Elastizitätsbedingung von der Erhaltung der Querschnittsform bei verdrehungsfreier Biegung in die Elastizitätsbedingung vom Ebenbleiben der Querschnitte übergeht.*

Damit gilt für *verdrehungsfreie Biegung die klassische Biegungslehre* nach L. NAVIER; bezogen auf konjugierte Schwerachsen x, y betragen somit die Normalspannungen σ

$$\sigma = \frac{N}{F} - \frac{M_x}{J_x}\,y + \frac{M_y}{J_y}\,x. \tag{21}$$

Wie im Zusammenhang mit Abb. 73b festgestellt, ist es zweckmäßig, die Spannungs- und Verformungsberechnung auf Hauptschwerachsen zu beziehen.

Die zu den Normalspannungen σ und $\sigma + d\sigma$ zugehörigen Schubspannungen τ können nun wegen $\tau_{zy} = \tau_{yz}$ aus Gleichgewichtsbedingungen

$$\frac{\partial\sigma_z}{\partial z} + \frac{\partial\tau_{yz}}{\partial y} = 0$$

berechnet werden. Aus Abb. 77 ergibt sich mit $\partial\sigma_z/\partial z = \sigma_z'$ für ein Element einer Scheibe b_i

$$\tau_i = \frac{1}{d_i}\left[-\int_{y_i}^{e_{io}} \sigma_z'\,dF + \tau_{io}\,d_{io} \right]. \tag{22}$$

An einem freien Rand ist die Schubspannung τ Null; die Integration nach Gl. (22) kann somit immer von einem freien Rand aus begonnen werden.

Ist die Scheibenstärke d_i konstant, so ergeben sich die Schubspannungen für die Scheibenmitte, $y_{im} = 0$, $e_{io} = b_i/2$, zu

$$\tau_{im} = \tau_{io} - \frac{b_i}{8}(3\,\sigma_{io}' + \sigma_{iu}') \tag{23a}$$

und für den unteren Rand zu

$$\tau_{iu} = \tau_{io} - \frac{b_i}{2}(\sigma'_{io} + \sigma'_{iu}) \, . \tag{23b}$$

Die Schubspannungen τ_i lassen sich nun zu Scheibenquerkräften $\mathfrak{Q}_i$ zusammenfassen,

$$\mathfrak{Q}_i = \int\limits^{b_i} \tau_i \, dF \, ; \tag{24a}$$

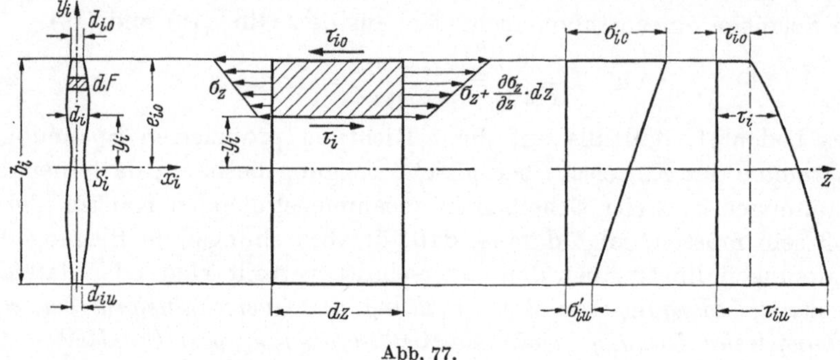

Abb. 77.

ist die Scheibenstärke konstant, so wird wegen des parabolischen Verlaufs der Schubspannungen τ_i diese Querkraft

$$\mathfrak{Q}_i = d_i \, b_i \left(\tau_{io} - \frac{b_i}{6}(2\,\sigma'_{io} + \sigma'_{iu}) \right). \tag{24b}$$

Die resultierende Querkraft Q aller Scheibenquerkräfte $\mathfrak{Q}_i$ eines Querschnitts muß mit der Querkraft Q der äußeren Lasten im Gleichgewicht sein und damit bei verdrehungsfreier Biegung durch den Schubmittelpunkt $O = O_1$ gehen.

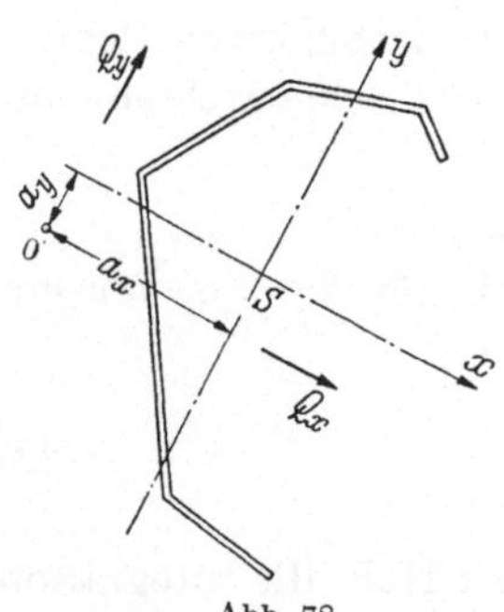

Damit ist nun auch der Weg zur *Bestimmung* der beiden Koordinaten a_x und a_y *des Schubmittelpunktes* $O = O_1$ (bezogen auf Hauptschwerachsen des Querschnittes) gegeben (Abb. 78).

Aus einer Querkraft Q_y folgt wegen

$$Q_y = \frac{d\,M_x}{d\,z} = M'_x$$

mit $N = 0$ aus der Spannungsformel Gl. (21)

Abb. 78.

$$\sigma'_y = -\frac{Q_y}{J_x}\,y \, ;$$

daraus können nach den Gln. (22) bzw. (23) die zugehörigen Schubspannungen τ und daraus, bzw. bei konstanter Scheibenstärke d_i, direkt mit den Gln. (24) die Scheibenquerkräfte $\mathfrak{Q}$ bestimmt werden, deren Resultierende Q_y durch den Schubmittelpunkt $O = O_1$ gehen muß und damit den Abstand a_x liefert. Analog ist aus einer Querkraft Q_x, bzw. aus den Spannungsänderungen σ'_x,

$$\sigma'_x = \frac{Q_x}{J_y}\,x\,,$$

der Abstand a_y zu bestimmen. Bei einfach symmetrischen Querschnitten liegt der Schubmittelpunkt auf der Symmetrieachse, so daß hier nur noch eine Koordinate a zu bestimmen ist.

Bei *Beanspruchung auf Torsion* beteiligen sich sowohl die Torsionsschubspannungen („Torsionsanteil" t_T) wie auch die mit Längsspannungen σ_z verbundenen Scheibenquerkräfte $\mathfrak{Q}$ („Flanschbiegungsanteil" t_B) an der Aufnahme des äußeren Torsionsmomentes T:

$$T = t_T + t_B\,. \tag{25}$$

Der *Torsionsanteil* t_T kann mit der bekannten Beziehung der elementaren Festigkeitslehre

$$t_T = C\,\varphi' \tag{26}$$

durch den Verdrehungswinkel φ ausgedrückt werden. Dabei bedeutet $C = GJ_d$ die Verdrehungssteifigkeit des Stabquerschnittes; für einen aus schmalen Rechtecken zusammengesetzten Querschnitt ist bekanntlich

$$C = G \sum \frac{b\,d^3}{3}$$

mit $G = $ Schubmodul des Materials. Örtliche Querschnittsverstärkungen, wie etwa die Ausrundungen beim Übergang vom Flansch zum Steg eines I-Profils, können den Wert des Torsionsträgheitsmomentes J_d merklich vergrößern. Bei zusammengenieteten Lamellenpaketen ist, trotzdem die Vernietung eine gewisse Vergrößerung der Verdrehungssteifigkeit verursacht, vorsichtshalber nur mit dem der Summe der Einzelrechtecke entsprechenden Wert von J_d zu rechnen, sofern nicht durch Versuche die Vergrößerung von J_d aus Vernietung zuverlässig bestimmt wird.

Der *Flanschbiegungsanteil* t_B läßt sich mit Hilfe des nun bekannten Schubmittelpunktes $O = O_1$ wie folgt bestimmen: da der Schubmittelpunkt nun Verdrehungsmittelpunkt ist, um den sich der in seiner Form unveränderliche Querschnitt dreht, muß jede Einzelscheibe bezüglich O den gleichen Verdrehungswinkel φ bzw. gleiche Werte der Ableitungen von φ aufweisen (Abb. 79); es ist somit für alle Scheiben des Querschnittes mit Gl. (19)

$$\varphi'' = \frac{\eta_i''}{a_i} = \frac{\sigma_{io} - \sigma_{iu}}{E\,a_i\,b_i} = \text{konst}\,.$$

Setzen wir, da in gemeinsamen Kanten die Normalspannungen σ zusammenstoßender Scheiben gleich groß sein müssen,

$$\sigma_{iu} = \sigma_i\,, \quad \sigma_{io} = \sigma_{i-1}\,,$$

so folgt daraus

$$\sigma_{i-1} - \sigma_i = a_i\, b_i\, E\, \varphi'' \tag{27}$$

und analog für die Spannungsänderungen σ':

$$\sigma'_{i-1} - \sigma'_i = a_i\, b_i\, E\, \varphi'''. \tag{27a}$$

Da ein aus n Scheiben bestehender Querschnitt $n + 1$ unbekannte Kantenspannungen σ bzw. σ' besitzt, genügen die n Gln. (27) bzw. (27a) nicht zur Bestimmung der $n + 1$ unbekannten Spannungswerte σ bzw. σ', die zu einem bestimmten Drehwinkel φ gehören. Gl. (27) hat die Form einer Differenzengleichung und muß deshalb durch eine „Integrationskonstante" ergänzt werden, die sich sehr einfach aus

$$\int\limits^{F} \sigma\, dF = N = 0 \quad \text{bzw.} \quad \int\limits^{F} \sigma'\, dF = 0$$

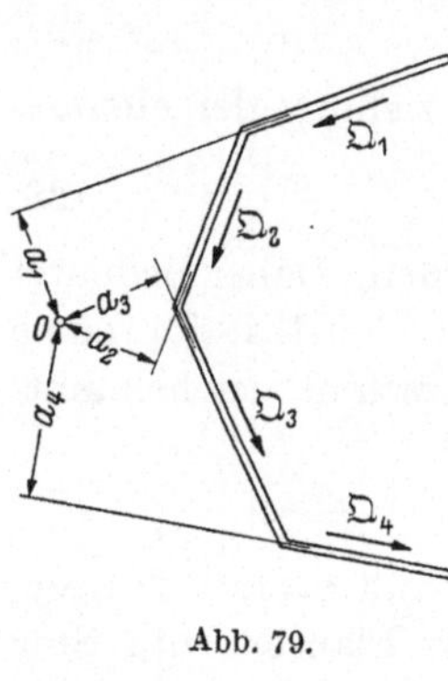

Abb. 79.

ergibt. Bei (einfacher) Symmetrie ergibt sich die fehlende Integrationskonstante aus Symmetriegründen: die Verteilung der Spannungen σ bzw. σ' muß hier antimetrisch verlaufen.

Nach der Bestimmung der Spannungsänderungen σ' in der Form

$$\sigma'_i = \alpha_i\, E\, \varphi'''$$

ergeben sich aus Gl. (24) die Scheibenquerkräfte $\mathfrak{Q}_i$ und daraus der Flanschbiegungsanteil t_B:

$$t_B = \Sigma\, \mathfrak{Q}_i\, a_i = -\, A\, \varphi'''.$$

Setzen wir diesen Wert in die Gleichgewichtsbedingung (25) ein, so erhalten wir die gesuchte Grundgleichung des Problems in der erstmals von S. Timoshenko für die Torsion eines Stabes mit I-Querschnitt angegebenen Form

$$T = C\, \varphi' - A\, \varphi''', \tag{28}$$

die mit der Abkürzung

$$a^2 = \frac{C l^2}{A}$$

auch in der Form

$$T = C\, \varphi' - \frac{l^2}{a^2}\, C\, \varphi''' = t_T - \frac{l^2}{a^2}\, t''_T \tag{28a}$$

geschrieben werden kann. Der Wert $A = E\, C_w$, wobei $C_w\,(\text{cm}^6)$ auch etwa als Wölbwiderstand bezeichnet wird, und damit a^2 kann nur bei ganz einfachen Querschnittsformen auf einfache Weise formelmäßig berechnet werden; es ist normalerweise zweckmäßig, die Berechnung für den zu untersuchenden Einzelfall numerisch durchzuführen. Bei der Berechnung von A ist selbstverständlich auf den Drehsinn (Vorzeichen) der Einzelmomente $\mathfrak{Q}_i \cdot a_i$ (vgl. Abb. 79) zu achten.

Sind die Drehwinkel φ aus Gl. (28) und den entsprechenden Randbedingungen bestimmt, so ergeben sich die zugehörigen Spannungen σ bzw. σ' aus den Gln. (27).

Besteht der zu untersuchende Stab nicht aus ebenen Scheiben, sondern ganz oder teilweise aus *gekrümmten Flächen* (Abb. 80), so ist das aufgestellte Berechnungsverfahren mit den folgenden Ergänzungen ebenfalls anwendbar.

Zur Bestimmung der resultierenden Querkraft Q werden die tangential gerichteten Schubspannungen τ,

$$\tau = \frac{1}{d} \int\limits_{A}^{x} \sigma_z' \, dF \,, \tag{22a}$$

an jeder Stelle in ihre Komponenten τ_x und τ_y zerlegt, für die mit den bekannten elementaren Mitteln der Baustatik die Teilresultierenden Q_x und Q_y und daraus Q bestimmt werden können. Die dabei vorkommenden Integrationen werden am einfachsten numerisch mit Hilfe der Simpsonschen Regel mit Einführung endlicher Intervalle u durchgeführt. An Stelle der Differenzengleichungen (27) tritt die Differentialgleichung

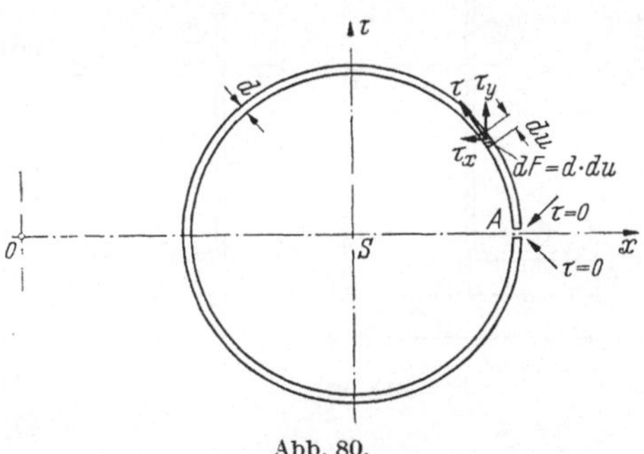

Abb. 80.

$$\frac{d\sigma}{du} = a_i \, E \, \varphi'' \quad \text{bzw.} \quad \frac{d\sigma'}{du} = a_i \, E \, \varphi''', \tag{27b}$$

aus der sich die gesuchten Spannungswerte durch Integration (Simpsonsche Regel) ergeben:

$$\sigma = E \, \varphi'' \int\limits_{A}^{u} a_i \, du + C$$

bzw.

$$\sigma' = E \, \varphi''' \int\limits_{A}^{u} a_i \, du + C',$$

ergeben; die Integrationskonstante ist wieder durch die Gleichgewichtsbedingung

$$\int\limits^{F} \sigma \, dF = 0 \quad \text{bzw.} \quad \int\limits^{F} \sigma' \, dF = 0$$

bestimmt.

Zur Veranschaulichung des Berechnungsganges sollen noch für das *Beispiel* des wegen seiner einfachen Herstellung häufig zweckmäßigen Hutquerschnittes mit senkrechten (oder geneigten) Stegen (Abb. 81) die Lage des Schubmittelpunktes O bestimmt und die Torsionsgleichung

(28) numerisch aufgestellt werden. Nach bekannten Regeln ist für kleine Wandstärke d und die besonderen Querschnittsabmessungen nach Abb. 81

$$J_x = 2 \cdot \frac{d(3c)^3}{12} + 2 \cdot 2c\, d\,(1{,}5c)^2 = \frac{27}{2} \cdot dc^3,$$

$$J_y = \frac{d(4c)^3}{12} + 2 \cdot 3c\, d\, c^2 = \frac{34}{3} \cdot dc^3.$$

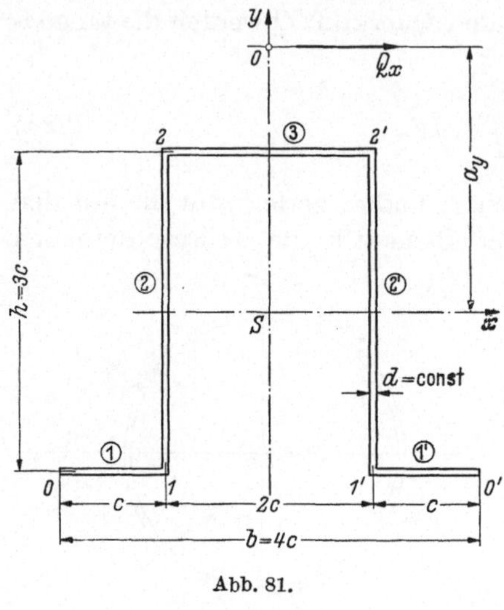

Abb. 81.

Zur Bestimmung des gesuchten Abstandes a_y des Schubmittelpunktes O berechnen wir zuerst die Spannungsänderungen σ' infolge einer Querkraft $Q_x = 1$ mit Hilfe von

$$\sigma' = \frac{Q_x}{J_y}\, x;$$

wir finden folgende Werte:

Punkt 0: $\sigma_0' = \dfrac{3 \cdot 2c}{34} \cdot \dfrac{Q_x}{dc^3} = \dfrac{6}{34} \cdot \dfrac{Q_x}{dc^2}$

Punkt 1: $\sigma_1' = \qquad = \dfrac{3}{34} \cdot \dfrac{Q_x}{dc^2}$

Punkt 2: $\sigma_2' = \qquad = \dfrac{3}{34} \cdot \dfrac{Q_x}{dc^2}$.

Damit können die Schubspannungen τ bestimmt werden; Gl. (23a) liefert

Punkt 0: $\tau_0 = 0$

Punkt 1: $\tau_1 = -\dfrac{c}{2} \cdot \dfrac{6+3}{34} \cdot \dfrac{Q_x}{dc^2} = -\dfrac{9}{68} \cdot \dfrac{Q_x}{dc}$

Punkt 2: $\tau_2 = -\left[\dfrac{9}{68} + \dfrac{3}{2} \cdot \dfrac{3+3}{34}\right] \dfrac{Q_x}{dc} = -\dfrac{27}{68} \cdot \dfrac{Q_x}{dc}$.

Nun können die Scheibenquerkräfte $\mathfrak{Q}$ mit Gl. (24b) wie folgt berechnet werden.

Scheibe 1: $\mathfrak{Q}_1 = -dc\,\dfrac{c}{6} \cdot \dfrac{2 \cdot 6 + 3}{34} \cdot \dfrac{Q_x}{dc^2} = -\dfrac{5}{68} \cdot Q_x$

Scheibe 2: $\mathfrak{Q}_2 = -3dc^2\left[\dfrac{9}{68} + \dfrac{3}{6} \cdot \dfrac{2 \cdot 3 + 3}{34}\right] \cdot \dfrac{Q_x}{dc^2} = -\dfrac{54}{68} \cdot Q_x$

Scheibe 3: $\mathfrak{Q}_3 = -2dc^2\left[\dfrac{27}{68} + \dfrac{2}{6} \cdot \dfrac{2 \cdot 3 - 3}{34}\right] \cdot \dfrac{Q_x}{dc^2} = -\dfrac{58}{68} \cdot Q_x$.

Der Verlauf der Spannungen σ' und τ ist in Abb. 82 dargestellt.

Es ist nun sehr einfach, aus der Gleichgewichtsbedingung $\Sigma M = 0$ die Lage des Schubmittelpunktes O mit

$$a_y = 1{,}5 \cdot c + \frac{2 \cdot 54 - 3 \cdot 10}{68} \cdot c = \frac{180\,c}{68} = 2{,}64706 \cdot c$$

zu bestimmen.

Zur Aufstellung der *Torsionsgleichung* gehen wir aus von Gl. (27a) die wir hier für die drei Scheiben unter Beachtung der Antimetrie wie folgt anschreiben können:

$$\text{Scheibe 1: } \sigma'_0 - \sigma'_1 = 4{,}14706 \cdot c \cdot 1{,}0 \cdot c \cdot E\,\varphi''',$$
$$\text{Scheibe 2: } \sigma'_1 - \sigma'_2 = -1{,}0 \cdot c \cdot 3{,}0 \cdot c\,E\,\varphi''',$$
$$\text{Halbe Scheibe 3: } \sigma_2 - 0 = 1{,}14706 \cdot c \cdot 1{,}0 \cdot c\,E\,\varphi''',$$

woraus wir erhalten:

$$\text{Punkt 0: } \sigma'_0 = 2{,}2941 \cdot c^2\,E\,\varphi''',$$
$$\text{Punkt 1: } \sigma'_1 = -1{,}8529 \cdot c^2\,E\,\varphi''',$$
$$\text{Punkt 2: } \sigma'_2 = 1{,}1471 \cdot c^2\,E\,\varphi'''.$$

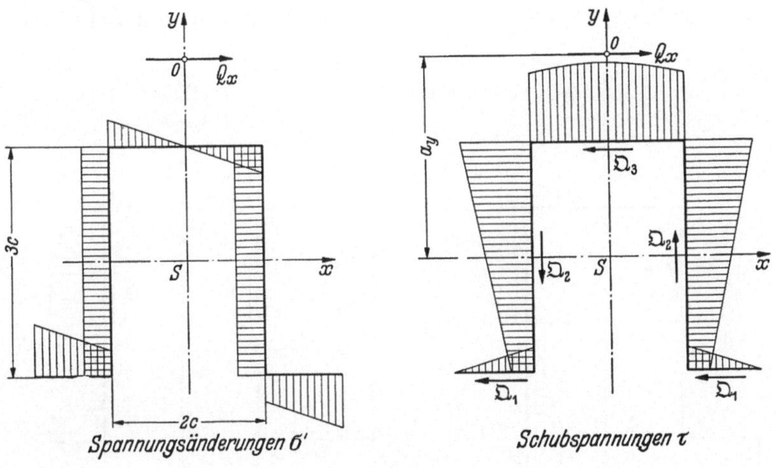

Abb. 82.

Aus diesen Werten können nun genau gleich wie früher die Schubspannungen τ und die Scheibenquerkräfte $\mathfrak{Q}$ berechnet werden; für die letzteren ergeben sich die Werte

$$\text{Scheibe 1: } \mathfrak{Q}_1 = -0{,}4559 \cdot d\,c^4\,E\,\varphi''',$$
$$\text{Scheibe 2: } \mathfrak{Q}_2 = 3{,}1765 \cdot d\,c^4\,E\,\varphi''',$$
$$\text{Scheibe 3: } \mathfrak{Q}_3 = 0{,}9118 \cdot d\,c^4\,E\,\varphi'''.$$

Die Scheibenquerkräfte bilden zwei Kräftepaare, aus denen wir das Moment t_B zu

$$t_B = -3c\,\mathfrak{Q}_3 - 2c\,\mathfrak{Q}_2 = -9{,}0884 \cdot d\,c^5\,E\,\varphi'''$$

berechnen können. Abb. 83 zeigt den Verlauf der Spannungswerte σ und τ für diesen Belastungsfall.

Die gesuchte Torsionsgleichung ergibt sich nun mit

$$J_d = \sum \frac{b\,d^3}{3} = \frac{10}{3} \cdot c\,d^3, \qquad G = \frac{3}{8} \cdot E$$

zu

$$T = \frac{10}{3} \cdot \frac{3}{8} \cdot c\, d^3\, E\, \varphi' - 9{,}0884 \cdot d\, c^5\, E\, \varphi'''$$

oder durch Einführung von a^2,

$$a^2 = \frac{5 \cdot c\, d^3\, l^2}{4 \cdot 9{,}0884 \cdot d\, c^5} = 0{,}1375 \cdot \frac{d^2\, l^2}{c^4} ,$$

und mit der Unbekannten t_T geordnet

$$t_T'' - 0{,}1375 \cdot \frac{d^2}{c^4}\, t_T + 0{,}1375 \cdot \frac{d^2}{c^4}\, T = 0 .$$

Das Hutprofil ist wirtschaftlich, wenn es durch Belastungen in der Symmetrieebene y—z belastet ist. Bei nicht durch den Schubmittel-

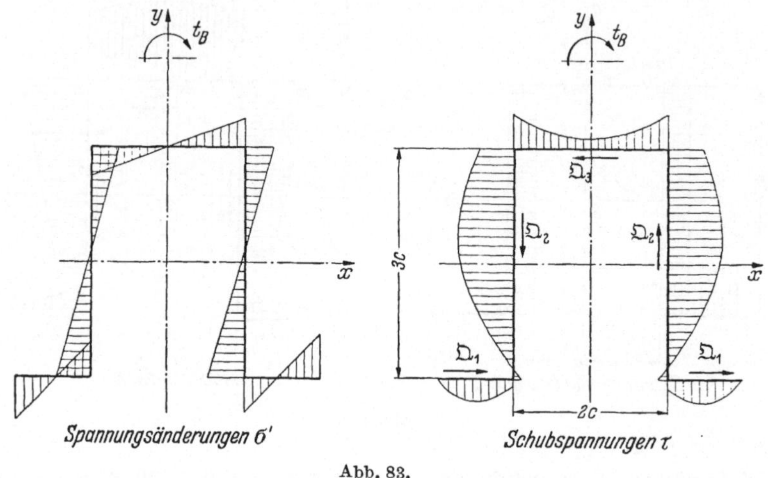

Abb. 83.

punkt O gehenden Belastungen dagegen tritt neben der Biegung noch Torsion auf, die durch die mit ihr verbundenen Spannungen σ die Wirtschaftlichkeit stark beeinträchtigt, sofern der Stab nicht durch besondere Konstruktionsmaßnahmen gegen Verdrehen gesichert wird.

d) Die numerische Lösung der Torsionsgleichung.

Die Torsionsgleichung (28) ist eine lineare inhomogene Differentialgleichung zweiter Ordnung, wie sie bei der Berechnung von Baukonstruktionen ziemlich häufig vorkommt und die in der allgemeinen Form

$$y'' - c\, y + F(x) = 0$$

angeschrieben werden kann. Zur numerischen Lösung soll nachstehend ein baustatisches Berechnungsverfahren angegeben werden, das der baustatischen Problemstellung und der baustatischen Methodik angepaßt ist[1].

Ausgangspunkt dieser Lösungsmethode ist das klassische baustatische Mittel des *Seilpolygons*, das am häufigsten zur Bestimmung der Momentenfläche M eines Balkens infolge einer Belastung durch Einzellasten P verwendet wird.

Mit Abb. 84 sei die bekannte Konstruktion in Erinnerung gerufen, die uns mit

$$M = H\,y$$

das gesuchte Biegungsmoment M liefert. Wenn wir uns an den allgemeinen Zusammenhang zwischen dem Moment M und der Belastung p eines Balkens,

$$\frac{d^2 M}{d x^2} = M'' = -p\,,$$

erinnern, so stellen wir fest, daß uns das Seilpolygon eine *zweimalige Integration* besorgt; um somit, allgemeiner ausgedrückt, zu einer „Be-

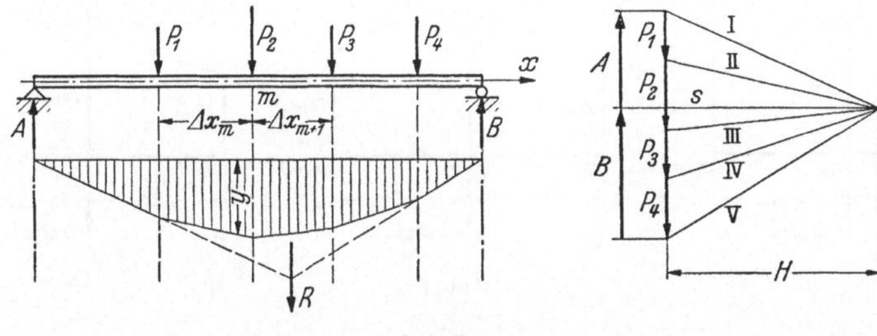

Abb. 84.

lastungsfunktion" $p = -y''$ die Funktion y zu finden, brauchen wir nur ein Seilpolygon zu $-y''$ zu konstruieren.

Zur Lösung der Differentialgleichung (29) haben wir die zeichnerische Konstruktion des Seilpolygons in die Sprache der Rechnung zu übersetzen; die „*Seilpolygongleichung*" zu Abb. 84 lautet[2]:

$$\frac{M_m - M_{m-1}}{\Delta x_m} - \frac{M_{m+1} - M_m}{\Delta x_{m+1}} = P_m \tag{30 a}$$

oder für konstante Feldweiten Δx:

$$M_{m-1} + 2\,M_m - M_{m+1} = \Delta x\,P_m\,. \tag{30 b}$$

---

[1] Eine ausführlichere Darstellung in etwas anderer Form (mit Erweiterung auf Gleichungen vierter Ordnung) dieses Verfahrens, das ich erstmals 1935 („Die Stabilität des auf Biegung beanspruchten Trägers", Abh. I.V.B.H., Bd. 3) vorgeschlagen habe, findet sich im Taschenbuch für Bauingenieure, herausgegeben von F. SCHLEICHER, Berlin 1955 (F. STÜSSI: Ausgewählte Kapitel aus der Theorie des Brückenbaues).

[2] Siehe z. B. F. STÜSSI: Baustatik I, Basel 1946 u. 1953, Gl. (34) oder in erweiterter Anwendung auf die Biegungslinie Gl. (136).

Ist die Belastung p eine verteilte Belastung, so haben wir die zugehörigen Knotenlasten $K_m(p)$ zu bilden; die Seilpolygongleichung lautet dafür

$$- M_{m-1} + 2 M_m - M_{m+1} = \Delta x \, K_m(p) \qquad (30\,\text{c})$$

oder in verallgemeinerter Schreibweise mit $M \to y$, $p \to -y''$

$$y_{m-1} - 2 y_m + y_{m+1} = \Delta x \, K_m(y'') . \qquad (31)$$

Die Lösung der Differentialgleichung (29) ergibt sich nun unmittelbar aus dieser Gleichung, indem wir auf der rechten Seite die Knotenlast zu

$$y'' = c \, y - F(x)$$

einsetzen. Es ist somit

$$y_{m-1} - 2 y_m + y_{m+1} = \Delta x \, K_m\big(c \, y - F(x)\big) ; \qquad (31\,\text{a})$$

wir müssen nun nur noch die Größe der Knotenlast K_m ausrechnen und die Gleichung, da die gesuchte Unbekannte zunächst noch in dieser

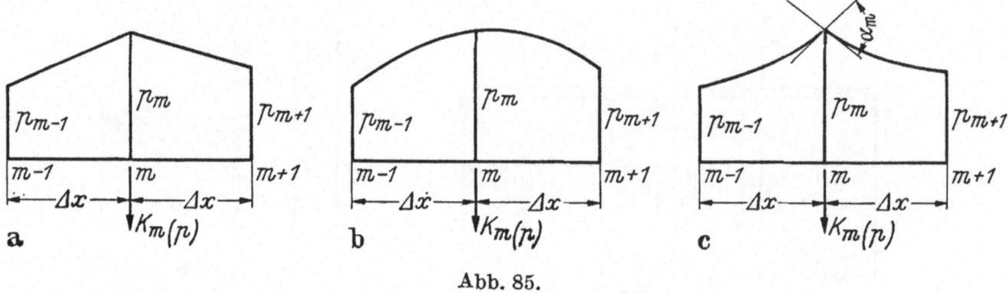

Abb. 85.

Knotenlast vorkommt, ordnen. Dieses Ordnen ist der Grund dafür, daß die zeichnerische Konstruktion des Seilpolygons in die rechnerische Sprache der Seilpolygongleichung übersetzt werden muß.

Die *Knotenlasten* $K_m(p)$ bedeuten nun nichts anderes als die in den Knotenpunkten übertragenen Belastungen eines indirekt belasteten Balkens; sie lassen sich bei gegebenem Belastungsverlauf stets leicht berechnen.

Ist die Belastungsfunktion p feldweise geradlinig begrenzt (Abb. 85a), so liefert uns die *Trapezformel* die Knotenlast

$$K_m(p) = \frac{\Delta x}{6} (p_{m+1} + 4 p_m + p_{m+1}). \qquad (32\,\text{a})$$

Bei stetigem Verlauf von p (Abb. 85b) denken wir uns die Begrenzung zwischen $m-1$ und $m+1$ als quadratische Parabel und erhalten mit der *Parabelformel*

$$K_m(p) = \frac{\Delta x}{12} (p_{m-1} + 10 p_m + p_{m+1}) . \qquad (32\,\text{b})$$

Weist endlich die Belastungsfunktion in m eine bekannte Unstetigkeit, etwa in Form eines bekannten Knickwinkels α_m auf (Abb. 85c), so läßt sich die Knotenlast durch vorübergehende Zerlegung von p in einen trapezförmigen und einen parabelförmigen Anteil zu

$$K_m(p) = \frac{\Delta x}{12}(p_{m-1} + 10\,p_m + p_{m+1}) - \frac{\Delta x^2}{12}\alpha_m \qquad (32\,\text{c})$$

bestimmen.

Damit können wir die rechte Seite der Gl. (31a) ausrechnen; führen wir die Abkürzung γ ein,

$$\gamma = \frac{c\,\Delta x^2}{12},$$

so wird für stetig angenommenen Verlauf von $c\,y$ die zugehörige Δx-fache Knotenlast mit der Parabelformel berechnet

$$\Delta x\,K_m(c\,y) = \gamma_{m-1}\,y_{m-1} + 10\cdot\gamma_m\,y_m + \gamma_{m+1}\,y_{m+1}$$

und wir erhalten durch Einsetzen und Ordnen

$$-y_{m-1}(1 - \gamma_{m-1}) + y_m(2 + 10\,\gamma_m) - y_{m+1}(1 - \gamma_{m+1})$$
$$= \Delta x\,K_m(F_x). \qquad (33)$$

Dies ist die *Grundgleichung* unseres Lösungsverfahrens; die Differentialgleichung (29) wird durch Umsetzen in ein *dreigliedriges Gleichungssystem* gelöst.

Neben diesen Grundgleichungen für jeden Zwischenpunkt benötigen wir zur Lösung der Differentialgleichung zweiter Ordnung noch zwei *Randbedingungen*. Dabei können wir normalerweise folgende Fälle unterscheiden:

Ist y_A *gegeben*, so fällt einfach in unserem Gleichungssystem die entsprechende Bestimmungsgleichung für den Endpunkt A aus.

Ist dagegen y_A' *gegeben*, so müssen wir diese gegebene Endneigung der gesuchten Lösung y durch die unbekannten Werte y ausdrücken. Im Sinne unserer Analogie zur Balkenbiegung bedeutet die erste Ableitung des Momentes M die Querkraft Q; somit ist zunächst

$$Q_A = M_A' = \frac{M_1 - M_A}{\Delta x} + K_A(p)$$

oder in verallgemeinerter Schreibweise

$$\Delta x\,y_A' = y_1 - y_A - \Delta x\,K_A(y''). \qquad (34)$$

Für den Endpunkt eines Doppelfeldes (Abb. 85) beträgt die Knotenlast nach der Trapezformel

$$K_A(p) = \frac{\Delta x}{6}(2\,p_A + p_1),$$

bzw. nach der Parabelformel

$$K_A(p) = \frac{\Delta x}{24}(7\,p_A + 6\,p_1 - p_2);$$

setzen wir entsprechend der zu lösenden Differentialgleichung (29) den Wert

$$y'' = c\,y - F(x)$$

ein, so erhalten wir für stetigen Verlauf der Funktion $c\,y$ die gesuchte Randbedingung in der Form

$$y_A(1 + 3{,}5\,\gamma_A) - y_1(1 - 3{,}0\,\gamma_1) - 0{,}5\,\gamma_2\,y_2 = \Delta x\,K_A(F) - y'_A\,\Delta x\,. \qquad (35)$$

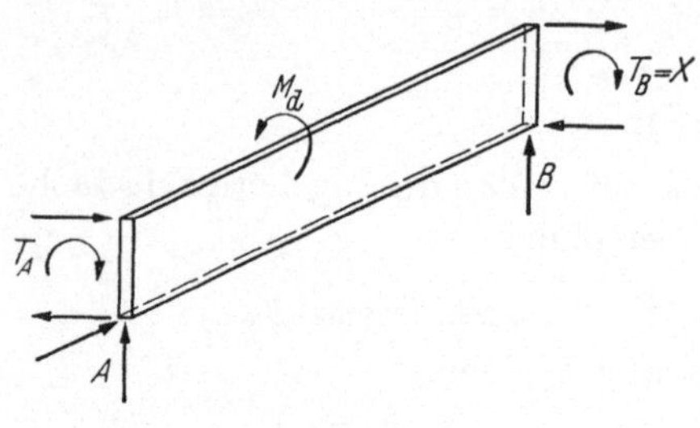

Abb. 86.

Für $y'_A = 0$ ergibt sich eine etwas einfachere Formulierung der Randbedingung dadurch, daß wir uns symmetrischen Verlauf der gesuchten Funktion y bezüglich A vorstellen; aus der Normalgleichung (33) ergibt sich dann

$$y_A(1 + 5\,\gamma) - y_1(1 - \gamma) = \Delta x\,K_A(F)\,. \qquad (35\,a)$$

Ist endlich y''_A *gegeben*, so lautet die gesuchte Bestimmungsgleichung für y_A

$$y_A = \frac{1}{c}\,(F_A + y''_A)\,.$$

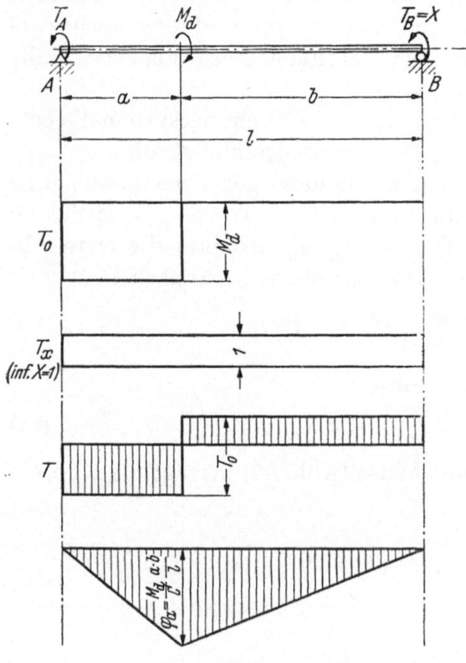

Abb. 87.

Bei der Anwendung dieser Beziehungen auf die Lösung der Torsionsgleichung (28) ist zu beachten, daß bei einem balkenartig gelagerten Stab das äußere Torsionsmoment T eine überzählige Größe, das Tragsystem also statisch unbestimmt ist (Abb. 86).

Da die sechs räumlichen Gleichgewichtsbedingungen nur sechs Auflagergrößen, die jedoch die unverschiebliche Lagerung des Systems gewährleisten müssen, zu bestimmen erlauben, die übliche Lagerung mit Sicherung beider Endquerschnitte jedoch sieben Auflagergrößen aufweist, ist ein waagerechter

Stützstab überzählig. Es ist naheliegend, als überzählige Größe X das Auflagertorsionsmoment T_B einzuführen; die zugehörige Elastizitätsbedingung lautet dann

$$\varphi_B = 0 \,.$$

Für *reine Torsion*, ohne Flanschbiegung, infolge eines konzentrierten äußeren Drehmomentes M_d, ist das Kräfte- und Verformungsspiel in Abb. 87 dargestellt.

Mit den Werten

$$\varphi_{0\,B} = \int\limits_A^B \frac{T_0}{C}\,dx \,,$$

$$\varphi_{X\,B} = \int\limits_A^B \frac{1}{C}\,dx$$

lautet die Elastizitätsbedingung

$$\varphi_B = \int\limits_A^B \frac{T_0}{C}\,dx +$$

$$X \int\limits_A^B \frac{1}{C}\,dx = 0;$$

für konstante Torsionssteifigkeit $C = GJ_d$ wird somit

$$T_B = X = -\frac{M_d\,a}{l}$$

oder das Torsionsmoment T,

$$T = T_0 + X\,T_x \,,$$

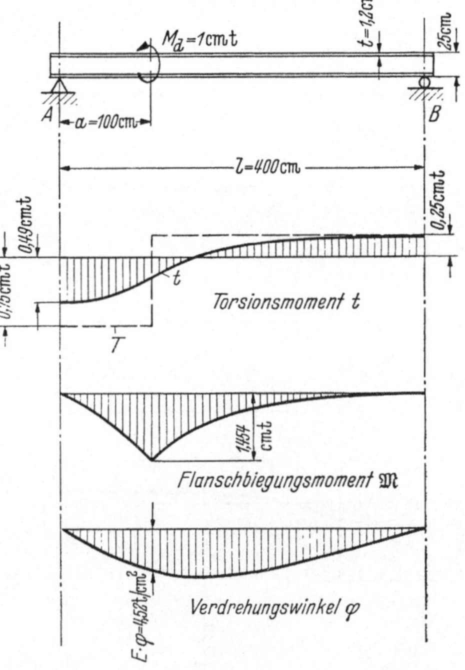

Abb. 88.

zeigt in diesem Fall den gleichen Verlauf wie die Querkraft Q infolge einer Einzellast P im einfachen Balken.

Dieser einfache Verlauf des Torsionsmomentes T gilt bei *Torsion mit Flanschbiegung* auch dann noch, wenn die *Flanschen statisch bestimmt gelagert* sind.

Für frei drehbare Flanschenden ist

$$\eta_A'' = \varphi_A'' = 0\,, \qquad \eta_B'' = \varphi_B'' = 0\,,$$

oder, wegen $t_T = t = C\varphi'$,

$$t_A' = t_B' = 0 \,.$$

Der Verlauf der Torsionsmomente t kann somit hier auf Grund einer Verteilung der äußeren Torsionsmomente nach Abb. 87 durch Auflösung des Gleichungssystems

$$-t_{m-1}(1-\gamma) + t_m(2+10\gamma) - t_m(1-\gamma) = \Delta x\, K_m\left(\frac{a^2}{l^2}\,T\right) \quad (36)$$

mit den Randbedingungen [in der Form der Gl. (35a) angeschrieben]

$$t_A(1+5\gamma) - t_1(1-\gamma) = \Delta x\, K_A\left(\frac{a^2}{l^2}\,T\right)$$

und analog für t_B berechnet werden. Die Abkürzung γ bedeutet hier

$$\gamma = \frac{a^2}{l^2}\,\frac{\Delta x^2}{12}\,.$$

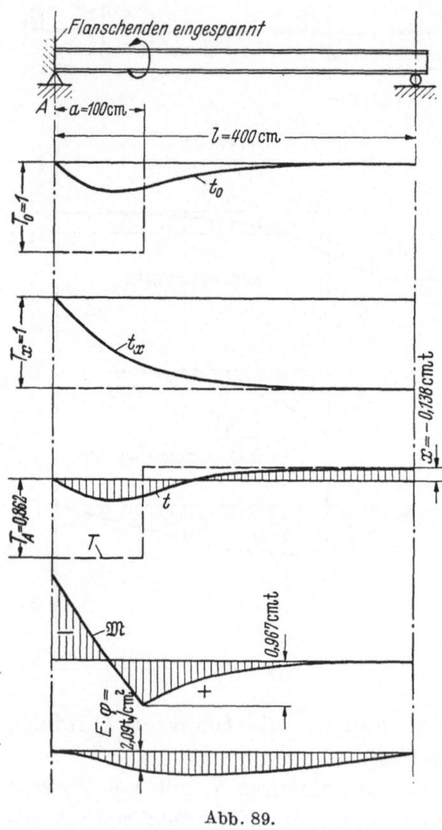

Abb. 88 zeigt die Ergebnisse eines durchgerechneten Zahlenbeispiels für einen Träger mit I-Querschnitt mit $J_y = 350\ \mathrm{cm}_k$, $J_d = 24{,}0\ \mathrm{cm}^4$, $G = {}^3/_8 \cdot E$ und $l = 400$ cm für ein im Viertelspunkt angreifendes äußeres Drehmoment $M_d = 1$ cmt.

Aus den berechneten Torsionsmomenten $t = t_T$ können nun durch numerische Differentiation bzw. numerische Integration auch die Normalspannungen σ sowie die Verdrehungswinkel φ berechnet werden. Für den untersuchten I-Querschnitt ist insbesondere

$$\eta'' = \frac{h}{2}\,\varphi'' = \frac{h}{2}\,\frac{t'}{C}$$

und damit das *Flanschbiegungsmoment*

$$\mathfrak{M} = -E\,J_{Fl.}\,\eta'' =$$
$$= -\frac{E\,J_y}{2}\,\frac{h}{2}\,\frac{t'}{C} = -\frac{B_2\,h}{4\,C}\,t'.$$

Sind dagegen die *Flanschenden statisch unbestimmt gelagert*, beispielsweise an einem Trägerende starr eingespannt, so gilt für das äußere Torsionsmoment T,

$$T = T_0 + X\,T_x,$$

die einfache „Querkraftsverteilung" nach Abb. 87 nicht mehr. Hier sind zunächst sowohl für T_0 wie für $T_x = 1$ die Momente t_0 und t_x durch Auflösung des Gleichungssystems (36) zu bestimmen, wobei hier wegen

$\varphi'_A = 0$ die Randbedingung $t_A = 0$ einzuführen ist. Die Elastizitätsbedingung $\varphi_B = 0$ liefert nun aus den t-Werten die überzählige Größe X. Die Ergebnisse eines Zahlenbeispiels mit beim Auflager A eingespannten Flanschenden, sonst jedoch dem Beispiel der Abb. 88 entsprechend, sind in Abb. 89 dargestellt.

e) Stäbe mit geschlossenem Querschnitt.

Bei zusammengesetzten Trägern mit geschlossenem Querschnitt oder mit geschlossenen Querschnittsteilen besteht bei *verdrehungsfreier Biegung* gegenüber Stäben mit offenem Querschnitt einzig die Besonderheit, daß hier bei der Bestimmung des Schubmittelpunktes die Schubspannungen τ nicht mehr durch Aufsummieren [Gl. (22)] von einem freien Rande her mit $\tau = 0$ bestimmt werden können; wir müssen hier durch Aufschneiden einer Scheibe, beispielsweise längs einer Kante, erst ein *Grundsystem* schaffen, an dem diese Summation möglich ist. Die Wirkung des Aufschneidens kompensieren wir durch die Einführung einer überzähligen Schubspannung oder beque

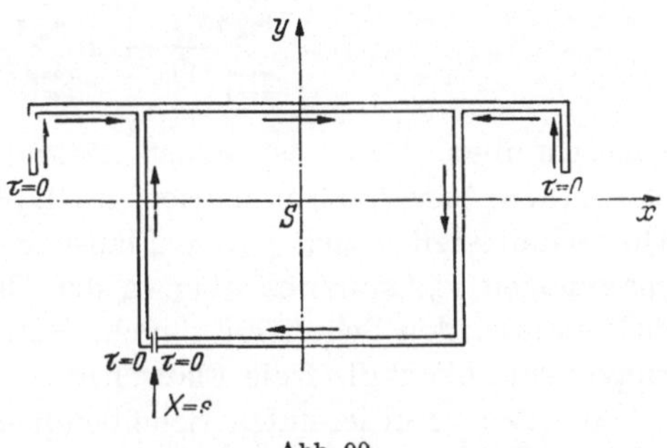

Abb. 90.

mer durch Einführung eines *überzähligen Schubflusses* $s = \tau_x d$ (Abb. 90).

Bezeichnen wir die Schubspannungen im Grundsystem [Gl. (22)] mit τ_0, so ergibt sich der überzählige Schubfluß s aus einer Elastizitätsbedingung normaler Form,

$$a_{10} + s\, a_{11} = 0, \tag{37}$$

deren Verschiebungsgrößen a_{10} und a_{11} am einfachsten aus einer Arbeitsgleichung mit dem virtuellen Belastungszustand $s = 1$ bestimmt werden. Für ein Scheibenelement $b_i\, dz$ ergibt sich der Beitrag Δa_{1i} an die Verschiebungsgröße a_{1i} zu

$$\Delta a_{1i} = \int\limits^{b_i} \frac{\tau_i}{G}\, dz\, \tau_{s=1}\, dF = \int\limits^{b_i} \frac{\tau_i}{G}\, dz\, \frac{1}{d}\, dF;$$

damit erhalten wir für ein Stabelement dz, weil sich dz und der Schubmodul G herausheben, die Elastizitätsbedingung (37) zu

$$\int\limits^{F} \tau_0\, du + s \int\limits^{F} \frac{1}{d}\, du = 0, \tag{37a}$$

wenn wir mit u die von der Schnittstelle aus gemessene Umfangslänge des geschlossenen Querschnittsteiles bezeichnen:

$$du = \frac{dF}{d}.$$

Die resultierende Schubspannung τ ergibt sich nach Bestimmung von s aus der Superposition

$$\tau = \tau_0 + \frac{s}{d}.$$

Besteht der Querschnitt aus Einzelscheiben von je konstanter Stärke d, so ist es bequem, die Schubspannungen τ nach Gl. (24b) zu Scheibenquerkräften $\mathfrak{Q}$ zusammenzufassen und die Elastizitätsbedingung in der Form

$$\sum_{i=1}^{n} \frac{\mathfrak{Q}_{0i}}{d_i} + s \sum_{i=1}^{n} \frac{b_i}{d_i} = 0 \tag{37b}$$

anzuschreiben. Dabei ist selbstverständlich, daß sich die Integration in Gl. (37a) bzw. die Summation in Gl. (37b) nur auf den geschlossenen Querschnittsteil bezieht; freie Flanschen beeinflussen wohl die Schubspannungen τ_0, kommen aber in der Elastizitätsbedingung nicht vor, da sie durch den Schubfluß s nicht beansprucht werden. Aussteifungsrippen sind ebenfalls freie Flanschen.

Aus den resultierenden Scheibenquerkräften $\mathfrak{Q}$,

$$\mathfrak{Q}_i = \mathfrak{Q}_{0i} + s\,b_i,$$

je für äußere Querkräfte Q_x und Q_y berechnet, kann nun, analog zum offenen Querschnitt, der Schubmittelpunkt $O = O_1$ bestimmt werden. Damit kann eine beliebige äußere Belastung in einen „Biegungsanteil" und einen „Torsionsanteil" zerlegt werden.

Bei mehrfach geschlossenen Querschnitten wird das Grundsystem durch Aufschneiden an mehreren Stellen, d. h. einmal in jeder Zelle, gewonnen; dementsprechend sind auch mehrere überzählige Schubflüsse s einzuführen, die nun durch ein System von Elastizitätsbedingungen

$$a_{i1}s_1 + a_{i2}s_2 + a_{i3}s_3 + \cdots + a_{i0} = 0$$

zu bestimmen sind.

Bei der *Verdrehung* geschlossener Querschnitte tritt die Besonderheit auf, daß hier das Torsionsmoment T in zwei Anteile T_1 und T_2 aufzuteilen ist, von denen der primäre Anteil T_1 den Querschnitt um den ersten Schubmittelpunkt O_1 verdreht, während sich der zweite Anteil T_2 auf die zweite Grenzlage O_2 des Schubmittelpunktes bezieht. Für beide Anteile gilt die Elastizitätsbedingung von der Erhaltung der Querschnittsform.

Der *primäre Torsionsanteil* T_1 wird durch einen *primären Schubfluß* s aufgenommen; ist die Elastizitätsbedingung für diesen allein erfüllt,

$$\frac{s}{a_i\,d_i\,G} = \varphi_1' = \text{konst.}, \tag{38}$$

so treten bei dieser Verdrehung keine Normalspannungen σ und damit auch kein sekundärer Torsionsanteil T_2 auf. Für diesen Sonderfall wird somit mit $T_2 = 0$ und mit $\mathfrak{Q}_s = b_i\,s$ für den einfach geschlossenen Querschnitt

$$T_1 = T = \sum_{i=1}^{n} \mathfrak{Q}_s\,a_i = s \sum_{i=1}^{n} b_i\,a_\iota$$

oder

$$s = \frac{T}{\sum\limits_{i=1}^{n} a_i\,b_i}; \tag{39a}$$

die Formänderungen φ ergeben sich dabei aus der Beziehung

$$\varphi' = \frac{T}{G \sum\limits_{i=1}^{n} a_i^2\,b_i\,d_i}. \tag{39b}$$

Ist die Elastizitätsbedingung Gl. (38) dagegen nicht erfüllt, so ist die reine Schubflußtorsion nicht möglich, sondern es treten daneben auch noch Normalspannungen σ auf, die zusätzliche Schubspannungen τ (mit einem zusätzlichen überzähligen sekundären Schubfluß) und damit die sekundären Torsionsmomente T_2 verursachen. Für die Untersuchung dieser etwas komplizierteren Verhältnisse sei auf die in der Fußnote[1] angegebene Arbeit verwiesen.

2. Knicken.

a) Knickvorgang und Knickbedingung.

Als *Knicken* bezeichnen wir das Unstabilwerden eines ursprünglich geraden, zentrisch gedrückten Stabes durch *seitliches Ausbiegen*; die Ausbiegungsebene ist dabei normalerweise durch die Richtung der ersten Hauptschwerachse des Querschnittes ($J_1 = J_{\max}$) bzw. durch die kleinste Biegungssteifigkeit $EJ_2 = EJ_{\min}$ bestimmt. Voraussetzung dafür, daß dieses Biegeknicken gegenüber dem später zu besprechenden allgemeinen Fall maßgebend sein kann, ist die Symmetrie des Querschnittes bezüglich der ersten Hauptschwerachse des Stahlquerschnittes.

Wir betrachten in Abb. 91 mit einem beiderseitig gelenkig gelagerten Stab zunächst den *Grundfall* dieses Biegeknickens.

---

[1] STÜSSI, F.: Ausgewählte Kapitel aus der Theorie des Brückenbaues im Taschenbuch für Bauingenieure, herausgegeben von F. SCHLEICHER, Berlin 1955.

Erteilen wir diesem Stab eine beliebig kleine anfängliche Ausbiegung η_0, so entstehen infolge der Belastung die Biegungsmomente M_0,

$$M_0 = P\eta_0,$$

die die anfängliche Ausbiegung η_0 um die zusätzliche Ausbiegung η_1 vergrößern müssen. Der Zusammenhang zwischen M_0 und η_1 ist dabei (bei als klein vorausgesetzten Formänderungen) durch die Differentialgleichung der elastischen Linie

$$EJ\eta_1'' + P\eta_0 = 0 \tag{40}$$

gegeben. Die zusätzlichen Ausbiegungen η_1 können durch ein Seilpolygon zur reduzierten Momentenfläche

$$\frac{P}{EJ}\eta_0$$

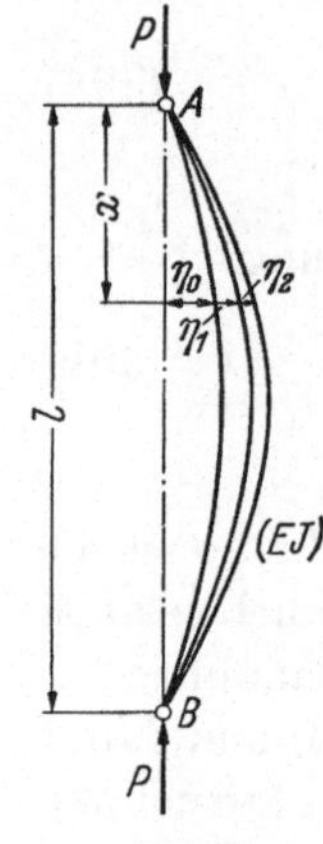

Abb. 91.

als Belastungsfläche bestimmt werden; an irgendeiner Stelle x des Stabes, z. B. in Stabmitte, erhalten wir dadurch die Ausbiegung η_1 in der Form

$$\eta_1 = \frac{Pl^2}{c_1 EJ}\eta_0 = \alpha_1\eta_0.$$

Nun verursachen aber diese Ausbiegungen η_1 weitere zusätzliche Momente $P\eta_1$, aus denen weitere zusätzliche Ausbiegungen η_2

$$\eta_2 = \alpha_2\eta_1,$$

entstehen, die ihrerseits wieder eine Vergrößerung der Ausbiegungen um η_3,

$$\eta_3 = \alpha_3\eta_2,$$

verursachen. Der Endwert der Ausbiegungen η kann somit angeschrieben werden zu

$$\eta = \eta_0 + \eta_1 + \eta_2 + \eta_3 + \cdots = \eta_0 + \alpha_1\eta_0 + \alpha_2\eta_1 + \alpha_1\eta_2 + \cdots,$$
$$\eta = \eta_0(1 + \alpha_1 + \alpha_1\alpha_2 + \alpha_1\alpha_2\alpha_3 + \cdots).$$

Sind nun die anfängliche Ausbiegungslinie η_0 und die dadurch verursachte Biegungslinie η_1 ähnlich zueinander, so ist die Verhältniszahl α für alle Schnitte des Stabes gleich groß und es muß in diesem Fall auch die Biegungslinie η_2 ähnlich zu η_1 und damit auch zu η_0 werden, es ist somit für diesen Fall, der der *Lösung des Stabilitätsproblems* entspricht,

$$\alpha_1 = \alpha_2 = \alpha_3 = \alpha_4 = \cdots = \alpha,$$

und der Endwert der Ausbiegung η,

$$\eta = \eta_0(1 + \alpha + \alpha^2 + \alpha^3 + \cdots),$$

kann für $\alpha \leq 1$ auch zu

$$\eta = \eta_0\frac{1}{1-\alpha} \tag{41}$$

angeschrieben werden. Sobald die Verhältniszahl α den Wert 1 besitzt, wird die Endausbiegung η auch bei einer sehr kleinen anfänglichen Ausbiegung η_0 endliche Werte annehmen: *für $\alpha = 1$ knickt der Stab aus.* Wir nennen deshalb die Bedingung $\alpha = 1$ *die Knickbedingung.*

Führen wir diese Knickbedingung $\alpha = 1$ mit

$$\eta_0 = \eta_1$$

in die Gl. (40) ein, so erhalten wir die *Differentialgleichung des untersuchten Knickproblems*:

$$E J \eta'' + P \eta = 0 . \tag{42}$$

Diese Gleichung ist eine Gleichgewichtsbedingung zwischen den inneren Momenten $M_i = -E J \eta''$ des ausgebogenen Stabes mit der Steifigkeit EJ und den durch die äußere Belastung P während dieser Ausbiegung η verursachten äußeren Momenten $M_a = P\eta$. Das Stabilitätsproblem ist ein *Gleichgewichtsproblem*; beim Erreichen der kritischen Last $P = P_{kr.}$ kann gerade noch Gleichgewicht zwischen inneren und äußeren Momenten bestehen. Man drückt das auch etwa so aus, daß man sagt, das Erreichen der kritischen Last sei durch den Übergang vom stabilen zum labilen Gleichgewicht gekennzeichnet.

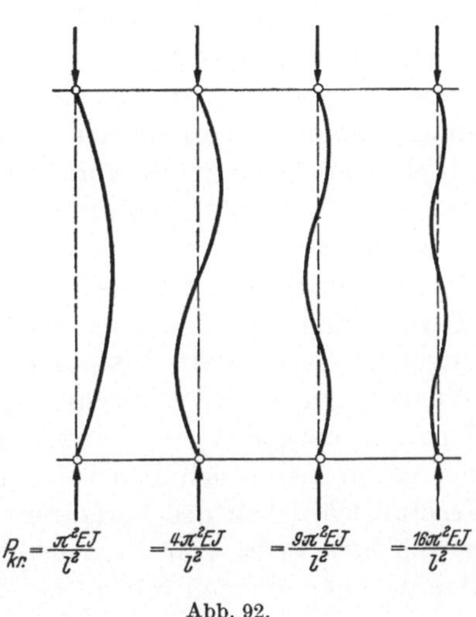

Abb. 92.

In *einfachen Fällen* kann die Größe der kritischen Last direkt durch die Lösung der Differentialgleichung (42) bestimmt werden. So wird beispielsweise für einen beidseitig gelenkig gelagerten Druckstab mit konstanter Steifigkeit $E J =$ konst die Differentialgleichung (42) durch die Lösung

$$\eta = \eta_0 \sin \frac{n \pi x}{l} ,$$

$$\eta'' = -\frac{n^2 \pi^2}{l^2} \eta_0 \sin \frac{n \pi x}{l}$$

befriedigt und wir erhalten durch Einsetzen den Wert von $P = P_{kr.}$ zu

$$P_{kr.} = \frac{n^2 \pi^2 E J}{l^2} . \tag{43}$$

Der Stab kann in verschiedenen Formen oder mit verschiedenen Halbwellenzahlen n ausknicken (Abb. 92).

Die kleinste und damit maßgebende Knicklast ergibt sich für Ausknicken mit einer Halbwelle, $n = 1$:

$$\min P_{kr.} = \frac{\pi^2 \, E J}{l^2} \, . \tag{44}$$

Dies ist der Wert, der 1744 von LEONHARD EULER[1] gefunden worden ist; wir werden diesen Wert deshalb die *Eulersche Knicklast* nennen und, sofern eine Unterscheidung gegenüber anderen Knickfällen nötig ist, mit P_E bezeichnen.

In *allgemeinen Fällen* besteht nun bei der Lösung der Differentialgleichung (42) die Schwierigkeit, daß keine einfache Lösung für η in geschlossener Form angegeben werden kann. Wir sind deshalb hier, wenn wir komplizierte mathematische Verfahren vermeiden wollen, darauf angewiesen, die Lösung auf dem Wege der sukzessiven Approximation numerisch zu suchen. Dieser Weg, der in seinen Grundzügen in graphischer Form zuerst von L. VIANELLO und F. ENGESSER aufgezeigt worden ist, beruht darauf, daß wir zunächst die Form einer Ausgangskurve η_0 unter Beachtung der Randbedingungen schätzen und daraus mit Hilfe des Seilpolygons die Kurve $\eta_1 = \alpha_1 \eta_0$ berechnen; die Knickbedingung $\alpha_1 = 1$ für irgendeine Stelle x, etwa für Stabmitte angeschrieben, liefert uns einen ersten Näherungswert $P_{1\,kr.}$ für $P_{kr.}$. Wiederholen wir die Berechnung, nun von der Form der berechneten Kurve η_1 ausgehend, so finden wir einen zweiten Näherungswert $P_{2\,kr.}$, der schon wesentlich näher beim gesuchten genauen Wert liegt. Die Leistungsfähigkeit des Verfahrens beruht auf seiner guten Konvergenz; sowohl der Wert von $P_{kr.}$ wie die Ausbiegungskurven η nähern sich den genauen Werten mit guter Konvergenz.

In der folgenden Tabelle ist eine solche Berechnung für den Grundfall, ausgehend von einer quadratischen Parabel als geschätzter Aus-

	η_0	$K\left(\dfrac{P\,\eta_0}{E J}\right)$	$Q\left(\dfrac{P\,\eta_0}{E J}\right)$	η_1	$\dfrac{\eta_1}{\eta_{1\,m}}$	$\sin\dfrac{\pi\,x}{l}$
A	0			0	0	0
			31,0625			
1	0,4375	5,125		31,0625	0,38828	0,38268
			25,9375			
2	0,7500	8,875		57,0000	0,71250	0,70711
			17,0625			
3	0,9375	11,125		74,0625	0,92578	0,92388
			5,9375			
m	1,0000	$2 \cdot 5,9375$		80,0000	1,00000	1,00000
	$\cdot \eta_{0\,m}$	$\cdot \dfrac{\varDelta x}{12}\dfrac{P}{E J}\eta_{0\,m}$		$\cdot \dfrac{P\,\varDelta x^2}{12\,E J}\eta_{0\,m}$		

---

[1] EULER, L.: Methodus inveniendi lineas curvas maximi minimive proprietate gaudentes sive solutio problematis isoperimetrici latissimo sensu accepti; Additamentum primum: De curvis elasticis. Lausannae et Genevae MDCCXLIV.

gangskurve η_0, durchgeführt; die Stablänge l ist dabei in 8 Teile Δx eingeteilt worden, und wegen der Symmetrie braucht die Rechnung nur für eine Stabhälfte durchgeführt zu werden. Die Knotenlasten werden nach der „Parabelformel" Gl. (32b) berechnet.

Für Stabmitte ist somit

$$\eta_{1m} = 80{,}00 \cdot \frac{P \Delta x^2}{12\,EJ}\,\eta_{0m} = \frac{80{,}00}{12 \cdot 8^2} \cdot \frac{P\,l^2}{EJ}\,\eta_{0m} = \alpha_{1m}\,\eta_{0m};$$

aus der Knickbedingung $\alpha_{1m} = 1$ folgt

$$P_{1kr.} = \frac{768}{80{,}0} \cdot \frac{EJ}{l^2} = 9{,}60 \cdot \frac{EJ}{l^2}$$

mit einem Fehler von 2,73% gegenüber der genauen Lösung. Die zweitletzte Kolonne der Tabelle zeigt, daß sich die η_1-Kurve schon recht gut der Sinuskurve angenähert hat; die Wiederholung der Berechnung, ausgehend von den Werten η_1/η_{1m}, liefert denn auch die Knicklast $P_{kr.}$ schon mit einem Fehler von nur noch 0,34%.

Eine etwas bessere Annäherung kann durch Mittelwertbildung erreicht werden, indem wir den Wert von α_1 aus

$$\alpha_1 = \frac{\int\limits^{l} \eta_1\,dx}{\int\limits^{l} \eta_0\,dx}$$

mit einer Flächenberechnung bestimmen. Wesentlich verbessert wird dagegen die Annäherung durch das „gewogene Mittel"

$$\alpha_1 = \frac{\int\limits^{l} \eta_0\,\eta_1\,dx}{\int\limits^{l} \eta_0^2\,dx} \backsimeq \frac{\int\limits^{l} \eta_1^2\,dx}{\int\limits^{l} \eta_0\,\eta_1\,dx};$$

die Bildung des gewogenen Mittels ist gleichbedeutend mit der Durchführung einer *Energiebetrachtung*, wie sie besonders von S. TIMOSHENKO[1] entwickelt worden ist.

Es ist leicht einzusehen, daß das angegebene numerische Berechnungsverfahren auch bei beliebiger Verteilung der Steifigkeit EJ in gleicher Form anwendbar bleibt.

Dieses Verfahren bleibt grundsätzlich auch bei *statisch unbestimmt gelagerten Stäben* gültig, nur sind bei der Durchführung die Besonderheiten zu beachten, die sich aus der statischen Unbestimmtheit ergeben. In Abb. 93 ist mit einem einseitig starr eingespannten Stab ein solcher Fall skizziert.

---

[1] Siehe z. B. S. TIMOSHENKO: Theory of elastic stability. New York 1936. — Über die baustatische Deutung einer solchen Energiebetrachtung und ihre Anpassung an die numerische Durchführung der Berechnung s. F. STÜSSI: Baustatik I. Basel 1946 u. 1953.

Es ist zu beachten, daß hier das Moment M_0,

$$M_0 = P\eta_0,$$

das äußere Moment im statisch bestimmten Grundsystem (beidseitig gelenkig gelagerter Stab) darstellt, dem noch der Einfluß der überzähligen Größe X,

$$a_1 = X\,a_{11} + a_{10} = 0,$$

zur Erfüllung der Elastizitätsbedingung

$$a_1 = \eta'_B = 0$$

zu überlagern ist. Aus der resultierenden Momentenfläche M,

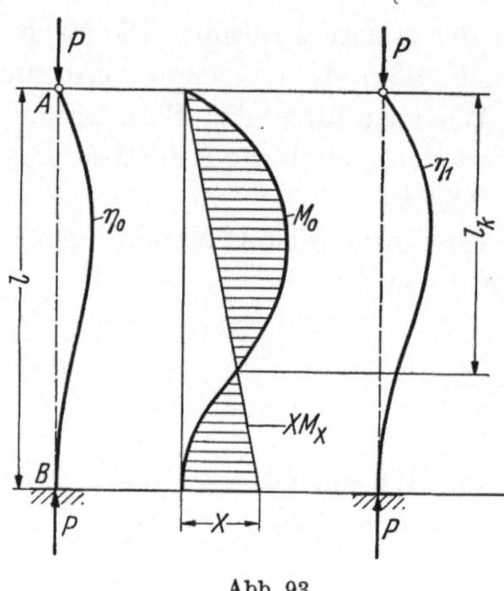

Abb. 93.

$$M = M_0 + X\,M_x,$$

ergibt sich die gesuchte Durchbiegung η_1,

$$\eta_1 = \alpha\,\eta_0,$$

in normaler Weise, worauf die Knickbedingung $\alpha = 1$ die Knicklast $P_{kr.}$ liefert. Für konstante Steifigkeit EJ und bei einseitiger starrer Einspannung liefert die Zahlenrechnung den Wert

$$P_{kr.} = 20{,}16 \cdot \frac{EJ}{l^2}.$$

Für die praktische Bemessung ist es bequem, diesen Wert auf übersichtliche Weise mit der Knicklast des beidseitig gelenkig gelagerten Stabes durch Einführung der „*Knicklänge*" l_k vergleichen zu können. Wir setzen deshalb

$$20{,}16 \cdot \frac{EJ}{l^2} = \pi^2 \frac{EJ}{l_k^2}$$

und finden damit

$$l_k = \frac{\pi\,l}{\sqrt{20{,}16}} = 0{,}70 \cdot l.$$

Die Bedeutung dieser Knicklänge geht aus Abb. 93 hervor.

Durch diesen Begriff der Knicklänge wird es möglich, alle Stäbe gleicher konstanter Steifigkeit einheitlich durch Gl. (44) zu erfassen:

$$P_{kr.} = \frac{\pi^2\,EJ}{l_k^2}. \tag{44a}$$

In Abb. 94 sind die wichtigsten Lagerungsarten des Knickstabes mit den Werten von $P_{kr.}$ und l_k für konstante Steifigkeit EJ zusammengestellt.

Es ist selbstverständlich, daß auch die Verteilung der Biegungssteifigkeit EJ die Größe der Knicklast beeinflußt; um somit bei Stäben veränderlicher Steifigkeit die Knicklast in der einfachen Form der Gl. (44a) angeben zu können, muß die Berechnung auf einen Vergleichswert EJ_c der Steifigkeit bezogen werden; der Verlauf von EJ beeinflußt dann die Knicklänge l_k.

Wir haben bis jetzt nur den Einfluß der Biegungsmomente auf die Größe der Ausbiegungen η berücksichtigt:

$$\eta'' = -\frac{P\eta}{EJ};$$

grundsätzlich werden die Durchbiegungen jedoch auch durch die Schubspannungen τ bzw. durch die *Querkräfte* $Q = P\eta'$ beeinflußt:

$$\eta'' = -\frac{P\eta}{EJ} + \left(\frac{P\eta'}{GF'}\right)'.$$

Bei schlanken Stäben mit vollem Querschnitt, bei denen der Einfluß der Querkräfte auf die Durchbiegungen klein ist, ist die Verminderung der Knicklast durch die Schubverformungen vernachlässigbar klein. Anders liegen die Verhältnisse dagegen beim Rahmenstab, der normalerweise aus zwei Gurtstäben mit Hilfe von Bindeblechen zusammengesetzt ist und auf den wir später zurückkommen werden.

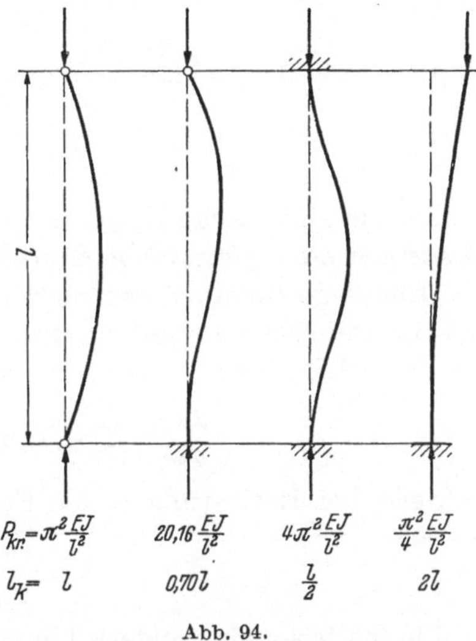

Abb. 94.

b) Unelastisches Knicken.

Gl. (44) für die kritische Belastung $P_{kr.}$ kann dadurch auf eine wesentlich übersichtlichere Form gebracht werden, daß wir auf die *kritische Spannung* $\sigma_{kr.}$,

$$\sigma_{kr.} = \frac{P_{kr.}}{F} = \frac{\pi^2\,EJ}{l_k^2\,F},$$

übergehen. Führen wir mit dem Trägheitsradius i,

$$i = \sqrt{\frac{J}{F}},$$

den Schlankheitsgrad λ,

$$\lambda = \frac{l_k}{i},$$

ein, so wird

$$\sigma_{kr.} = \frac{\pi^2\,E}{\lambda^2}. \tag{45}$$

Gl. (45) ist deshalb übersichtlicher als Gl. (44), weil hier für ein gegebenes Material (E) an Stelle von zwei unabhängigen Variabeln J und l_k nur noch eine, nämlich der Schlankheitsgrad λ, vorkommt. Graphisch wird Gl. (45) durch die *Eulersche Hyperbel* dargestellt.

Gl. (45) gilt nun nur so lange, als der Zusammenhang zwischen Spannungen und Verformungen durch den Elastizitätsmodul E festgelegt ist, also für kritische Spannungen unterhalb der Proportionalitätsgrenze σ_P,

$$\sigma_{kr.} \leqq \sigma_P .$$

Ist somit der Schlankheitsgrad kleiner als λ_P,

$$\lambda_P = \sqrt{\frac{\pi^2 E}{\sigma_P}} ,$$

so gilt die Eulersche Hyperbel nicht mehr; wir befinden uns im *unelastischen* oder *plastischen Knickbereich*.

Grundlage für die Untersuchung des unelastischen Knickens bildet das Spannungsdehnungsdiagramm für den Druckbereich des betreffenden Materials; für $\sigma > \sigma_P$ ist bei zunehmenden Spannungen

$$\frac{d\sigma}{d\varepsilon} = T \ (\text{„Tangentenmodul“}),$$

während bei Entlastungen der Elastizitätsmodul E gilt:

$$\frac{d\sigma}{d\varepsilon} = E .$$

Ein halbes Jahrhundert lang hat man die zweite Engessersche Theorie[1] des zentrischen Knickens im unelastischen Bereich, die durch die späteren Untersuchungen Th. v. Kármáns[2] vollinhaltlich bestätigt erschien, als richtig und endgültig angesehen. Erst vor einigen Jahren hat F. R. Shanley[3] darauf hingewiesen, daß neben dieser klassischen Vorstellung des plastischen Knickens auch noch eine andere Möglichkeit des Überganges vom stabilen in den labilen Gleichgewichtszustand besteht. Da diese neue Theorie in ihrem wesentlichen praktischen Ergebnis mit der ersten Theorie von F. Engesser[4] übereinstimmt, scheint es gerechtfertigt, sie, im Gegensatz zur Theorie von Engesser-Kármán, als Theorie von Engesser-Shanley zu bezeichnen. Nachstehend sollen die beiden Theorien einander gegenübergestellt werden (Abb. 95).

Der Theorie Engesser-Kármán liegt die Auffassung zugrunde, daß der Stab bis zum Erreichen der kritischen Last $P_{kr.}$, bzw. der kritischen Spannung $\sigma_{kr.} = P_{kr.}/F$, vollständig gerade bleibt. Wenn er nun unter

---

[1] Engesser, F.: Knickfragen. Schweiz. Bauztg. Bd. 26 (1895).

[2] Kármán, Th. v.: Untersuchungen über die Knickfestigkeit. VDI-Forsch.-Heft 1910 Heft 81.

[3] Shanley, F. R.: Inelastic Column Theory. J. aeronaut. Sci. Bd. 14 (1947).

[4] Engesser, F.: Knickfragen. Schweiz. Bauztg. Bd. 25 (1895).

der Spannung $\sigma_{kr.}$ auszuknicken beginnt, so überlagern sich der Grundspannung $\sigma_0 = \sigma_{kr.}$ die Biegungsspannungen $\Delta\sigma$, die zusammen das innere Biegungsmoment M_i bilden,

$$M_i = \int\limits^{F} \Delta\sigma\, x\, dF\,,$$

das mit dem äußeren Biegungsmoment M_a infolge der Ausbiegung η,

$$M_a = P\eta\,,$$

im Gleichgewicht stehen muß. Wesentlich ist nun, daß die Randspannungen auf der Biegungszugseite durch die Zusatzspannungen $\Delta\sigma_a$ verkleinert werden; es tritt somit eine Entlastung ein und es ist

$$\Delta\sigma_a = E\,\varepsilon_a\,,$$

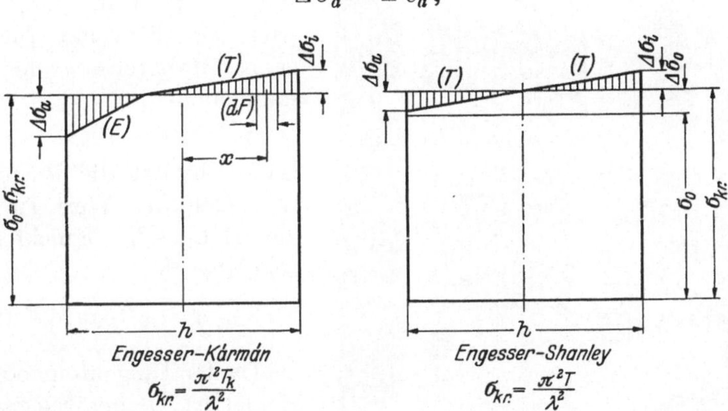

$$\sigma_{kr.} = \frac{\pi^2 T_k}{\lambda^2}$$

$$\sigma_{kr.} = \frac{\pi^2 T}{\lambda^2}$$

Abb. 95.

während auf der Innenseite eine Spannungsvergrößerung eintritt, für die die Beziehung

$$\Delta\sigma_i = T\,\varepsilon_i$$

gilt. Es ist nun leicht einzusehen, daß für die Biegungssteifigkeit des Stabes an Stelle von EJ ein Wert $T_k J$ maßgebend wird, wobei der *Knickmodul* T_k zwischen dem Elastizitätsmodul E und dem für $\sigma = \sigma_{kr.}$ gültigen Tangentenmodul liegen muß. Der Knickmodul T_k ist dabei auch von der Querschnittsform des Stabes abhängig; für einen Rechteckquerschnitt ist

$$T_k = \frac{4\,T\,E}{(\sqrt{T} + \sqrt{E})^2}\,,$$

während für einen I-Querschnitt mit vernachlässigbar dünnem Steg und Knicken in Stegebene der Wert

$$T_k = \frac{2\,T\,E}{T + E}$$

maßgebend wird[1]. Die EULERsche Knickformel (45) nimmt somit die verallgemeinerte Form

$$\sigma_{kr.} = \frac{\pi^2\, T_k}{\lambda^2}\qquad\qquad(45\,\mathrm{a})$$

an.

Nach der Theorie ENGESSER-SHANLEY können die Grundspannungen σ_0 nach dem Auftreten der anfänglichen kleinen Ausbiegungen η und der

Abb. 96.

damit verbundenen kleinen zusätzlichen Biegungsspannungen $\Delta\sigma$ noch etwas anwachsen, so daß auf der Biegungszugseite beim Knickbeginn keine Entlastung eintritt; es gilt somit für die ganze Stabbreite h der Zusammenhang

$$\Delta\sigma = T\,\Delta\varepsilon\,.$$

Damit besitzt die Biegungssteifigkeit den Wert TJ und die EULERsche Knickformel geht über in

$$\sigma_{kr.} = \frac{\pi^2\, T}{\lambda^2}\,.\qquad(45\,\mathrm{b})$$

Da der Tangentenmodul T kleiner ist als der ENGESSER-KÁRMÁNsche Knickmodul T_k, ist auch die Knickspannung nach Gl. (45 b) für einen gegebenen Schlankheitsgrad λ kleiner als nach Gl. (45 a).

Nun ist aber zu beachten, daß mit wachsenden Ausbiegungen η auch nach der Vorstellung ENGESSER-SHANLEY auf der Biegungszugseite eine gewisse Entlastung eintreten wird, da die Biegungsspannungen $\Delta\sigma$ nun stärker anwachsen als die Grundspannungen σ_0; es tritt also mit zunehmender Ausbiegung eine gewisse relative Versteifung des Stabes und damit eine kleine Vergrößerung der Knickspannung $\sigma_{kr.}$ gegenüber dem durch Gl. (45 b) gegebenen Wert ein. *Die Knickspannung nach Engesser-Shanley bedeutet somit einen unteren Grenzwert, während die Knickspannung uach ENGESSER-KÁRMÁN einen oberen, in Wirklichkeit nicht erreichbaren Grenzwert darstellt.*

---

[1] Auf Einzelheiten der Berechnung des Knickmoduls T_k soll hier nicht eingegangen werden. Siehe z. B. F. STÜSSI: Baustatik I. Basel 1946 u. 1953.

Um diese Verhältnisse zutreffend beurteilen zu können, habe ich
in meiner Abteilung des Institutes für Baustatik an der E.T.H, einige
Versuchsreihen über zentrisches und exzentrisches Knicken von Stäben
mit Rechteckquerschnitt aus der Aluminiumlegierung „Peraluman 30

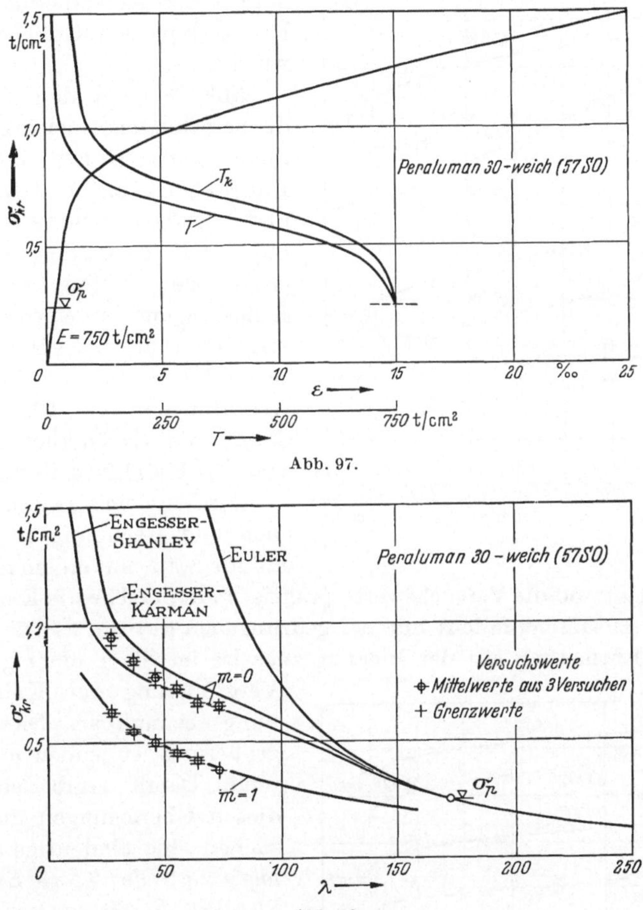

Abb. 97.

Abb. 98.

weich“ der Aluminiumindustrie A.G., Lausanne, durchführen lassen[1].
Abb. 96 zeigt die Versuchseinrichtung; es wurde besonderer Wert auf
eine möglichst genaue Verwirklichung der idealen Auflagerbedingungen
(reibungsfreie gelenkige Lagerung der Stabenden) gelegt. Gemessen
wurden unter wachsender Belastung sowohl die spezifischen Ver-
kürzungen (Tensometer HUGGENBERGER) wie auch die seitlichen Aus-

---

[1] Versuchsdurchführung von Assistentkonstrukteur Dipl.-Ing. M. WALT, unterstützt durch Mechaniker E. PETER.

8*

biegungen (Spiegelapparate), um die Formänderungsverhältnisse zuverlässig zu kennen.

In Abb. 97 ist das Spannungsdehnungsdiagramm $\sigma-\varepsilon$ des verwendeten Materials aufgetragen, aus dem der Tangentenmodul T und daraus der Knickmodul T_k (für Rechteckquerschnitte) berechnet wurden.

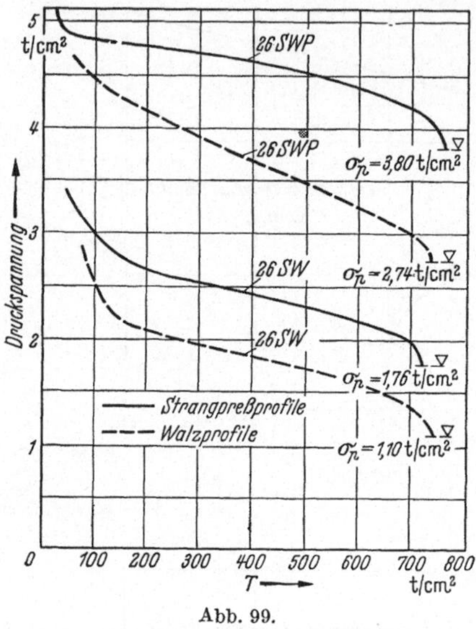

Abb. 99.

Abb. 98 zeigt den Vergleich der berechneten Knickspannungslinien nach EULER [Gl. (45)], ENGESSER-KÁRMÁN [Gl. (45a)] und ENGESSER-SHANLEY [Gl. (45b)] mit den aus den Versuchen erhaltenen Werten, wobei die Knicklängen der Versuchsstäbe mit Querschnitt 15/16 mm zwischen 120 mm und 320 mm mit Abstufungen von 40 mm und damit die Schlankheitsgrade λ von 27,7 bis 73,9 variierten.

Der Vergleich zwischen Versuch und Rechnung zeigt nun, daß für Stäbe mit einem Schlankheitsgrad $\lambda > 50$ die Versuchswerte praktisch mit der Theorie ENGESSER-SHANLEY zusammenfallen; nur bei gedrungenen Stäben, $\lambda < 50$, macht sich die Entlastung auf der Biegungszugseite im Sinne einer gewissen Vergrößerung der Knickspannung bemerkbar. Diese Vergrößerung ist jedoch unbedeutend. Damit ergibt sich aus diesen Überlegungen und Versuchen eine eindeutige *Schlußfolgerung: Die Theorie Engesser-Shanley, die die unteren Grenzwerte der Knickspannungen $\sigma_{kr.}$ liefert, ist als maßgebende Bemessungsgrundlage der Konstruktionspraxis zu betrachten.*

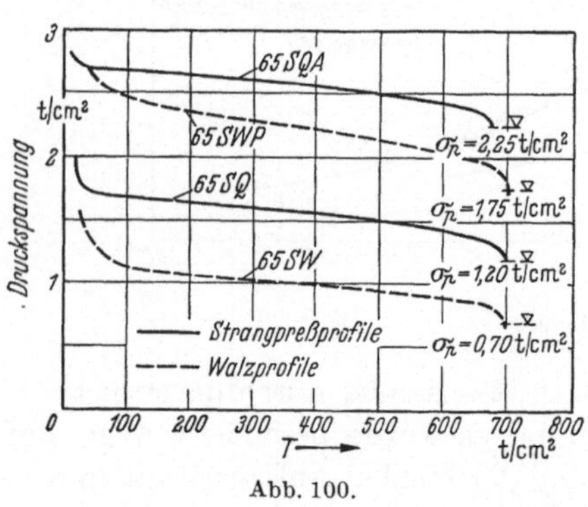

Abb. 100.

Auf dieser Grundlage sind aus den Spannungsdehnungsdiagrammen der Abb. 28 und 29 die Tangentenmoduli T,

$$T = \frac{d\sigma}{d\varepsilon} = \frac{1}{\varepsilon'},$$

für die Legierungen 65 S und 26 S rechnerisch bestimmt und in den Abb. 99

und 100 aufgetragen worden[1];
mit diesen Werten konnten
nun die in den Abb. 101 und
102 dargestellten Knickspannungslinien $\sigma_{kr.}$ nach Gl.(45 b)
bzw. aus

$$\lambda = \sqrt{\frac{\pi^2 \, T}{\sigma_{kr.}}}$$

berechnet werden.

Das Ergebnis dieser Berechnungen ist beachtenswert: Die Knickspannungen
$\sigma_{kr.}$ im unelastischen Bereich
unterscheiden sich innerhalb
der gleichen Legierung nicht
nur entsprechend der thermischen Vergütung (Zustände W und WP), sondern auch
je nach der Herstellungsart
der Profile (Strangpreßprofile und Walzprofile)
stark voneinander. Bei
dieser Sachlage ist es somit unmöglich, die Knickspannungen $\sigma_{kr.}$ durch
allgemeine Näherungsformeln genügend zutreffend
zu erfassen, sondern für
jede verwendete Materialart (Legierung, Vergütungszustand, Profilherstellungsart und Profilstärke) ist die Knickspannungslinie $\sigma_{kr.}$ auf
Grund des zugehörigen
Spannungsdehnungsdiagramms zu berechnen,
um eine zutreffende Be

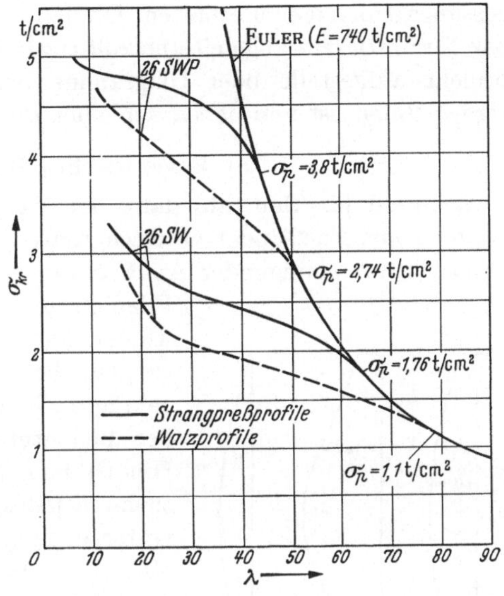

Abb. 101.

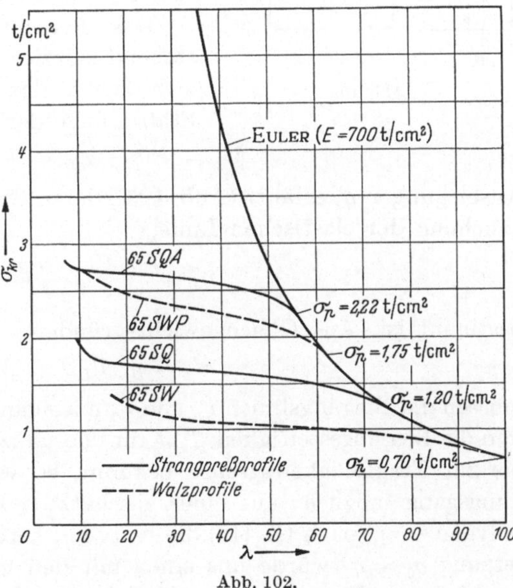

Abb. 102.

---

[1] Es empfiehlt sich aus Genauigkeitsgründen, den Modul T nicht graphisch
durch Zeichnen der Tangente, sondern rechnerisch zu bestimmen. Dabei wurde
bei gleichen Intervallen $\Delta\sigma$ die Rekursionsformel

$$\varepsilon'_m = \frac{1}{2} \cdot \left(\frac{\varepsilon_{m+1} + 4\,\varepsilon_m - 5\,\varepsilon_{m-1}}{2\,\Delta\sigma} - \varepsilon'_{m-1} \right),$$

ausgehend von $T = E$ für $\sigma = \sigma_P$, zur Berechnung von $\varepsilon' = \dfrac{1}{T}$ verwendet.

messungsgrundlage zu erhalten. Ob dann für diese einzelnen Kurven σ_{kr}. bzw. für die daraus abgeleiteten zulässigen Knickspannungen Gebrauchsformeln aufgestellt oder Diagramme bei der Bemessung verwendet werden sollen, ist von nebensächlicher Bedeutung.

c) Exzentrisches Knicken.

Während für Baustahl dank der Existenz einer physikalisch ausgesprochenen Fließ- oder Quetschgrenze das Problem des exzentrischen Knickens mit genügender Annäherung in geschlossener Form mit der

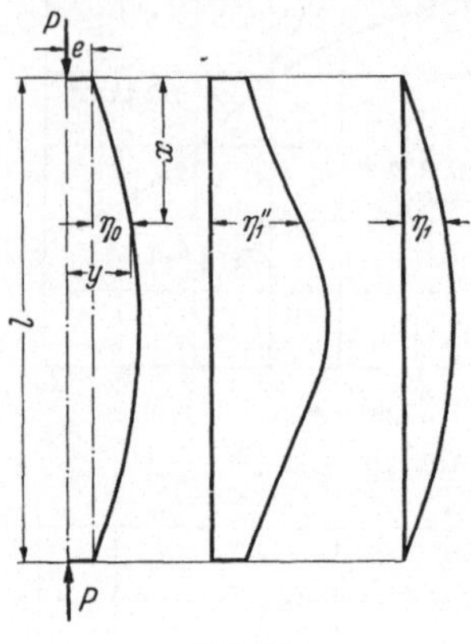
Abb. 103.

Fließgrenze als Tragfähigkeitsgrenze erfaßt werden kann, ist dies bei Aluminiumlegierungen, bei denen die physikalisch ausgeprägte Fließgrenze mit ihrer dominierenden Bedeutung fehlt, nicht mehr möglich. Hier ist die Lösung durch numerische Untersuchung jedes Einzelfalles zu suchen; diese Untersuchung läßt sich mit den normalen Mitteln der Baustatik grundsätzlich einfach durchführen, wenn sie auch in der praktischen Durchführung etwas mühsam ist.

Das Berechnungsverfahren sei nachstehend skizziert. Grundsätzlich handelt es sich darum, daß der exzentrisch gedrückte Stab infolge der äußeren Momente M_a,

$$M_a = P(e + \eta_0) = P y,$$

Ausbiegungen η_1 erfährt (Abb. 103), deren Größe durch die Differentialgleichung der elastischen Linie,

$$\eta_1'' = - \frac{P(e + \eta_0)}{T_B J}, \tag{46}$$

bestimmt ist. Aus Gleichgewichtsgründen,

$$- M_i = \eta_1'' T_B J = M_a,$$

müssen die Biegungslinien η_0 und η_1 miteinander übereinstimmen. Wäre nun die Biegungssteifigkeit $T_b J$ für den ganzen Beanspruchungsbereich bis zur Tragfähigkeitsgrenze bekannt, so wäre ein einfacher Berechnungsgang möglich: aus einer geschätzten Kurve η_0 könnte als Seilpolygon zu η_1'' nach Gl. (46) die Kurve η_1 berechnet werden. Die Gleichsetzung $\eta_0 = \eta_1$ würde uns einen mit den Gleichgewichtsbedingungen verträglichen Wert der Last P liefern. Stimmen die Kurven η_0 und η_1 in ihrer Form nicht miteinander überein, so wäre die Berechnung ausgehend von der Form der Kurve η_1 zu wiederholen.

Nun besteht aber die Schwierigkeit, daß wir die Biegungssteifigkeit $T_l J$ nicht von vornherein kennen, da an der Tragfähigkeitsgrenze der

Stab durch oberhalb der Proportionalitätsgrenze liegende Spannungen beansprucht ist. Es muß somit für jede Lastgröße der Zusammenhang zwischen den Hebelarmen y bzw. den Momenten $P y$ und den Werten η'' bestimmt werden. Diese Berechnung ist in Abb. 104 dargestellt: Gehen wir aus von der Voraussetzung ebenbleibender Querschnitte, so ist durch die Randdehnungen ε_i und ε_a nach dem Spannungsdehnungsdiagramm der Verlauf der Spannungen σ über die Querschnittsbreite h bestimmt und es kann für jede Querschnittsform die Resultierende nach Größe (P) und Lage (y) berechnet werden; zu diesem Wertepaar $P - y$ gehört auch ein bestimmter Wert von η''

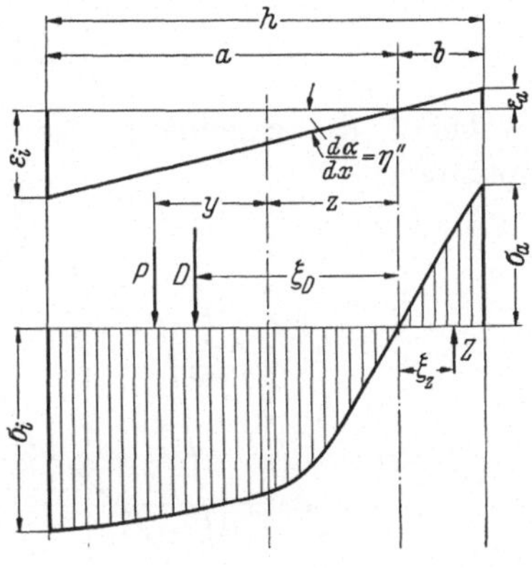

$$\eta'' = \frac{d\alpha}{dx} = \frac{\varepsilon_i}{a}.$$

Abb. 104.

Da wir die zusammengehörigen Werte von y und η'' für bestimmte Werte von P benötigen, werden wir praktisch etwa wie folgt vorgehen: wir lassen für einen bestimmten Wert von ε_i den Wert von ε_a (oder des Abstandes a) variieren und berechnen jeweils die zugehörigen Werte von P, y und η''. Damit können wir zwei Kurven $P - y$ und $P - \eta''$ auftragen, aus denen wir für jede Größe von P das gesuchte Wertepaar $y - \eta''$ herauslesen können. In Abb. 105 sind diese beiden Kurven für das Spannungsdehnungsdiagramm der Abb. 97 (Peraluman weich) und für Rechteckquerschnitt $b = h = 1$ cm für die Randdehnung $\varepsilon_i = 6\,{}^0\!/_{00}$ darge-

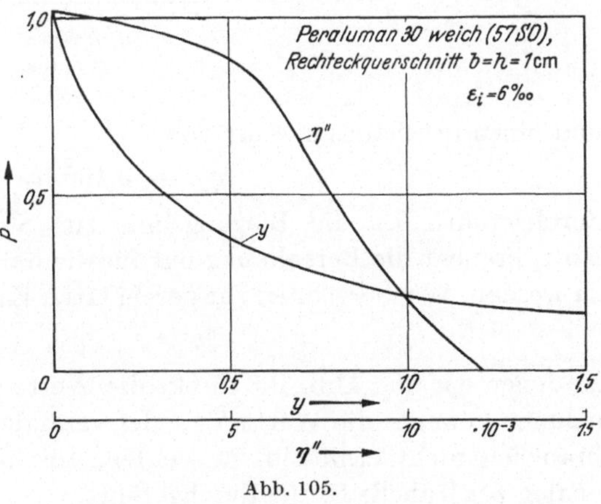

Abb. 105.

stellt. Wiederholen wir diese Rechnung für verschiedene Werte von ε_i, so können wir nun die gesuchten Kurven $y - \eta''$ für verschiedene Werte von P ermitteln; damit sind für den zu untersuchenden Fall (Material und Querschnittsform) die eigentlichen Berechnungsunterlagen zusammengestellt. Abb. 106 enthält diese Kurven für den untersuchten Fall in dimensionslosen Größen.

In der folgenden Tabelle ist nun die Berechnung der Biegungslinie η_1 für ein Exzentrizitätsmaß

$$m = \frac{e}{k} = 1 , \qquad e = k = \frac{h}{\sigma}$$

(wobei k die zugehörige Kernweite bedeutet), eine Schwerpunktsspannung

$$\sigma = \frac{P}{F} = 0,50 \ \text{t/cm}^2$$

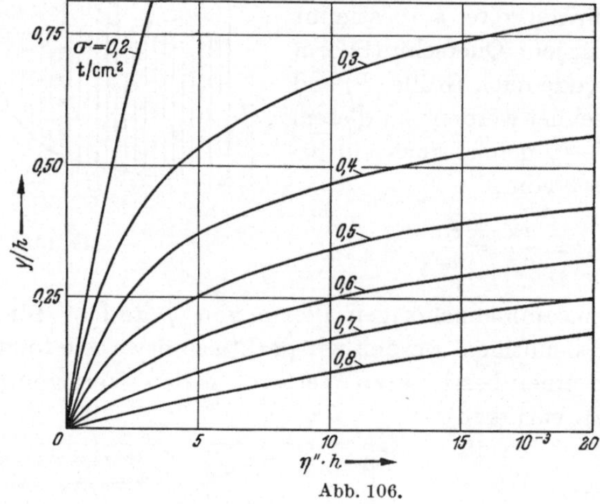

Abb. 106.

und einen geschätzten Wert von

$$\eta_{0\,m} = 0,160 \cdot h$$

durchgeführt. Da die Biegungslinie zur Stabmitte symmetrisch verläuft, braucht die Berechnung nur für die halbe Stablänge durchgeführt zu werden. Wir berechnen zur geschätzten Kurve η_0 die Werte y,

$$y = e + \eta_0 ,$$

zu denen wir aus Abb. 106 direkt die Werte η_1'' für $\sigma = 0,50$ t/cm² entnehmen können; die Werte $T_B J$ der veränderlichen Biegungssteifigkeit brauchen nicht ermittelt zu werden. Im übrigen ist die Berechnung analog zur Tabelle S. 108 durchgeführt.

Wir erhalten somit für Stabmitte

$$\frac{\eta_1}{h} = 692,1 \cdot \frac{\Delta x^2}{12\,h^2} \cdot 10^{-3} = 0,6921 \cdot \frac{l^2}{768\,h^2} = 0,6921 \cdot \frac{\lambda^2}{96^2} ,$$

weil für den untersuchten Rechteckquerschnitt

$$\frac{l^2}{h^2} = \frac{l^2}{12\,i^2} = \frac{\lambda^2}{12}$$

	$\frac{\eta_0}{h}$	$\frac{y}{h}$	η_1''	$K(\eta_1'')$	$Q(\eta_1'')$	$\frac{\eta_1}{h}$	$\frac{\eta_1}{h}$
A	0	0,167	2,31			0	0
					271,0		
1	0,063	0,230	4,10	49,5		271,0	0,0626
					221,5		
2	0,114	0,281	6,20	74,1		492,5	0,1139
					147,4		
3	0,148	0,315	8,02	95,2		639,9	0,1479
					52,2		
m	0,160	0,327	8,84	$2\cdot52,2$		692,1	0,1600
			$\cdot\dfrac{10^{-3}}{h}$	$\cdot\dfrac{\Delta x}{12}\cdot\dfrac{10^{-3}}{h}$		$\cdot\dfrac{\Delta x^2}{12\,h^2}\cdot10^{-3}$	

ist; die Gleichsetzung $\eta_1 = \eta_0$ liefert somit

$$0,160 = \frac{0,6921}{96^2}\,\lambda^2$$

oder

$$\lambda = 96\cdot\sqrt{\frac{0,160}{0,6921}} = 46,2\,,$$

In der letzten Tabellenkolonne ist noch die reduzierte Kurve η_1 zur Kontrolle der Rechnungsannahme eingetragen.

Nun existieren aber für jede Laststufe eines exzentrisch gedrückten Stabes eine ganze Reihe von möglichen Gleichgewichtslagen mit verschiedenen Ausbiegungen η_m (und auch mit verschiedenen Formen der Ausbiegungskurven, die ja vom Verlauf der veränderlichen Biegungssteifigkeiten abhängig sind). Im Sinne unserer Berechnung bedeutet dies, daß zur untersuchten Laststufe $\sigma = 0,50$ t/cm² unseres Stabes verschiedene Schlankheitsgrade λ zugeordnet sind; *maßgebend für die Grenze der Tragfähigkeit ist somit jene Ausbiegung η_m, die den größten Schlankheitsgrad λ liefert.* Hätten wir die Rechnung mit $\eta_{0m} = 0,120 \cdot h$ bzw. $0,200 \cdot h$ durchgeführt, so hätten wir die Schlankheitsgrade $\lambda = 45,6$ bzw. 45,1 erhalten. Durch Interpolation ist nun der maßgebende Wert von $\lambda = 46,3$ bei $\eta_m = 0,145 \cdot h$ zu bestimmen.

Auf analoge Weise wurde die ganze Spannungslinie σ für das Exzentrizitätsmaß $m = 1$ bestimmt; sie ist zusammen mit den entsprechenden Versuchsergebnissen in Abb. 98 eingetragen. Die Übereinstimmung zwischen Rechnung und Versuch ist praktisch vollkommen, was sowohl für die Sorgfalt der Versuchsdurchführung wie für die Zuverlässigkeit der Berechnung spricht.

Auf eine Besonderheit ist noch hinzuweisen: bei kleinen Exzentrizitäten und kleinen Schlankheiten ist es möglich, daß bei den Randspannungen σ_a im Verlaufe des Belastungsvorganges eine Entlastung (ähnlich wie bei zentrischen Knicken für $\lambda < 50$, vgl. Abb. 98) eintritt;

die dadurch verursachte Vergrößerung der Tragfähigkeit ist praktisch bedeutungslos.

Beim exzentrischen Knicken ist, im Gegensatz zum zentrischen Knicken nach ENGESSER-SHANLEY, die Querschnittsform des Stabes von Einfluß auf die Größe der Tragfähigkeit; wenn man sich für eine bestimmte Materialart mit einer einzigen Kurventafel des exzentrischen Knickens begnügen will, so ist dieser eine möglichst ungünstige Querschnittsform, d. h. der I-Querschnitt mit vernachlässigbar dünnem Steg und exzentrischer Belastung in der Stegebene zugrunde zu legen.

Auf genau gleiche Weise wie der exzentrisch gedrückte Stab sind auch der gekrümmte oder der querbelastete Druckstab, ausgehend von den Kurven $y-\eta''$ (vgl. Abb. 106), zu untersuchen. Näherungsweise und etwas zu ungünstig können der Bemessung solcher Stäbe die für das exzentrische Knicken ermittelten Werte der Tragfähigkeit zugrunde gelegt werden.

Das Problem des exzentrischen Knickens ist selbstverständlich ein Gleichgewichtsproblem wie das zentrische Knicken; an der Tragfähigkeitsgrenze muß gerade noch Gleichgewicht zwischen inneren und äußeren Momenten bestehen können. Es unterscheidet sich jedoch in wesentlichen Punkten grundsätzlich von einem Stabilitätsproblem: so sind beim exzentrischen Knicken die der Tragfähigkeitsgrenze entsprechenden Ausbiegungen η von endlicher Größe und eindeutig bestimmt, und andererseits ist hier die Biegungssteifigkeit $T_B J$ in einem bestimmten Querschnitt nicht mehr nur von der Schwerpunktsspannung, sondern vom ganzen Spannungsverlauf abhängig und über die Stablänge auch bei konstantem Querschnitt veränderlich. Der Unterschied kommt deutlich und anschaulich in den entsprechenden Differentialgleichungen zum Ausdruck: das *exzentrische Knicken*,

$$T_B J \eta'' + P(e + \eta) = 0 , \tag{47a}$$

ist ein *Biegungs- oder Stabilitätsproblem zweiter Ordnung*, weil die Formänderungen und Beanspruchungen nicht mehr linear mit der Belastung P, sondern stärker als diese (in erster Annäherung proportional zum Quadrat der Belastung) anwachsen, während das *reine Stabilitätsproblem des zentrischen Knickens*,

$$T J \eta'' + P \eta = 0 , \tag{47b}$$

ein *Eigenwertproblem* ist. Bei verschwindender Exzentrizität e geht T_B in T und damit Gl. (47a) in Gl. (47b) über. Verschwindet andererseits die Druckkraft P, während ein Biegungsmoment M an die Stelle von Pe tritt, so wird aus Gl. (47a) *die normale Differentialgleichung der Biegungslinie*,

$$T_B J \eta'' + M = 0 , \tag{47c}$$

mit entsprechend $P = 0$ verändertem Wert der Biegungssteifigkeit $T_b J$. Damit dürfte die charakteristische Zwischenstellung des exzentrischen Knickens zwischen dem reinen Stabilitätsproblem und dem linearen Biegungsproblem genügend charakterisiert sein.

d) Zulässige Knickspannungen.

Bei der Bemessung eines gedrückten Stabes ist zu beachten, daß die Tragfähigkeit im Bereich mittlerer Schlankheiten schon durch kleine Exzentrizitäten e, wie sie praktisch unvermeidlich sind, erheblich herabgesetzt wird.

Für die Festlegung von „*zulässigen Knickspannungen*" $\sigma_{k\,zul.}$ ergeben sich damit grundsätzlich zwei verschiedene Möglichkeiten:

Man berechnet, für eine konventionelle Exzentrizität, nach der Theorie des exzentrischen Knickens, die Tragfähigkeit σ_e und gewinnt daraus durch Einführung eines festen Sicherheitsgrades n_0 die zulässige Knickspannung $\sigma_{k\,zul.}$:

$$\sigma_{k\,zul.} = \frac{\sigma_e}{n_0}. \tag{48a}$$

Als konventionelle Exzentrizität e (bzw. anfängliche Stabausbiegung) eines planmäßig geraden Stabes, die bei einiger Sorgfalt während der Bearbeitung eingehalten werden kann bzw. nicht überschritten werden dürfte, kann beispielsweise etwa angenommen werden

$$e_{\max} = \frac{l}{500}.$$

Der zweite, praktisch einfachere Weg beruht darauf, daß man von der Knickspannungslinie $\sigma_{kr.}$ ausgeht und die unvermeidliche Exzentrizität $e_{\max}$ durch einen von $\lambda = 0$ bis $\lambda = \lambda_P$ zunehmenden Sicherheitsgrad berücksichtigt. Im elastischen Bereich, $\lambda > \lambda_P$, braucht der Sicherheitsgrad nicht mehr vergrößert zu werden, da hier der Einfluß einer Exzentrizität auf die Tragfähigkeit wieder abnimmt. Auf Grund von Vergleichsrechnungen ergibt sich, daß eine anfängliche Exzentrizität in der Größe von $e = 0{,}002 \cdot l$ durch den Ansatz

$$n = n_0\left(1 + \frac{\lambda}{500}\right), \qquad \max n_0\left(1 + \frac{\lambda_P}{500}\right),$$

mit praktisch genügender Genauigkeit erfaßt werden kann; damit wird

$$\sigma_{k\,zul.} = \frac{\sigma_{kr.}}{n}. \tag{48b}$$

Beachten wir, daß bei sehr kurzen Stäben eine gewöhnliche Druckbeanspruchung, also ein reines Festigkeitsproblem vorliegt, so ergibt sich, daß die früher vorgeschlagenen Werte der Sicherheitsgrade als Werte n_0 durchaus ausreichen dürften, nämlich

$$n_0 = 2{,}4 \text{ für Bauwerksklasse I,}$$
$$n_0 = 2{,}6 \text{ für Bauwerksklasse II,}$$
$$n_0 = 2{,}8 \text{ für Bauwerksklasse III.}$$

Auf Grund dieser Überlegungen wurden nach Gl. (48 b) für die Legierung 26 SW, Strangpreßprofile, aus der Kurve $\sigma_{kr.}$ der Abb. 101 die Kurve der zulässigen Knickspannungen $\sigma_{k\,zul.}$ mit $n_0 = 2,4$ berechnet und in Abb. 107 aufgetragen. Für $\sigma_P = 1,76$ t/cm² ergibt sich mit $E = 740$ t/cm²

$$\lambda_P = \pi \sqrt{\frac{E}{\sigma_P}} = 64,4$$

als Grenze zwischen unelastischem und elastischem Knickbereich. Der größte Wert n_p des Sicherheitsgrades wird mit den angegebenen Werten

$$n_P = 2,40 \cdot \left(1 + \frac{64,4}{500}\right) = 2,71 \ .$$

Es kann für den praktischen Gebrauch bequem sein, diese Kurvenwerte nun durch Gebrauchsformeln auszudrücken; für den elastischen Bereich wird

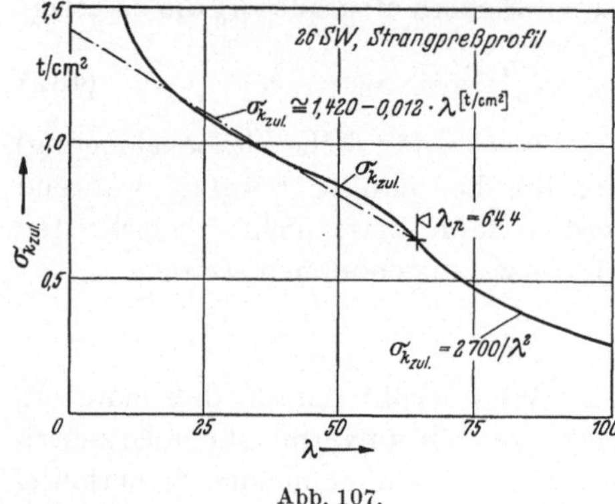

Abb. 107.

$$\sigma_{k\,zul.} = \frac{\pi^2 E}{n_P \lambda^2} = \frac{2700}{\lambda^2} \ (\text{t/cm}^2), \quad \lambda > 64,4$$

während sich der unelastische Bereich mit genügender Annäherung durch eine TETMAJERsche Gerade umschreiben läßt:

$$\sigma_{k\,zul.} \cong 1,420 - 0,012 \cdot \lambda \ (\text{t/cm}^2) . \quad \lambda < 644,$$

Aus dem Beispiel der Abb. 107 läßt sich eine für Aluminiumlegierungen allgemein gültige *Konstruktionsregel* herauslesen: Die Anwendung schlanker Druckstäbe ist, weil unwirtschaftlich, möglichst zu vermeiden. Die Querschnittsform eines Druckstabes soll möglichst so gewählt werden, daß $\lambda < \lambda_P$ bleibt.

e) Der Rahmenstab.

Das Tragverhalten eines gedrückten Rahmenstabes nach Abb. 108 ist dadurch charakterisiert, daß die beiden Gurtstäbe sowie die Bindebleche und ihre Anschlüsse beim Knicken bezüglich der materialfreien Achse y durch die Querkräfte Q,

$$Q = P\eta' ,$$

zusätzlich auf Biegung beansprucht werden. Zur Bestimmung dieser zusätzlichen Biegungsmomente dürfen mit genügender Genauigkeit Momentennullpunkte je in der Mitte der Einzelstäbe angenommen werden.

Neben der Verbiegung des Gesamtstabes mit dem Trägheitsmoment J_y,

$$J_y = \frac{F_1 h^2}{2},$$

durch das Biegungsmoment $P\eta$ bzw. durch die Stabkräfte S,

$$S = \frac{P\eta}{h},$$

tritt auch noch die zusätzliche Verformung der Einzelstäbe infolge der Querkraftsmomente auf. Die Knickbedingung $\alpha = 1$ liefert die Größe der Knicklast $P_{kr.}$ in der Form der Gl. (44a), wenn wir nach F. ENGESSER[1] die ideelle Schlankheit $\lambda_{y\,id.}$ (bezüglich der materialfreien Querschnittsachse y) einführen:

$$\lambda_{y\,id.} = \sqrt{\lambda_y^2 + \lambda_1^2}. \qquad (49)$$

Dabei bedeutet λ_y die Schlankheit des Gesamtstabes

$$\lambda_y = \frac{2\,l}{h}$$

und λ_1 die Schlankheit des Einzelstabes

$$\lambda_1 = \frac{l_1}{i_1} = l_1 \sqrt{\frac{F_1}{J_1}}\,;$$

der normalerweise kleine Einfluß der Bindeblechverformung ist durch eine angemessene und vereinfachende Aufrundung des

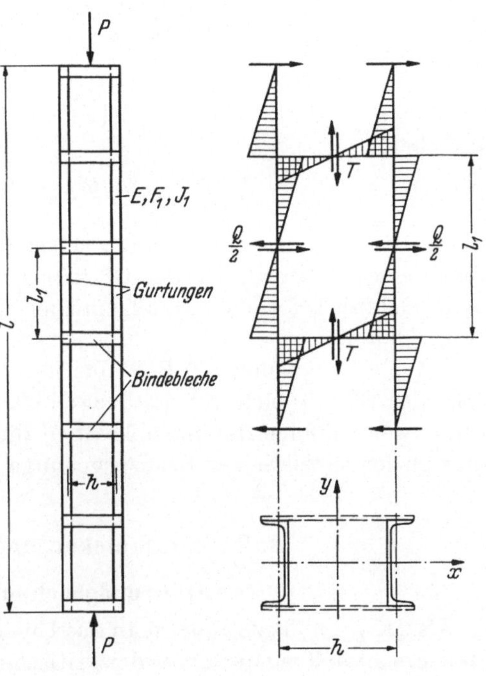

Abb. 108.

Beitrages λ_1^2 der Einzelstäbe kompensiert. Die Knickspannung $\sigma_{kr.}$ kann somit wie für einen Vollstab berechnet werden:

$$\sigma_{kr.} = \frac{\pi^2 T}{\lambda_{y\,id.}^2}.$$

Zur Bestimmung der Querkraft Q bzw. der die Bindebleche und ihre Anschlüsse beanspruchenden Längsschubkraft T,

$$T = Q \frac{l_1}{h},$$

---

[1] ENGESSER, F.: Zbl. Bauverw. 1909.

ist auch hier das von KROHN[1] für Rahmenstäbe aus Stahl vorgeschlagene Vorgehen sinngemäß anzuwenden. Um die zur Bestimmung von $Q = Q_{max}$,

$$Q_{max} = P\eta' = \left[\frac{\pi}{l}\cos\frac{\pi x}{l} P\eta_m\right]_{max} = \frac{\pi}{l} P_{kr.}\,\eta_m,$$

erforderliche, an sich unbestimmte Ausbiegung η_m der Stabmitte zu finden, nehmen wir an, daß der innere Gurtstab bei Erreichen der Tragfähigkeitsgrenze mit $\sigma_{max} = \sigma_D$ (σ_D = konventionelle Druckfestigkeit oder „natürliche" Quetschgrenze) beansprucht sei:

$$\sigma_D = \frac{P_{kr.}}{2\,F_1} + \frac{P_{kr.}\,\eta_m}{h\,F'_1} = \sigma_{kr.}\left(1 + \frac{2\,\eta_m}{h}\right),$$

woraus sich

$$\eta_m = \left(\frac{\sigma_D}{\sigma_{kr}} - 1\right)\frac{h}{2}$$

und damit

$$Q = Q_{max} = (\sigma_D - \sigma_{kr.})\frac{\pi\,h\,F_1}{l} \tag{50}$$

ergibt. Bei der Verschiedenheit der verschiedenen Aluminiumlegierungen dürfte eine Vereinfachung der Gl. (50) bzw. ihr Ersatz durch eine einfache Gebrauchsformel mit allgemeiner Gültigkeit vorläufig nicht in Frage kommen.

Bei der Bemessung der Bindebleche ist zu beachten, daß die Querkraft der Gl. (50) sich auf die Tragfähigkeitsgrenze bezieht; es genügt somit, wenn infolge der Schubkraft T die mit dem Sicherheitsgrad n multiplizierten zulässigen Beanspruchungen nicht überschritten werden.

3. Torsionsknicken und Kippen.

a) Grundgleichungen.

Als „*Kippen*" bezeichnet man das Unstabilwerden eines auf Biegung beanspruchten Trägers; unter der kritischen Belastung biegt der Träger unter gleichzeitiger Verdrehung seitlich aus (Abb. 109). Die Kippgefahr infolge eines Biegungsmomentes M_x besteht dann, wenn die seitliche Biegungssteifigkeit $B_2 = EJ_y$ wesentlich kleiner ist als die Biegungssteifigkeit $B_1 = EJ_x$.

Die ersten Untersuchungen dieses Problems gehen auf L. PRANDTL und A. G. M. MICHELL zurück; sie beschränken sich auf Stäbe mit Rechteckquerschnitt[2]. Die Erweiterung dieser Untersuchungen auf

---

[1] KROHN: Beitrag zur Untersuchung der Knickfestigkeit gegliederter Stäbe. Zentralbl. d. Bauverw. 1908.

[2] PRANDTL, L.: Kipperscheinungen. Ein Fall von instabilem elastischem Gleichgewicht. Diss. München 1899. — A. G. M. MICHELL: Phil. Mag. Bd. 48 (1899).

Stäbe mit doppelt-symmetrischem I-Querschnitt ist S. TIMOSHENKO zu verdanken[1]. Ein allgemein anwendbares numerisches Verfahren zur

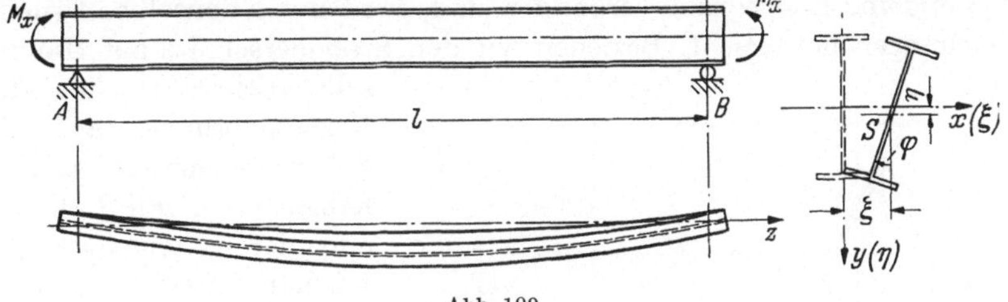

Abb. 109.

Lösung dieser Probleme entwickelte der Verfasser[2]. Das Kippen von Trägern mit einfach-symmetrischem Querschnitt untersuchte erstmals E. CHWALLA[3]. Neben dem reinen Stabilitäts-
problem des Kippens besteht nun auch hier, ähnlich wie beim gedrückten Stab, ein Spannungsproblem zweiter Ordnung; die Tragfähigkeit eines solchen schmalen Trä-gers kann durch anfängliche seitliche Aus-biegungen oder auch durch Querbelastungen oder äußere Drehmomente erheblich ver-mindert werden[4].

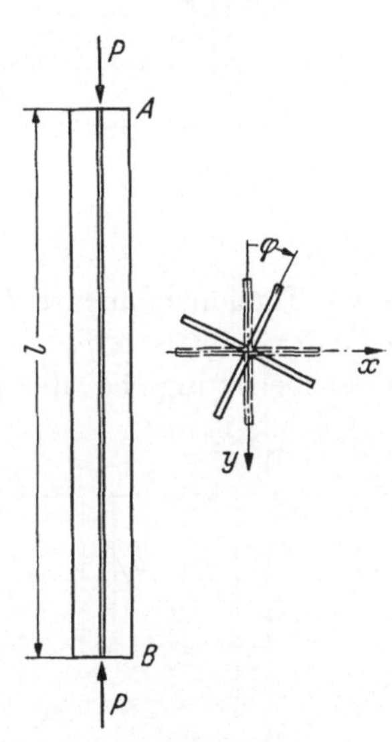

Abb. 110.

Beim gedrückten Stab besteht, neben dem im letzten Abschnitt untersuchten Biege-knicken, auch die Möglichkeit, daß ein Un-stabilwerden durch Verdrehen eintreten kann; auf diese Möglichkeit des „*Torsionsknickens*" (Abb. 110) hat m. W. erstmals H. WAGNER hingewiesen[5]. Die Verdrehung φ kann nun jedoch auch von Ausbiegungen ξ und η beglei-tet sein; diesen allgemeinsten Fall des Knick-problems hat S. TIMOSHENKO untersucht[6].

<hr>

[1] TIMOSHENKO, S.: Einige Stabilitätsprobleme der Elastizitätstheorie. Z. Math. Phys. 1910. — Sur la stabilité des systèmes élastiques. Ann. Ponts Chauss. 1913.

[2] STÜSSI, F.: Die Stabilität des auf Biegung beanspruchten Trägers. Abh. I.V.B.H. Bd. 3 (1935).

[3] CHWALLA, E.: Kippung von Trägern mit einfach-symmetrischen, dünn-wandigen und offenen Querschnitten. Akad. d. Wissenschaften in Wien, 1944.

[4] STÜSSI, F.: Exzentrisches Kippen. Schweiz. Bauztg. Bd. 105 (1935). — O. PETTERSSON: Combined Bending and Torsion of I Beams of monosymmetrical Cross Section. Stockholm 1952.

[5] WAGNER, H.: Festschrift „Fünfundzwanzig Jahre Technische Hochschule Danzig", 1929.

[6] TIMOSHENKO, S.: Theory of bending, torsion and buckling of thin-walled members of open cross section. J. Franklin Inst. Bd. 239 (1945).

Diese beiden Problemgruppen des Kippens und des Torsionsknickens, die miteinander noch durch das Problem des Kippens unter Biegung und Längsdruck verbunden sind, werden von denselben Grundgleichungen beherrscht. Beziehen wir den Stabquerschnitt auf Hauptschwerachsen x, y und die Formänderungen auf den Schubmittelpunkt O, so haben wir es mit drei voneinander unabhängigen Formänderungen zu tun, nämlich mit den beiden Ausbiegungen ξ und η und der Verdrehung φ bezüglich des Schubmittelpunktes.

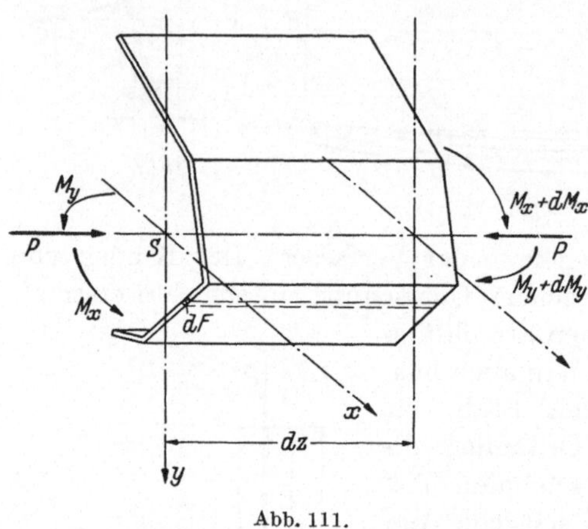

Abb. 111.

Infolge von gedachten anfänglichen Verformungen ξ_0, η_0, φ_0 treten im beanspruchten Stab äußere Biegungsmomente M_y, M_x sowie Torsionsmomente T auf, die ihrerseits die Verformungen $\xi_1 = \alpha\,\xi_0$, $\eta_1 = \alpha\,\eta_0$, $\varphi_1 = \alpha\,\varphi_0$ verursachen; die kritische Belastung ist als Grenzbelastung, bei der gerade noch Gleichgewicht zwischen äußeren

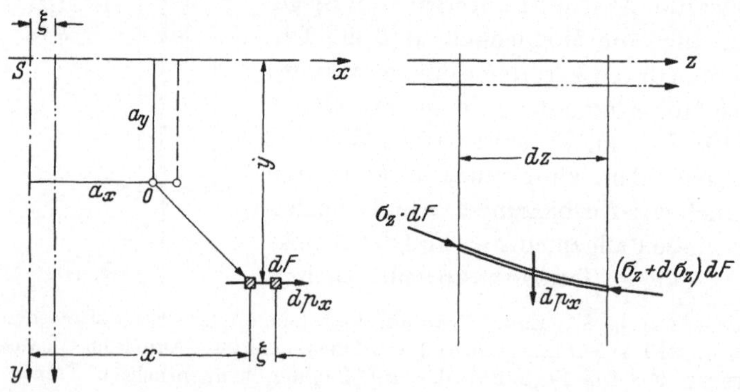

Abb. 112.

Belastungen und inneren elastischen Widerständen möglich ist, durch die Stabilitätsbedingung

$$\alpha = 1$$

gekennzeichnet. Nachstehend sollen die gesuchten Grundgleichungen unter ausdrücklicher Voraussetzung kleiner Formänderungen und unter Vernachlässigung von praktisch bedeutungslosen Nebeneinflüssen aufgestellt werden; mit diesen Grundgleichungen sollen darauf die uns hier interessierenden Stabilitätsprobleme untersucht werden. Für die Momente und Längskräfte sowie für die Normalspannungen σ führen wir dabei die Vorzeichenkonvention ein, daß Druckspannungen σ als positiv bezeichnet werden sollen (Abb. 111):

$$\sigma_z = \frac{P}{F} + \frac{M_x}{J_x} y + \frac{M_y}{J_y} x \qquad \text{(Druckspannungen positiv).} \qquad (51)$$

Wir betrachten zuerst in Abb. 112 eine *seitliche Ausbiegung* ξ.

An einem Stabelement der Länge dz und mit dem Querschnitt dF treten infolge der Krümmung ξ'',

$$\xi'' = \frac{d^2\xi}{dz^2},$$

die Ablenkungskräfte dp_x,

$$dp_{x\xi} = \xi'' \sigma_z dF,$$

auf; die zugehörige Querbelastung p_x beträgt somit

$$p_{x\xi} = \xi'' \int\limits^{F} \sigma_z dF. \qquad (52\,\mathrm{a})$$

Andrerseits verursachen die Ablenkungskräfte p_x auch ein Drehmoment $m_d = dT'$ bezüglich des Schubmittelpunktes O:

$$dT'_\xi = -dp_x(y - a_y);$$

es ist damit (unter Beachtung des Drehsinns)

$$m_{d\xi} = T'_\xi = -\xi'' \int\limits^{F} (y - a_y) \sigma_z dF. \qquad (52\,\mathrm{b})$$

Infolge einer waagrechten Ausbiegung ξ entstehen keine lotrechten Querbelastungen p_y.

Analog treten bei einer *lotrechten Ausbiegung* η die lotrechten Querbelastungen p_y,

$$p_{y\eta} = \eta'' \int\limits^{F} \sigma_z dF, \qquad (53\,\mathrm{a})$$

sowie die Drehmomente

$$m_{d\eta} = T'_\eta = \eta'' \int\limits^{F} (x - a_x) \sigma_z dF \qquad (53\,\mathrm{b})$$

auf.

Erfährt andrerseits der Querschnitt eine *Verdrehung* φ, so verschiebt sich das Querschnittselement dF an der Stelle $z + dz$ gegenüber der Stelle z um den Betrag $r\,d\varphi$; dem in der Ebene normal zu r und parallel zur Stabachse auftretenden Moment $\sigma_z dF r d\varphi$ muß somit, wenn wir der Ableitung von E. CHWALLA[1] folgen, durch eine Schubkraft dR bzw. durch das Moment $dR\,dz$ Gleichgewicht gehalten werden (Abb. 113):

$$dR = \sigma_z dF r \frac{d\varphi}{dz} = \sigma_z dF r \varphi'.$$

---

[1] Siehe Fußnote 3 S. 127.

Die Schubkräfte dR verursachen nun bezüglich des Schubmittelpunktes O ein Drehmoment $dR\,r$, dessen Änderung zwischen zwei benachbarten Querschnitten die Bedeutung eines äußeren Drehmomentes $m_d = T'$ und, über den Querschnitt F integriert, den Wert

$$m_{d\,\varphi} = T'_{\varphi} = \frac{d}{dz}\left(\varphi' \int\limits^{F} \sigma_z\, r^2\, dF\right) \tag{54a}$$

besitzt.

Die Ablenkungskräfte $\sigma_z\, dF\, r\, \varphi''$ verursachen nun auch Querbelastungen p_x und p_y von der Größe

$$p_{x\,\varphi} = -\varphi'' \int\limits^{F} (y - a_y)\, \sigma_z\, dF\,, \tag{54b}$$

$$p_{y\,\varphi} = \varphi'' \int\limits^{F} (x - a_x)\, \sigma_z\, dF\,.$$

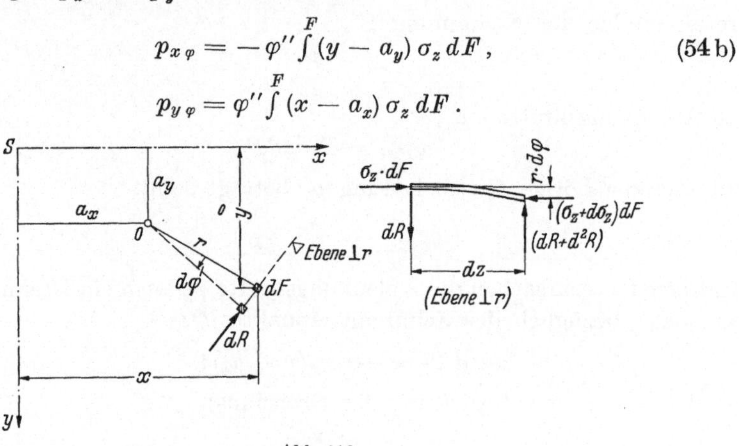

Abb. 113.

Endlich wird noch ein äußeres Drehmoment $m_{d_a} = T'_a$ zu berücksichtigen sein, wenn die äußere Belastung (bzw. die zugehörige Querkraft) nicht im Schubmittelpunkt angreift.

Wir fassen nun die Querbelastungen p infolge der Verformungen zusammen:

$$p_x = \xi'' \int\limits^{F} \sigma_z\, dF - \varphi'' \int\limits^{F} (y - a_y)\, \sigma_z\, dF\,, \tag{55a}$$

$$p_y = \eta'' \int\limits^{F} \sigma_z\, dF + \varphi'' \int\limits^{F} (x - a_x)\, \sigma_z\, dF\,. \tag{55b}$$

Bei einem beidseitig gelenkig (d. h. statisch bestimmt) gelagerten Stab können wir, wenn wir uns auf Stäbe konstanten Querschnitts beschränken, wegen der Analogie der Randbedingungen aus diesen Querbelastungen mit $M'' = -p$ direkt die entsprechenden Momente anschreiben

$$M_y = -\xi \int\limits^{F} \sigma_z\, dF + \varphi \int\limits^{F} (y - a_y)\, \sigma_z\, dF\,, \tag{56a}$$

$$M_x = -\eta \int\limits^{F} \sigma_z\, dF - \varphi \int\limits^{F} (x - a_x)\, \sigma_z\, dF\,. \tag{56b}$$

Bei statisch unbestimmter Lagerung bedeuten diese Momente M_0-Momente im statisch bestimmten Grundsystem, denen noch die Momente

infolge der überzähligen Größen, aus den entsprechenden Elastizitätsbedingungen bestimmt, zu superponieren sind.

Das resultierende Drehmoment m_d ergibt sich aus der Superposition
der Einzeleinflüsse zu

$$m_d = -\xi'' \int\limits^F (y-a_y)\,\sigma_z\,dF + \eta'' \int\limits^F (x-a_x)\,\sigma_z\,dF + \left(\varphi' \int\limits^F \sigma_z r^2\,dF\right)' + m_{d_a}. \tag{56c}$$

Zur Berechnung der durch diese äußeren Ursachen ξ_0, η_0, φ_0 verursachten Formänderungen ξ_1, η_1, φ_1 stehen uns die drei auf den
Schubmittelpunkt bezogenen Formänderungsgleichungen der erweiterten
Biegungslehre [mit der durch Gl. (51) bzw. Abb. 111 festgelegten Vor-
zeichenkonvention] zur Verfügung:

$$B_1 \eta'' = M_x \qquad\qquad \text{bzw.} \qquad (B_1 \eta'')'' = -p_y, \tag{57a}$$

$$B_2 \xi'' = M_y \qquad\qquad \text{bzw.} \qquad (B_2 \xi'')'' = -p_x, \tag{57b}$$

$$C\left(\varphi'' - \frac{l^2}{a^2}\varphi''''\right) = m_d. \tag{57c}$$

b) Torsionsknicken.

Wir betrachten einen zentrisch gedrückten, beidseitig gelenkig
gelagerten Stab beliebigen Querschnittes[1]; für diesen Fall ist

$$\sigma_z = \frac{P}{F}$$

und wir erhalten aus den Gln. (56) und (57) wegen

$$S_x = \int\limits^F y\,dF = 0, \qquad S_y = \int\limits^F x\,dF = 0$$

(Hauptschwerachsen x, y) die Bestimmungsgleichungen des Problems zu

$$\left.\begin{aligned}
B_1 \eta_1'' &= -P\eta_0 + Pa_x\varphi_0, \\
B_2 \xi_1'' &= -P\xi_0 - Pa_y\varphi_0, \\
C\left(\varphi_1'' - \frac{l^2}{a^2}\varphi_1''''\right) &= a_y P\xi_0'' - a_x P\eta_0'' + Pi_p^2\varphi_0''.
\end{aligned}\right\} \tag{58}$$

Dabei bedeutet $J_p = i_p F$ das polare Trägheitsmoment des Stabquerschnittes in bezug auf den Schubmittelpunkt.

Da die Koeffizienten alle konstant sind, werden die Gln. (58) durch
die Ansätze

$$\eta = \eta_m \sin\frac{n\pi x}{l},$$

$$\xi = \xi_m \sin\frac{n\pi x}{l},$$

$$\varphi = \varphi_m \sin\frac{n\pi x}{l}$$

----

[1] Bei geschlossenem Querschnitt sind die in Abschn. IV, 1 angegebenen Besonderheiten bezüglich Schubmittelpunkt und Torsion des Kastenquerschnittes
zu beachten.

befriedigt und wir finden für die maßgebende kleinste Knicklast mit der Halbwellenzahl $n = 1$ aus der Stabilitätsbedingung $\alpha = 1$ die Beziehungen

$$\left.\begin{aligned}
\frac{\pi^2 B_1}{l^2}\, \eta_m &\doteq P\,\eta_m - P\,a_x\,\varphi_m\,,\\[2mm]
\frac{\pi^2 B_2}{l^2}\, \xi_m &= P\,\xi_m + P\,a_y\,\varphi_m\,,\\[2mm]
C\left(1 + \frac{\pi^2}{a^2}\right)\varphi_m &= a_y\,P\,\xi_m - a_x\,P\,\eta_m + P\,i_p^2\,\varphi_m\,.
\end{aligned}\right\} \tag{59}$$

Zunächst sollen aus diesen Gleichungen drei einfache *Sonderfälle* herausgelesen werden:

Bei Ausbiegung nur in Richtung η ergibt sich mit $\varphi = 0$, $\xi = 0$ aus der ersten der Gln. (59) die entsprechende Knicklast P_η zu

$$P_\eta = \frac{\pi^2 B_1}{l^2}; \tag{60a}$$

dies ist die *Eulersche Knicklast* mit der Knickrichtung η, für die die Biegungssteifigkeit $B_1 = EJ_x$ maßgebend ist.

Analog folgt mit $\varphi = 0$, $\eta = 0$ aus der zweiten Gleichung

$$P_\xi = \frac{\pi^2 B_2}{l^2}. \tag{60b}$$

Endlich ergibt sich aus der dritten Gleichung mit $\eta = 0$, $\xi = 0$ die Knicklast P_φ für reines *Torsionsknicken* zu

$$P_\varphi = \frac{C}{i_p^2}\left(1 + \frac{\pi^2}{a^2}\right). \tag{60c}$$

die sich bei Torsion ohne Flanschbiegung auf den Wert

$$P_\varphi = \frac{C}{i_p^2}$$

vereinfacht.

Die drei Werte P_η, P_ξ, P_φ erlauben nun, die Gln. (59) einfacher zu schreiben

$$(P_\eta - P)\,\eta_m = -\,P\,a_x\,\varphi_m\,,$$
$$(P_\xi - P)\,\xi_m = P\,a_y\,\varphi_m\,,$$
$$i_p^2\,(P_\varphi - P)\,\varphi_m = a_y\,P\,\xi_m - a_x\,P\,\eta_m\,.$$

Aus den ersten beiden Gleichungen ergibt sich

$$\eta_m = -\,\frac{P\,a_x}{P_\eta - P}\,\varphi_m\,,\qquad \xi_m = \frac{P\,a_y}{P_\xi - P}\,\varphi_m\,.$$

Setzen wir diese Werte in die dritte Gleichung ein, so wird

$$i_p^2\,(P_\varphi - P) = \frac{a_y^2\,P^2}{P_\xi - P} + \frac{a_x^2\,P^2}{P_\eta - P}$$

oder nach Ordnen

$$P^3 \left(\frac{a_x^2 + a_y^2}{i_p^2} - 1 \right) + P^2 \left[P_\xi \left(1 - \frac{a_x^2}{i_p^2} \right) + P_\eta \left(1 - \frac{a_y^2}{i_p^2} \right) + P_\varphi \right]$$

$$- P \left(P_\xi P_\eta + P_\eta P_\varphi + P_\varphi P_\xi \right) + P_\xi P_\eta P_\varphi = 0 \,. \tag{61}$$

Die kleinste der drei Wurzeln P dieser kubischen Gleichung ist die maßgebende Knicklast; ihr Wert ist kleiner als der kleinere der beiden EULERschen Knickwerte P_η und P_ξ.

Ist der *Querschnitt einfach-symmetrisch* (Abb. 114), so liegt der Schubmittelpunkt auf der Symmetrieachse; es ist im skizzierten Fall $a_x = 0$. Damit zerfällt das System der Gln. (59) in die unabhängige Gleichung

$$\frac{\pi^2 B_1}{l^2} = P_\eta$$

und das reduzierte System

$$(P_\xi - P)\, \xi_m = P \, a_y \, \varphi_m \,,$$
$$i_p^2 (P_\varphi - P)\, \varphi_m = P \, a_y \, \xi_m \,,$$

aus dem wir die Beziehung

$$i_p^2 (P_\varphi - P) = \frac{a_y^2 \, P^2}{P_\xi - P}$$

oder geordnet

$$\frac{P}{P_\xi} + \frac{P}{P_\varphi} - \frac{P^2}{P_\xi P_\varphi} \left(1 - \frac{a_y^2}{i_p^2} \right) = 1 \tag{62}$$

finden. Maßgebende Knicklast ist die kleinere der beiden Wurzeln P dieser quadratischen Gleichung.

c) Kippen bei doppelt-symmetrischem Querschnitt.

Beim doppelt-symmetrischen Querschnitt fallen Schubmittelpunkt und Schwerpunkt zusammen; es ist

$$a_x = a_y = 0 \,.$$

Für Biegung ohne Längskraft ist

$$\sigma_z = \frac{M_x}{J_x} \, y + \frac{M_y}{J_y} \, x$$

und Gl. (56c) liefert uns mit $m_{da} = 0$ und wegen

$$\int\limits^{F} y \, dF = \int\limits^{F} x \, dF = \int\limits^{F} x \, y \, dF = \int\limits^{F} y \, r^2 \, dF = \int\limits^{F} x \, r^2 \, dF = 0 \,.$$

das äußere Drehmoment

$$m_d = - M_x \, \xi'' + M_y \, \eta'' \,.$$

Denken wir uns nun nur ein äußeres Moment $- M_x$ wirkend (Abb. 109), so ist aus Gl. (56a) nach der Verformung φ

$$M_y = \varphi \, M_x$$

134   IV. Besondere Festigkeitsprobleme und Stabilitätsprobleme.

und die Gln. (57a) und (57b) liefern uns

$$\eta'' = \frac{M_x}{B_1}, \qquad \xi'' = \frac{M_x\,\varphi}{B_2},$$

und damit wird (unter Beachtung des Vorzeichens von M_x)

$$m_d = + \frac{M_x^2\,\varphi}{B_1} - \frac{M_x^2\,\varphi}{B_2} = - \frac{M_x^2\,\varphi}{B_2'}, \qquad (63)$$

wenn wir die Abkürzung

$$B_2' = B_2\,\frac{B_1 - B_2}{B_1}$$

einführen. Aus der Torsionsgleichung (57c) ergibt sich die Grundgleichung des untersuchten Kipproblems zu

$$C\left(\varphi_1'' - \frac{l^2}{a^2}\,\varphi_1''''\right) = - \frac{M_x^2\,\varphi_0}{B_2'}. \qquad (64)$$

Für ein konstantes Moment M_x (Belastungsfall der Abb. 109) wird
diese Differentialgleichung wegen der konstanten Koeffizienten durch
den Ansatz

$$\varphi = \varphi_m \sin\frac{\pi\,x}{l}$$

befriedigt und die Stabilitätsbedingung $\alpha = 1$ ergibt

$$C\left(\frac{\pi^2}{l^2} + \frac{\pi^4}{l^2\,a^2}\right) = \frac{M_x^2}{B_2'}$$

oder mit

$$M_{kr.} = \frac{\pi\,\sqrt{B_2'\,C}}{l}\,\sqrt{1 + \frac{\pi^2}{a^2}} \qquad (65)$$

den erstmals von S. Timoshenko berechneten Wert des Kippmomentes
$M_{kr.}$ für den untersuchten einfachen Grundfall.

Für andere Belastungsfälle, $M_x \neq$ konst, empfiehlt sich eine numerische Berechnung des Kippmomentes $M_{kr.}$ auf dem Wege der sukzessiven Approximation: wir berechnen aus einer geschätzten Verdrehungs-
kurve φ_0 das Belastungsglied

$$m_d = - \frac{M_x^2\,\varphi_0}{B_2'}$$

und daraus, durch Umsetzen der Gl. (64) in ein dreigliedriges Gleichungssystem nach Gl. (33) die Kurve φ_1'', aus der uns ein normales
Seilpolygon die Kurve $\varphi_1 = \alpha\,\varphi_0$ liefert. Die Stabilitätsbedingung $\alpha = 1$
liefert uns nun das gesuchte Kippmoment in der Form

$$M_{kr.} = k\,\frac{\sqrt{B_2'\,C}}{l}\,\beta_1, \qquad (65a)$$

wobei β_1 den Einfluß der Flanschbiegung bei der Torsion darstellt.

Stimmen die Kurven φ_0 und φ_1 ihrer Form nach nicht miteinander überein, so ist die Rechnung, ausgehend von der Form der Kurve φ_1, zu wiederholen.

Greift die äußere Belastung nicht im Schubmittelpunkt = Schwerpunkt des Querschnittes an, so ist nach Abb. 115 ein zusätzliches Drehmoment m_{d_a} zu berücksichtigen:

$$m_{d_a} = -\frac{p\,h}{2}\,\varphi\,.$$

Damit geht die Grundgleichung (64) über in

$$C\left(\varphi_1'' - \frac{l^2}{a^2}\,\varphi_1''''\right) = -\frac{M_x^2}{B_2'}\,\varphi_0 - \frac{p\,h}{2}\,\varphi_0\,, \tag{64a}$$

die in analoger Weise am einfachsten numerisch gelöst wird. Greift die Belastung am oberen Trägerrand an, so wird dadurch die Verformung φ_1 vergrößert und damit das Kippmoment $M_{kr.}$ verkleinert. Dieser Zusatzeinfluß kann numerisch durch einen Faktor β_2 erfaßt werden; damit wird

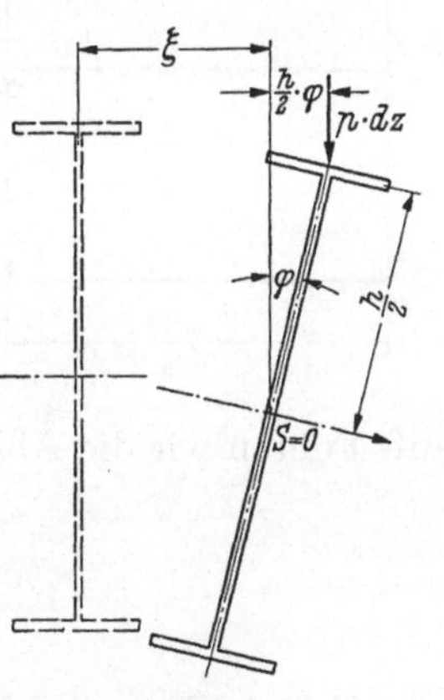

Abb. 115.

$$M_{kr.} = k\,\frac{\sqrt{B_2'\,C}}{l}\,\beta_1\beta_2\,. \tag{65b}$$

Für die wichtigsten Belastungsfälle des einfachen Balkens sind die Zahlenwerte k, β_1 und β_2 in der Tabelle auf S. 136 zusammengestellt[1]:

Selbstverständlich gelten diese Werte des kritischen Momentes $M_{kr.}$ nur für den elastischen Bereich; d. h. nur so lange, als die größten Randspannungen $\sigma_{\max}$,

$$\sigma_{\max} = \frac{M_{\max}}{W_x}\,,$$

unterhalb der Proportionalitätsgrenze σ_P des Materials liegen. Auf den unelastischen Bereich, $\sigma_{\max} > \sigma_P$, werden wir zurückkommen.

d) Kippen bei einfach-symmetrischem Querschnitt.

Bei einem einfach-symmetrischen Querschnitt nach Abb. 114 tritt infolge

$$\sigma_z = \frac{M_x}{J_x}\,y\,,$$

nach Gl. (56c) noch ein zusätzliches Drehmoment Δm_d

$$\Delta m_d = \left(\varphi'\,\frac{M_x}{J_x}\int\limits^F y\,r^2\,dF\right)'$$

---

[1] STÜSSI, F.: Baustatik I, 2. Aufl. Basel 1953.

Belastungsfall	M_{max}	k	Flansch-biegung β_1	Last am $\frac{\text{obern}}{\text{untern}}$ Flansch β_2
	M	π	$\sqrt{1+\dfrac{\pi^2}{a^2}}$	
	$\dfrac{p\,l^2}{8}$	$3{,}54$	$\cong\sqrt{1+\dfrac{10{,}0}{a^2}}$	$\cong\sqrt{1+\dfrac{2{,}10}{\beta_1^2\,a^2}\mp\dfrac{1{,}45}{\beta_1\,a}}$
	$\dfrac{P\,l}{4}$	$4{,}23$	$\cong\sqrt{1+\dfrac{10{,}2}{a^2}}$	$\cong\sqrt{1+\dfrac{3{,}24}{\beta_1^2\,a^2}\mp\dfrac{1{,}80}{\beta_1\,a}}$
	M	$5{,}56$	$\cong\sqrt{1+\dfrac{11{,}2}{a^2}}$	
	$P\,l$	$4{,}01$	$\cong\left(\dfrac{a+1{,}61}{a+0{,}32}\right)^2$	

auf. Führen wir die Abkürzung c_y ein,

$$c_y = \frac{\int\limits^{F} y\,r^2\,dF}{J_x} = \frac{\int\limits^{F} y\,r^2\,dF}{\int\limits^{F} y^2\,dF}$$

(wobei c_y positiv oder negativ sein kann), so wird

$$\Delta m_d = (c_y\,\varphi'\,M_x)' = c_y\,(\varphi''\,M_x + \varphi'\,Q_y)$$

und damit die Bestimmungsgleichung bei im Schubmittelpunkt angreifender Belastung p

$$C\left(\varphi_1'' - \frac{l^2}{a^2}\,\varphi_1''''\right) = -\frac{M_x^2}{B_2'}\,\varphi_0 + c_y\,Q_y\,\varphi_0' + c_y\,M_x\,\varphi_0''. \tag{64b}$$

Für den einfachen Belastungsfall durch ein konstantes Moment M_x (Abb. 109) ist $Q_y = 0$; Gl. (64b) wird damit durch den Ansatz

$$\varphi = \varphi_m \sin\frac{\pi\,x}{l}$$

befriedigt, und wir finden aus der Stabilitätsbedingung $\alpha = 1$

$$C\,\frac{\pi^2}{l^2}\left(1 + \frac{\pi^2}{a^2}\right) = \frac{M_x^2}{B_2'} + c_y\,\frac{\pi^2}{l^2}\,M_x.$$

Führen wir die Werte

$$M_{0\,kr.} = \frac{\pi\,\sqrt{B'_2\,C}}{l}\,, \qquad \beta_1^2 = 1 + \frac{\pi^2}{a^2}$$

ein, so wird

$$\frac{M_x^2}{\beta_1^2\,M_{0\,kr.}^2} + \frac{M_x}{\beta_1\,M_{0\,kr.}}\,\frac{\pi\,c_y\,\sqrt{B'_2}}{l\,\sqrt{C}\,\beta_1} - 1 = 0$$

oder mit der Abkürzung

$$\alpha = \frac{2\,l\,\sqrt{C}}{c_y\,\sqrt{B'_2}}$$

$$\frac{M_x^2}{\beta_1^2\,M_{0\,kr.}^2} + 2\,\frac{M_x}{\beta_1\,M_{0\,kr.}}\,\frac{\pi}{\alpha\,\beta_1} - 1 = 0\,;$$

die Lösung dieser quadratischen Gleichung liefert uns das gesuchte kritische Moment $M_{kr.} = M_x$ zu

$$M_{kr.} = \frac{\pi\,\sqrt{B'_2\,C}}{l}\,\sqrt{1 + \frac{\pi^2}{a^2}}\left(\sqrt{1 + \frac{\pi^2}{\alpha^2\,\beta_1^2}} - \frac{\pi}{\alpha\,\beta_1}\right). \tag{65c}$$

Wir stellen fest, daß für den untersuchten Belastungsfall des einfachsymmetrischen Querschnittes das kritische Moment in der Form der Gl. (65b) geschrieben werden kann, wobei hier der Faktor β_2,

$$\beta_2 = \sqrt{1 + \frac{\pi^2}{\alpha^2\,\beta_1^2}} - \frac{\pi}{\alpha\,\beta_1}\,,$$

den Einfluß der Unsymmetrie erfaßt. Dieser Einfluß wirkt sich ähnlich aus wie eine exzentrische Belastung nach Abb. 115; liegt der Schubmittelpunkt oberhalb des Schwerpunktes, d. h. in der Druckzone des Querschnittes, so ist c_y negativ und die Unsymmetrie bewirkt eine Stabilisierung und damit eine Vergrößerung des kritischen Momentes (analog zur am unteren Flansch angreifenden Belastung). Liegt dagegen der Schubmittelpunkt in der Zugzone (c_y positiv), so wird $\beta_2 < 1$ und das kritische Moment wird verkleinert.

Bei allgemeinen Belastungsfällen kann das kritische Moment, ausgehend von einer geschätzten Kurve φ_0, in der skizzierten Weise numerisch berechnet werden, wobei normalerweise die Übereinstimmung in der Form der Kurven φ_0 und φ_1 durch Wiederholung der Berechnung erreicht werden muß.

e) Biegung und Längskraft.

Wir betrachten einen beidseitig gelenkig gelagerten Stab mit doppeltsymmetrischem I-Querschnitt unter der Wirkung einer exzentrisch wirkenden Druckkraft P (Abb. 116). Dieser Stab kann seine Tragfähigkeit nicht nur durch exzentrisches Knicken in der y—z-Ebene (Spannungsproblem zweiter Ordnung) verlieren, sondern auch durch seitliches

Ausbiegen und Verdrehen, also durch Kippen (Stabilitätsproblem). Dieses Stabilitätsproblem kann bei schmalen Trägern, $B_2 < < B_1$, gegenüber dem exzentrischen Knicken maßgebend werden.

Die bisher aufgestellten Beziehungen erlauben uns nun, die Grundgleichungen des Stabilitätsproblems unter der gleichzeitigen Wirkung einer Druckkraft P und eines Momentes $M_x = - P e$ und unter Beachtung der doppelten Symmetrie des Querschnittes ($a_x = a_y = c_x = c_y = 0$) zu

$$B_2 \xi'' = - P \xi_0 - M_x \varphi_0 ,$$

$$C \left(\varphi'' - \frac{l^2}{a^2} \varphi'''' \right) = P i_p^2 \varphi_0'' + M_x \xi''$$

anzuschreiben; da Schubmittelpunkt und Schwerpunkt hier zusammenfallen, bedeutet $J_p = i_p^2 F$ hier auch das polare Trägheitsmoment bezüglich des Schwerpunktes S.

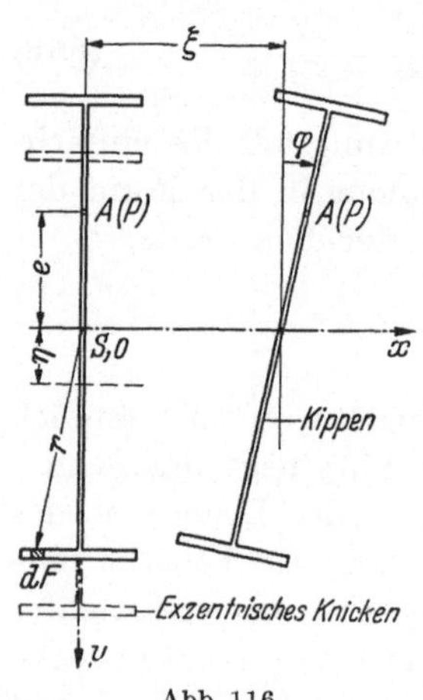

Abb. 116.

Mit den Sonderlösungen

$$P_\xi = \frac{\pi^2 B_2}{l^2} , \qquad P_\varphi = \frac{C}{i_p^2} \left(1 + \frac{\pi^2}{a^2} \right) ,$$

die für den untersuchten Belastungsfall wegen der konstanten Koeffizienten ($M =$ konst) auch hier gelten, finden wir aus $\alpha = 1$

$$\xi_m = \frac{M_x}{P_\xi - P} \varphi_m$$

und damit

$$i_p^2 (P_\varphi - P) = \frac{M_x^2}{P_\xi - P}$$

oder geordnet und mit $M_x = - P e$

$$\frac{P}{P_\xi} + \frac{P}{P_\varphi} - \frac{P^2}{P_\xi P_\varphi} \left(1 - \frac{l^2}{i_p^2} \right) = 1 . \quad (62\text{a})$$

Diese Gleichung stimmt in ihrer Form mit Gl. (62) überein und wir können somit feststellen, daß die exzentrische Druckbelastung eines Stabes mit doppelt-symmetrischem Querschnitt und der Lastexzentrizität e sich für $a_y = e$ gleich auswirkt wie eine zentrische Belastung eines Stabes mit einfach-symmetrischem Querschnitt, bei dem der Schubmittelpunkt den Abstand a_y vom Schwerpunkt besitzt.

f) Der unelastische Bereich.

Eine genaue Untersuchung des Kippens und auch des Torsionsknickens im unelastischen Bereich, wie sie beim Biegungsknicken durch Einführung eines Knickmoduls T_k ($T_k = T$ nach ENGESSER-SHANLEY) in einfacher Form möglich ist, dürfte vorläufig praktisch ausgeschlossen sein, vor allem, weil die Torsionssteifigkeit C im unelastischen Bereich noch nicht zuverlässig bestimmt werden kann, beim Kippen ferner auch wegen der Veränderlichkeit der Spannungen σ_z im Querschnitt und längs der Stabachse. Dagegen läßt sich mit einer für die Konstruktionspraxis befriedigenden Genauigkeit durch einen *Vergleich mit der Knickspannungslinie* $\sigma_{kr.}$ *des Biegeknickens* der unelastische Bereich auch beim Kippen und Torsionsknicken abschätzen (Abb. 117).

Wir berechnen aus den für den elastischen Bereich aufgestellten Beziehungen die größte auftretende Spannung $\sigma_{kr.el.}$,

$$\sigma_{kr.el.} = \frac{P_{kr.}}{F}$$

bzw.

$$\sigma_{kr.el.} = \frac{M_{kr.}}{W_x};$$

ist dieser Wert größer als σ_P, so entspricht ihm ein Wert der EULERschen Hyperbel, der einem Schlankheitsgrad $\lambda_{id.} < \lambda_P$ zugeordnet ist. Wir nehmen nun näherungsweise (und für die meisten Belastungsfälle zu ungünstig) an, daß auch hier eine gleiche Abminderung der größten kritischen Spannung eintrete wie bei der Knickspannungslinie nach

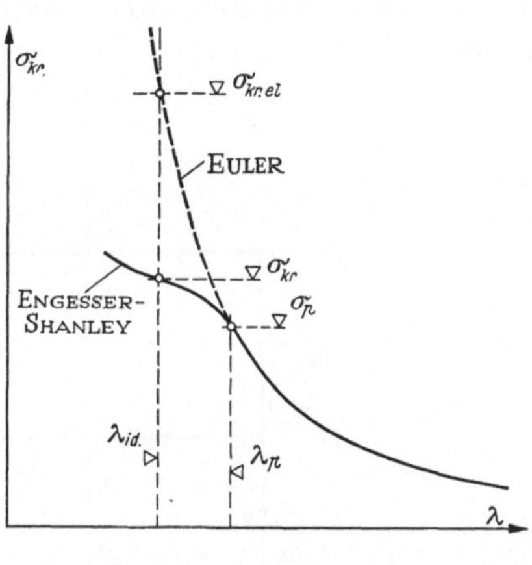

Abb. 117.

ENGESSER-SHANLEY gegenüber der EULERschen Hyperbel; maßgebend ist somit die der „ideellen Schlankheit" $\lambda_{id.}$ zugehörige Knickspannung $\sigma_{kr.}$ oder es ist

$$P_{kr.} = \sigma_{kr.} F \quad \text{bzw.} \quad M_{kr.} = \sigma_{kr.} W_x.$$

Der ideelle Schlankheitsgrad $\lambda_{id.}$ kann selbstverständlich auch rechnerisch aus

$$\lambda_{id.} = \pi \sqrt{\frac{E}{\sigma_{kr.el.}}}$$

bestimmt werden.

4. Ausbeulen.

a) Grundgleichungen der ebenen Platte.

Unter Ausbeulen verstehen wir das Unstabilwerden von dünnen Blechen unter Druck- und Schubkräften. So können beispielsweise die Stehbleche eines zusammengesetzten Druckstabes ausbeulen, bevor der Stab als Ganzes ausknickt. Das erste Problem dieser Art, nämlich das Ausbeulen einer gelenkig gelagerten Rechteckplatte unter gleichmäßig verteiltem Längsdruck, wurde von G. H. Bryan[1] gelöst; eine umfassende und systematische Untersuchung der verschiedenen Beulfälle verdanken wir S. Timoshenko[2].

Die Problemstellung ist verhältnismäßig einfach (Abb. 118): wenn eine Platte mit der Stärke h Ausbiegungen $w = w_0$ erfährt, so entstehen dadurch, als Ablenkungskräfte der Plattenbeanspruchungen σ_x, σ_y, τ_{xy}, äußere Querbelastungen p_a,

$$p_a = -\sigma_x h \frac{\partial^2 w_0}{\partial x^2} - \sigma_y h \frac{\partial^2 w_0}{\partial y^2} - 2\tau_{xy} h \frac{\partial^2 w_0}{\partial x \partial y},$$

die mit den inneren elastischen Widerständen p_i, die infolge der durch p_a verursachten Verformungen w_1 auftreten,

$$p_i = N\left(\frac{\partial^4 w_1}{\partial x^4} + 2 \cdot \frac{\partial^4 w_1}{\partial x^2 \partial y^2} + \frac{\partial^4 w_1}{\partial y^4}\right),$$

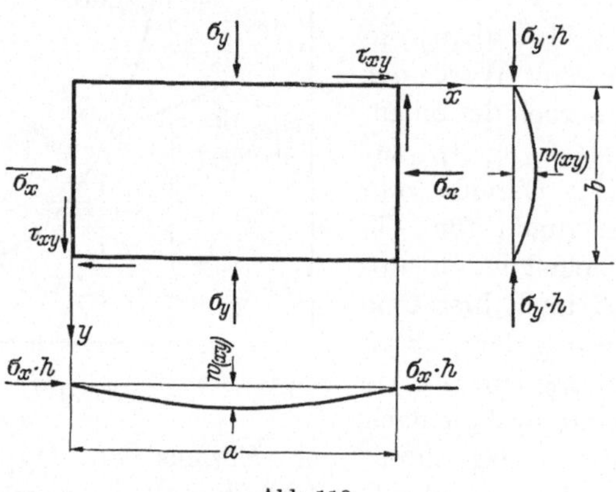

Abb. 118.

im Gleichgewicht sein müssen. Ausdruck dieser Gleichgewichtsbedingung ist die Stabilitätsbedingung $w_1 = \alpha w_0 = w_0$ oder $\alpha = 1$, und damit lautet die Beulgleichung einer ebenen Platte

$$N\left(\frac{\partial^4 w}{\partial x^4} + 2 \cdot \frac{\partial^4 w}{\partial x^2 \partial y^2} + \frac{\partial^4 w}{\partial y^4}\right) + \sigma_x h \frac{\partial^2 w}{\partial x^2} + 2\tau_{xy} h \frac{\partial^2 w}{\partial x \partial y} +$$
$$+ \sigma_y h \frac{\partial^2 w}{\partial y^2} = 0. \tag{66}$$

Dabei bedeutet N die Plattensteifigkeit,

$$N = \frac{E h^3}{12 \cdot (1 - \nu^2)}.$$

Eine einfache geschlossene Lösung der Gl. (66) läßt sich nur für den von G. H. Bryan untersuchten Grundfall angeben; für diesen Fall

[1] Bryan, G. H.: Proc. Lond. math Soc. Bd. 22 (1891).
[2] Timoshenko, S.: Theory of elastic Stability, New York 1936; zusammenfassende Darstellung auch seiner früheren Untersuchungen.

(Abb. 119) genügt der Ansatz

$$w = w_m \sin\frac{m\,\pi\,x}{a} \sin\frac{n\,\pi\,y}{b}$$

der Gl. (66) und wir erhalten durch Einsetzen

$$N\,\pi^4 \left(\frac{m^2}{a^2} + \frac{n^2}{b^2}\right)^2 - \sigma_x\,h\,\pi^2\,\frac{m^2}{a^2} = 0$$

oder

$$\sigma_{x\,kr.} = \frac{N\,\pi^2}{h\,b^2}\left(\frac{m\,b}{a} + n^2\,\frac{a}{m\,b}\right)^2. \tag{67}$$

Nun interessieren uns von allen möglichen Werten $\sigma_{kr.}$ nur die kleinsten, denn gegen diese müssen wir unsere Bleche ja noch mit genügender Sicherheit bemessen. Wir erkennen aus Gl. (67), daß $\sigma_{x\,kr.}$ am kleinsten wird, wenn die Platte in Richtung der Plattenbreite b in einer Halbwelle, $n = 1$, ausbeult; es ist somit nur noch der Wert

$$\sigma_{x\,kr.} = \frac{\pi^2\,N}{h\,b^2}\left(\frac{m\,b}{a} + \frac{a}{m\,b}\right)^2$$

weiter zu untersuchen. Nun stellt aber der Ausdruck

$$\sigma_E = \frac{\pi^2\,N}{h\,b^2} = \frac{\pi^2\,E\,h^2}{12\cdot(1-\nu^2)\,b^2}$$

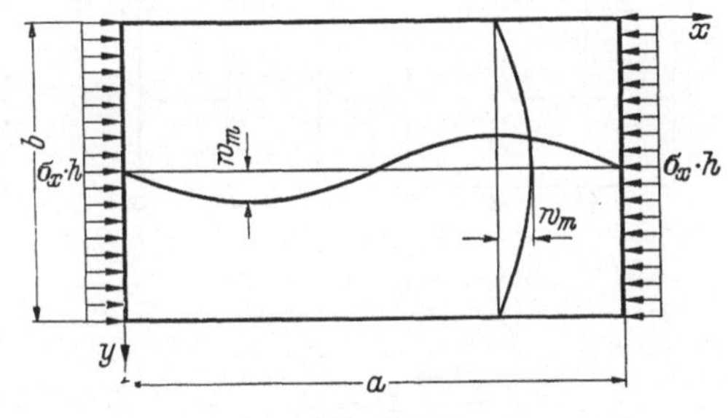

Abb. 119.

die *Eulersche Knickspannung* eines Plattenstreifens der Breite 1 und Stärke h mit der Knicklänge b dar; die kritische Spannung $\sigma_{kr.}$ kann allgemein in der Form

$$\sigma_{kr.} = k\,\sigma_E \tag{68}$$

angeschrieben werden, wobei k den von der Form und Lagerungsart der Platte sowie von der Art der Belastung abhängigen *Beulwert* bedeutet.

Für den untersuchten Belastungsfall der Abb. 119 ist nach Gl. (67) der Beulwert k

$$k = \left(\frac{m\,b}{a} + \frac{a}{m\,b}\right)^2. \tag{67a}$$

Es ist somit für die verschiedenen Verhältnisse a/b der kleinste Wert des Beulwertes k mit der maßgebenden Halbwellenzahl m zu bestimmen. Das Ergebnis dieser Berechnung ist in Abb. 120 dargestellt.

Der kleinste Beulwert,

$$k_{\min} = (1{,}0 + 1{,}0)^2 = 4{,}0,$$

wird für ganzzahlige Verhältnisse a/b mit

$$\frac{a}{m\,b} = 1$$

erhalten. Für lange Platten liegen die Kurven der Werte k in ihren maßgebenden Bereichen nur noch wenig über k_{min}, so daß sich hier die vereinfachte Berechnung mit dem Festwert $k_{min} = 4{,}0$ aufdrängt.

Für allgemeinere Belastungsfälle und Lagerungsarten führt die mathematische Lösung der Gl. (66) auf oft erhebliche Schwierigkeiten; es entspricht deshalb einem Bedürfnis der Konstruktionspraxis, für solche Fälle ein numerisches Verfahren zur Untersuchung des Beulproblems aufzustellen. Solche Verfahren haben CHARLES DUBAS[1] und PIERRE DUBAS[2] ausgearbeitet.

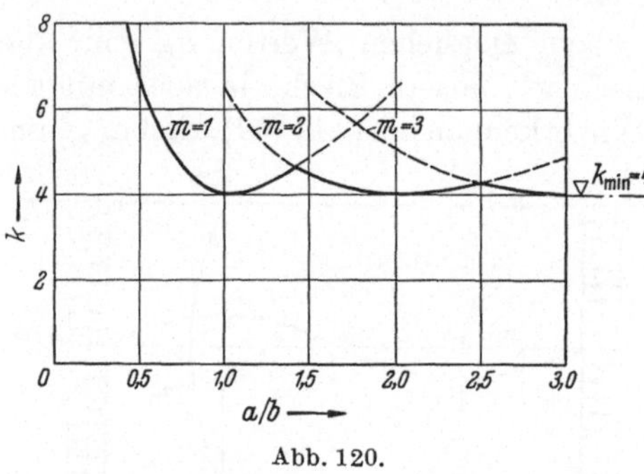

Abb. 120.

Für nur in der Längsrichtung (σ_x) beanspruchte Platten $(\sigma_y = \tau_{xy} = 0)$ läßt sich unter der wohl stets zulässigen Voraussetzung gelenkig gelagerter Querränder die Gl. (66) durch den Ansatz

$$w = Y \sin\frac{m\,\pi\,x}{a}$$

auf die Form

$$\frac{m^4\,\pi^4}{a^4}\,Y - 2\cdot\frac{m^2\,\pi^2}{a^2}\,Y'' + Y'''' = \frac{m^2\,\pi^2}{a^2}\,\frac{\sigma_x\,h}{N}\,Y$$

oder mit den Abkürzungen

$$\beta = \frac{m\,b}{a}, \quad \mu = \frac{\pi^2\,\beta^2}{b^2}, \quad \frac{m^2\,\pi^2}{a^2}\,\frac{\sigma_x\,h}{N} = \varphi\,k\,\frac{\mu^2}{\beta^2}$$

auf

$$Y'''' - 2\,\mu\,Y'' + \mu^2\,Y = \varphi\,k\,\frac{\mu^2}{\beta^2}\,Y \tag{69}$$

vereinfachen; dabei charakterisiert die „Verteilzahl" φ die Verteilung der Spannungen σ_x über die Plattenbreite b und

$$Y'' = \frac{d^2 Y}{d\,y^2}, \quad Y'''' = \frac{d^4 Y}{d\,y^4}.$$

Die neue unbekannte Funktion Y, deren Verlauf von der Verteilung φ des Längsdruckes σ_x und der Auflagerungsart der Längsränder abhängig ist, stellt die Form der Ausbeulung über die Platenbreite b dar. Durch die Vereinfachung des Plattenproblems Gl. (66) auf das Stabproblem Gl. (69) wird auch eine vereinfachte numerische Lösung möglich[3].

[1] DUBAS, CHARLES: Contribution à l'étude du voilement des tôles raidies. Mitt. Inst. Baustatik E.T.H. Heft 23, Zürich 1948.

[2] DUBAS, PIERRE: Calcul numérique des plaques et des parois minces. Mitt. Inst. Baustatik E.T.H. Heft 27, Zürich 1955.

[3] STÜSSI, F.: Berechnung der Beulspannungen gedrückter Rechteckplatten. Abh. I.V.B.H. Bd. 8 (1947).

b) Beulwerte k rechteckiger Platten.

Nachstehend sind die Beulwerte k für die praktisch wichtigsten Fälle zusammengestellt.

Für Belastung durch *Druck, Biegung und Druck mit Biegung* [1] werden die in Abb. 121 dargestellten Bezeichnungen für die Lagerung der Längsränder [Randbedingungen der Gl. (69)] und für die Belastungsverteilung eingeführt.

Die Belastungsverteilung ist durch die Konstante C eindeutig gekennzeichnet; es

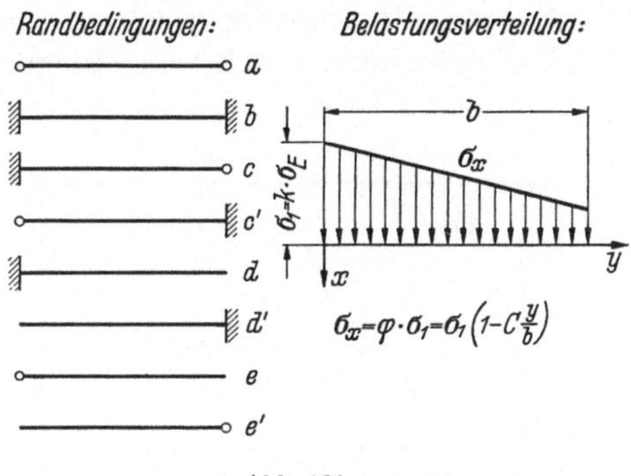

Abb. 121.

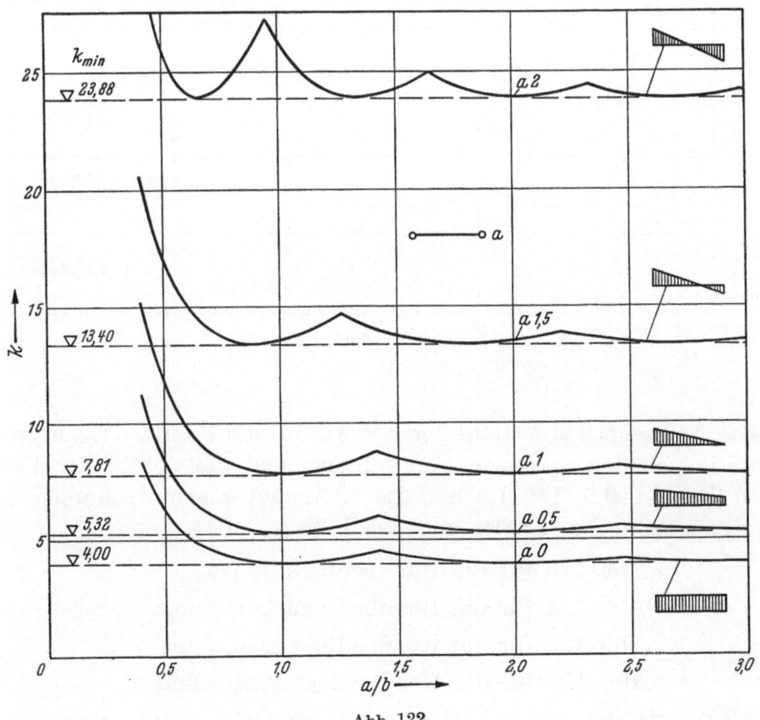

Abb. 122.

---

[1] STÜSSI, F., C. F. KOLLBRUNNER und H. WANZENRIED: Ausbeulen rechteckiger Platten unter Druck, Biegung und Druck mit Biegung. Mitt. Inst. Baustatik E.T.H. Heft 26, Zürich 1953.

genügt deshalb, den untersuchten Fall durch den Buchstaben der Lagerungsart und den Zahlenwert von C zu charakterisieren; so bedeutet beispielsweise

$c'2$: Längsränder einseitig gelenkig gelagert, einseitig starr eingespannt; Beanspruchung durch reine Biegung mit Druckseite am gelenkig gelagerten Längsrand.

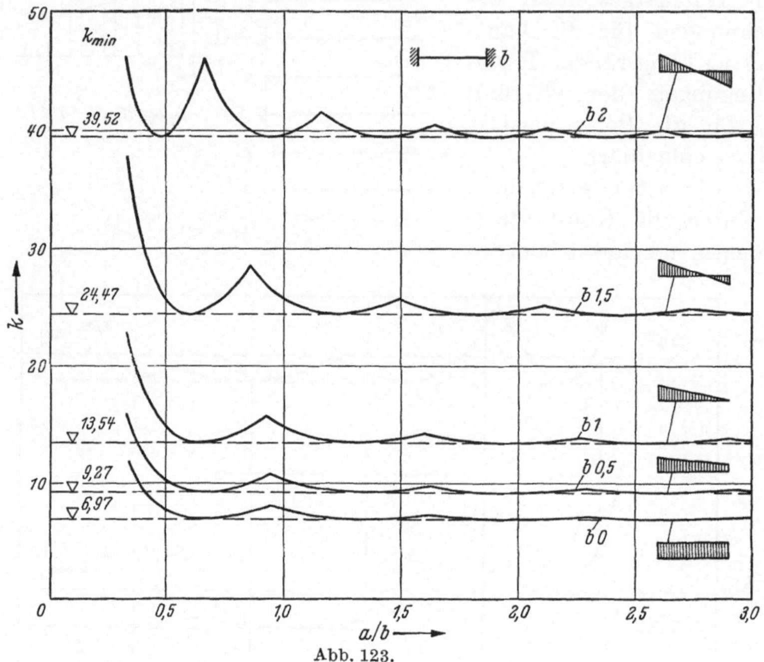

Abb. 123.

Abb. 122 zeigt den Verlauf der k-Werte für die Randbedingungen a, beidseitig gelenkig gelagerte Längsränder, und die durch die Werte $C = 0$ (Druck), 0,5, 1,0, 1,5 und 2,0 (Biegung) gekennzeichneten Belastungsverteilungen. Analog sind die k-Werte in

Abb. 123 für die Randbedingungen b,

Abb. 124 für die Randbedingungen c und c',

Abb. 125 für die Randbedingungen d und d',

Abb. 126 für die Randbedingungen e und e'

dargestellt. Für Platten mit einem freien Längsrand (d, d', e und e) sind die k-Werte mit der Querdehnungszahl $v = {}^1/_3$ berechnet.

In der folgenden Tabelle sind noch die minimalen Beulwerte $k_{\min}$ für diese Belastungsfälle zusammengestellt:

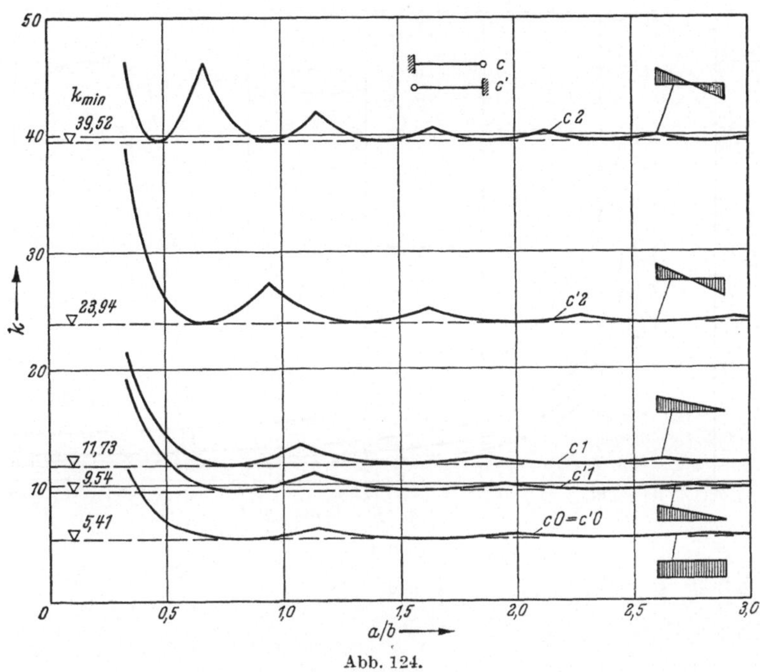

Abb. 124.

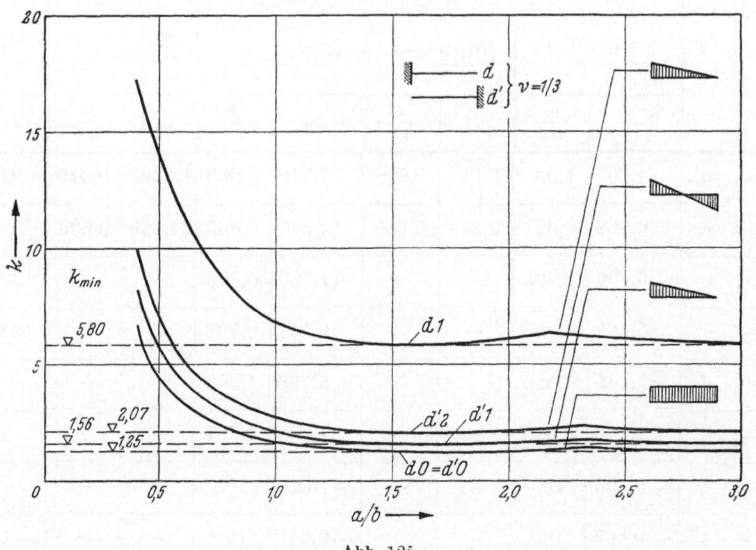

Abb. 125.

Stüssi, Tragwerke aus Aluminium. 10

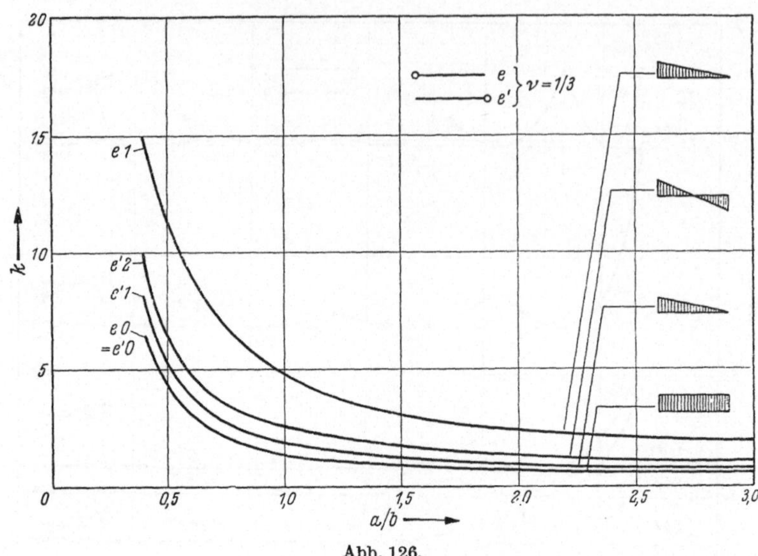

Abb. 126.

Minimale Beulwerte $k_{\min}$.

Randbedingungen		$C = 0$		$C = 0,5$		$C = 1,0$		$C = 1,5$		$C = 2,0$	
		$k_{\min}$	$\dfrac{a}{m\,b}$	$k_{\min}$	$\dfrac{a}{m\,b}$	$k_{\min}$	$\dfrac{a}{m\,b}$	$k_{\min}$	$\dfrac{a}{m\,b}$	$k_{\min}$	$\dfrac{a}{m\,b}$
	a	4,00	1,00	5,318	0,998	7,810	0,983	13,399	0,915	23,877	0,667
	b	6,969	0,661	9,274	0,660	13,540	0,653	24,466	0,608	39,522	0,473
	c	5,409	0,795	—	—	11,730	0,763	—	—	39,521	0,473
	c'	5,409	0,795	—	—	9,542	0,797	—	—	23,941	0,665
	d	1,246	1,630	—	—	5,796	1,580	—	—	—	—
	d'	1,246	1,630	—	—	1,563	1,667	—	—	2,068	1,667
	e	$\sim 0,406$	100	—	—	$\sim 1,626$	100	—	—	—	—
	e'	$\sim 0,406$	100	—	—	$\sim 0,542$	100	—	—	$\sim 0,811$	100

Es ist nun bemerkenswert, daß für die Belastungskombinationen aus Druck und Biegung für beidseitig gelenkig gelagerte Platten ein sehr einfacher Zusammenhang zwischen den minimalen Beulwerten $k_{\min}$ besteht. Teilen wir die Spannungsverteilung nach Abb. 127 auf in eine Druckspannung σ_D,

$$\sigma_D = \frac{\sigma_{\max} + \sigma_{\min}}{2},$$

und eine Biegungsspannung σ_B,

$$\sigma_B = \frac{\sigma_{\max} - \sigma_{\min}}{2},$$

so gilt mit praktisch genügender Genauigkeit die Beziehung

$$\frac{\sigma^D}{\sigma^D_{kr.}} + \left(\frac{\sigma^B}{\sigma^B_{kr.}}\right)^2 = 1, \qquad (70)$$

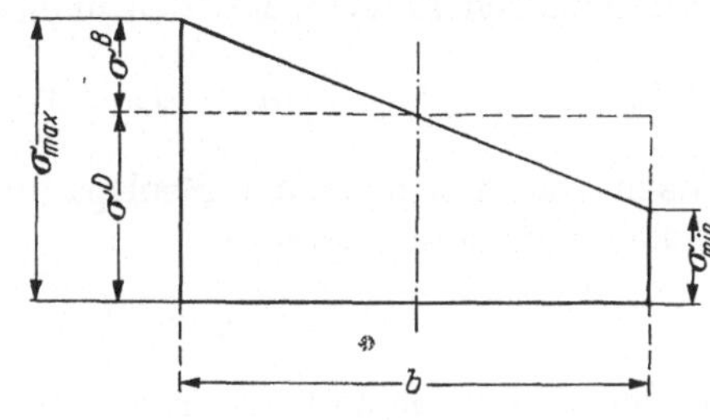

Abb. 127.

in der $\sigma^D_{kr.}$ die für reinen Druck, bzw. $\sigma^B_{kr.}$ die für reine Biegung bestimmte kritische Spannung mit $k_{\min}$ bedeutet. Würden wir allerdings die Berechnung auf die wirklichen k-Werte und nicht auf die Werte $k_{\min}$ beziehen, so würden sich stärkere Abweichungen von Gl. (70) bemerkbar machen, weil sich der Einfluß der Zwickel zwischen den k-Kurven und $k_{\min}$ je nach Belastungsart ungleich stark auswirkt.

Für auf *Schub* beanspruchte Rechteckplatten mit gelenkigen Rändern ist der Beulwert k,

$$\tau_{kr.} = k\,\sigma_E,$$

in Abb. 128 nach S. Timoshenko[1] aufgetragen. Diese k-Werte gelten

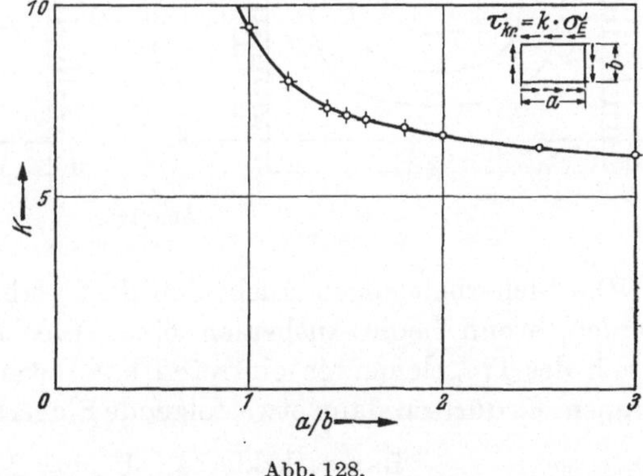

Abb. 128.

auch für $\frac{a}{b} < 1$, wenn wir a und b miteinander vertauschen. Angenähert können die k-Werte durch die Beziehung[1]

$$k = 5{,}35 + 4{,}0 \cdot \left(\frac{b}{a}\right)^2$$

erfaßt werden.

Für kombinierte Beanspruchungsfälle kann bei gelenkig gelagerten Längsrändern Gl. (70) auf die Näherungsbeziehung

---

[1] Siehe Fußnote 2 S. 140.

$$\frac{\sigma^D}{\sigma^D_{kr.}} + \left(\frac{\sigma^B}{\sigma^B_{kr.}}\right)^2 + \left(\frac{\tau}{\tau_{kr.}}\right)^2 = 1 \qquad (70\,\mathrm{a})$$

erweitert werden.

Die hier angegebenen Beulwerte gelten selbstverständlich nur für den elastischen Bereich. Für den unelastischen Bereich,

$$\sigma_{kr.} \geqq \sigma_P, \quad \tau_{kr.} \geqq \frac{\sigma_P}{\sqrt{3}},$$

können die maßgebenden Beulspannungen durch Einführung eines ideellen Schlankheitsgrades

$$\lambda_{id.} = \frac{b}{h}\sqrt{\frac{12\cdot(1-v^2)}{k}}$$

aus dem Vergleich mit der Knickspannungslinie (vgl. Abb. 117) mit praktisch genügender Zuverlässigkeit abgeschätzt werden.

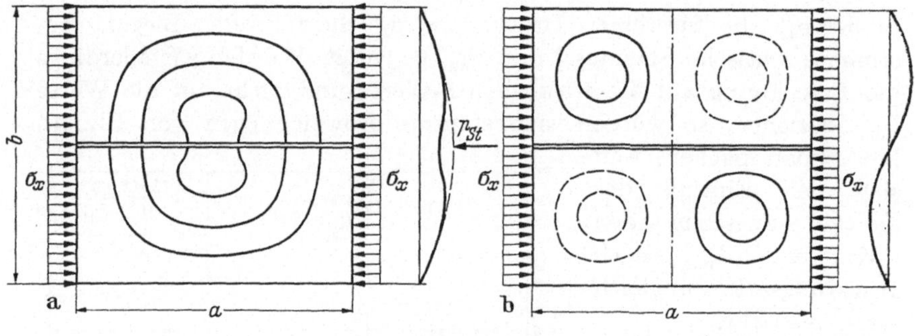

Abb. 129.

Die Sicherheit gegen Ausbeulen darf verhältnismäßig klein gewählt werden, wenn beim Ausbeulen eines Bleches noch kein Zusammenbruch des Tragelementes eintreten kann wie etwa beim Knicken oder Kippen. Es dürften dann etwa folgende Sicherheiten n angemessen sein:

Bauwerksklasse   I: $n = 1{,}3$,
Bauwerksklasse II: $n = 1{,}5$,
Bauwerksklasse III: $n = 1{,}8$.

c) Bleche mit Längsaussteifungen.

Bei Blechen mit großer Breite b kann häufig die Beulgefahr eine gute Materialausnützung verhindern; es ist in solchen Fällen oft wirtschaftlicher, das Blech, statt seine Stärke h zu vergrößern, durch Längsaussteifungen auszusteifen.

Eine solche Längsaussteifung wirkt wie ein Zwischenlängsträger der durch die Ablenkungskräfte p_a belasteten Platte; sie wird die Platte je nach ihrer Steifigkeit $EJ_{st.}$ mehr oder weniger entlasten.

In Abb. 129 ist eine durch gleichmäßig verteilten Längsdruck belastete quadratische Platte mit gelenkigen Rändern skizziert.

Besitzt die Längssteife eine verhältnismäßig kleine Steifigkeit, so wird etwa ein Ausbeulen nach Abb. 129a eintreten; der k-Wert wird mit wachsender Steifigkeit $EJ_{st.}$ oder mit wachsendem Wert von γ,

$$\gamma = \frac{EJ_{st.}}{bN} = \frac{12 \cdot (1 - v^2)\, J_{st.}}{bh^3},$$

etwa nach der Kurve a der Abb. 130 zunehmen.

Es hat nun aber keinen praktischen Wert, den Steifigkeitswert γ über den Wert $\gamma_{erf.}$ hinaus zu vergrößern, bei dem der gleiche k-Wert erreicht wird wie für Ausbeulen in $mn = 2 \cdot 2 = 4$ Halbwellen (Abb. 129b); für diesen Fall ist nach Gl. (67) mit $\frac{a}{b} = 1$

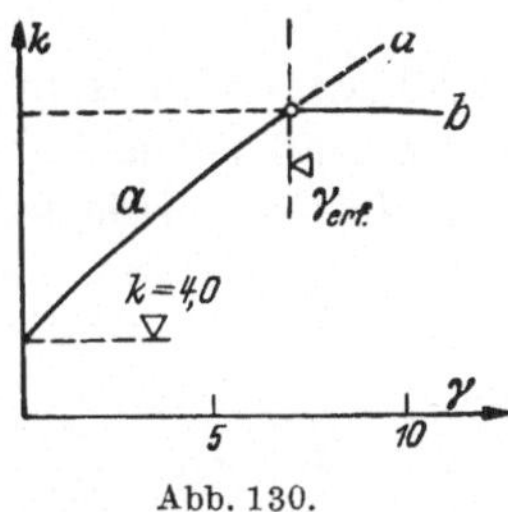
Abb. 130.

$$k = \left(2 + 2^2 \cdot \frac{1}{2}\right)^2 = (2 + 2)^2 = 16{,}0.$$

Ist $\gamma > \gamma_{erf.}$ (hier $\gamma_{erf.} \cong 7{,}0$), so wird Ausbeulen in vier Halbwellen maßgebend; die Aussteifung ist unnötig steif ausgebildet.

Aus diesen Überlegungen ergibt sich auch, daß eine Aussteifung dort am wirksamsten ist, wo die Ablenkungsbelastung p_a ohne Aussteifung ihre größten Werte erreichen würde; bei einer auf Biegung be-

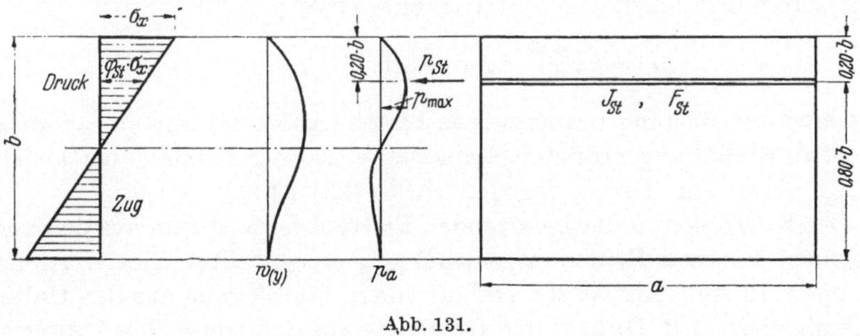
Abb. 131.

anspruchten Platte ist dies nach Abb. 131 im Abstand von etwa $0{,}20 \cdot b$ vom oberen Rand der Fall.

Ein anschaulicher Weg zur Beurteilung der Wirkung der Aussteifung beruht darauf, daß wir in Analogie zum Begriff der „mitwirkenden Plattenbreite" hier den Begriff der „*belastenden Plattenbreite*" μb einführen, in, dem auch die Ungleichmäßigkeit der Spannungsverteilung über die Plattenbreite berücksichtigt sein soll. Da die Aussteifung durch die Spannungen $\varphi_{st.}\,\sigma_x$ beansprucht ist, hat sie im ganzen die Ablenkungsbelastungen

$$p_{st.}^a = \sigma_x \frac{\partial^2 w}{\partial x^2}\,(F_{st.}\,\varphi_{st.} + \mu\,b\,h)$$

aufzunehmen, die mit den elastischen Widerständen

$$p_{st.}^i = E\,J_{st.}\,\frac{\partial^4 w}{\partial x^4}$$

im Gleichgewicht sein müssen. Da für die Aussteifung die Knicklänge $l_k = a$ maßgebend ist, erhalten wir für eine in x-Richtung sinusförmig verlaufende Ausbiegungskurve w,

$$w = Y \sin \frac{\pi\,x}{a},$$

aus

$$p_{st.}^i + p_{st.}^a = 0$$

$$E\,J_{st.}\,\frac{\pi^2}{a^2} = \sigma_x\,(F_{st.}\,\varphi_{st.} + \mu\,b\,h)$$

oder mit

$$\sigma_x = k\,\sigma_E = k\,\frac{\pi^2\,N}{h\,b^2} = k\,\frac{\pi^2\,E\,h^2}{12\cdot(1-\nu^2)\,b^2},$$

$$F_{st.} = \delta\,b\,h$$

die erforderliche Steifigkeit

$$J_{st.erf.} = k\,\frac{h^2\,a^2}{12\cdot(1-\nu^2)\,b^2}\,b\,h\,(\varphi_{st.}\,\delta + \mu)$$

oder durch Einführung des Steifigkeitswertes γ

$$\gamma_{erf.} = k\left(\frac{a}{b}\right)^2 (\varphi_{st.}\,\delta + \mu). \tag{71}$$

Für eine auf Biegung beanspruchte Platte (Abb. 131) mit an der wirksamsten Stelle angeordneten Längssteife ist $\varphi_{st.} = 0{,}60$; bei gleichmäßig verteiltem Druck dagegen (Abb. 129) ist $\varphi_{st.} = 1{,}0$.

Der Koeffizient μ der belastenden Plattenbreite ist nun aus den vorliegenden genauen Beulenuntersuchungen ausgesteifter Bleche zu bestimmen; in Abb. 132 ist der Verlauf von μ, für Biegung aus den Untersuchungen von CH. DUBAS[1] und für Druck aus den von S. TIMOSHENKO[2] angegebenen Werten berechnet, aufgetragen. Der einfache Aufbau von Gl. (71) dürfte im Zusammenhang mit Abb. 132 eine zweckmäßige und wirtschaftliche Anordnung von solchen Aussteifungen erlauben.

Gl. (71) läßt erkennen, daß bei großen Verhältnissen a/b die Längsaussteifung eine große Steifigkeit besitzen muß, um genügend wirksam

---

[1] DUBAS, CH.: Le voilement de l'âme des poutres fléchies et raidies au cinquième supérieur. Abh. I.V.B.H. Bd. 14 (1954).
[2] Siehe Fußnote 2 S. 140.

zu sein. In solchen Fällen kann es gelegentlich wirtschaftlich sein, die Längsaussteifung durch eine vertikale Zwischenaussteifung in ihrer Mitte so stark elastisch zu stützen, daß für die Bestimmung von $\gamma_{erf.}$ nur noch die halbe Feldweite a maßgebend wird.

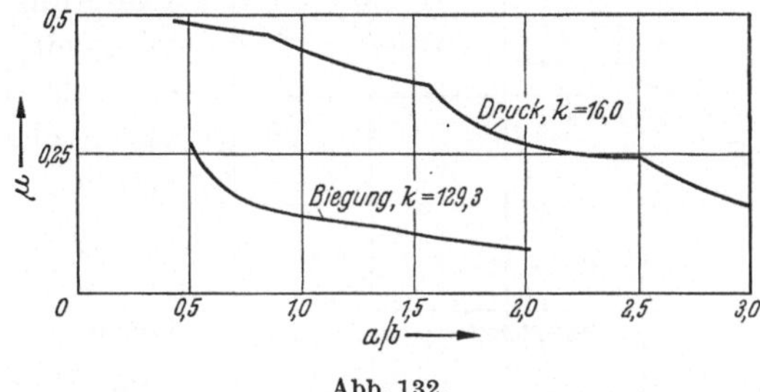

Abb. 132.

Bei der Berechnung des Trägheitsmomentes $J_{st.}$ der Aussteifung darf, entsprechend den im Stahlbau üblichen Regeln, ein Blechstreifen der Breite $\sim 30\,h$ mit dem Aussteifungsquerschnitt mitgerechnet werden.

d) Überkritische Belastungen — Leichtprofile.

Wie wir beiläufig schon festgestellt haben, tritt beim Erreichen der Beulspannung $\sigma_{kr.}$ noch kein Zusammenbruch des Bleches ein, sondern

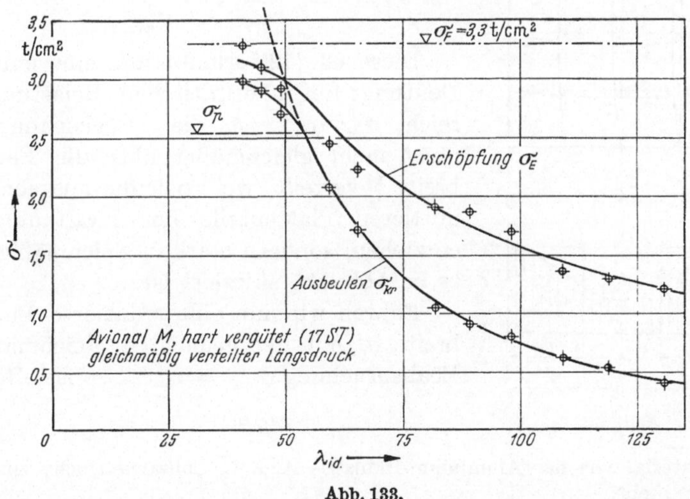

Abb. 133.

die Belastung kann noch weiter gesteigert werden, bis die Tragfähigkeit erschöpft ist. Abb. 133 zeigt einige Versuchsergebnisse an Blechen aus der Legierung Avional M hart[1], vergütet, von 12 cm und 16 cm Breite und 2 mm und 4 mm Stärke unter gleichmäßig verteiltem Längsdruck[2]. Zwischen den Beulspannungen $\sigma_{kr.}$ und den rechnerischen Spannungen $\sigma_{Er.}$ bei der Erschöpfung der Tragfähigkeit besteht nun ein sehr einfacher Zusammenhang; es ist nämlich

$$\frac{\sigma_{Er.}^2}{\sigma_{kr.}} \simeq \mathrm{konst} = C.$$

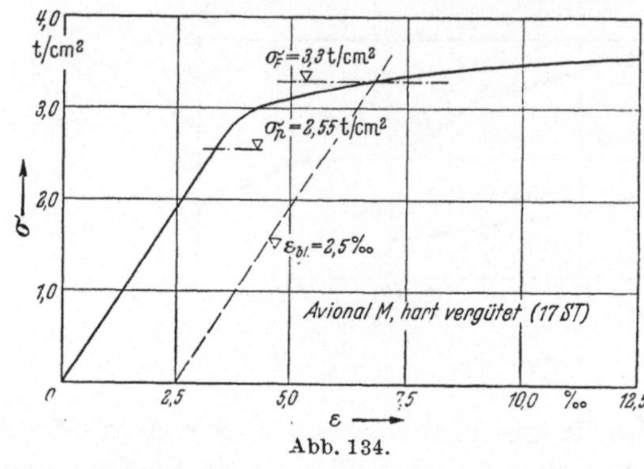

Abb. 134.

Diese Konstante C beträgt bei den Versuchen der Abb. 133 $C \simeq 3,3$ t/cm²; es ist dies, wie aus dem Spannungsdehnungsdiagramm des verwendeten Materials (Abb. 134) ersichtlich ist, eine Beanspruchung, bei der die Dehnungen bei nur geringer Laststeigerung stark zunehmen, oder wir können grundsätzlich (ohne nochmals auf die Besonderheit einer bei Aluminiumlegierungen nur konventionellen, nicht wirklichen Fließgrenze einzutreten) somit setzen $C \simeq \sigma_F$ ($\sigma_F =$ Fließgrenze (oder

$$\sigma_{kr.}\,\sigma_F = \sigma_{Er.}^2. \tag{72}$$

Diese Gl. (72) erlaubt nun eine einfache Deutung: im überkritischen Belastungsbereich, $\sigma > \sigma_{kr.}$, ist die Druckspannung σ nicht mehr gleichmäßig über die Plattenbreite b verteilt, weil sich die ausgebeulten mittleren Plattenteile der Kraftaufnahme entziehen, sondern stark ungleichmäßig, wie es in Abb. 135 skizziert ist.

Führen wir nun eine reduzierte Plattenbreite b_r mit der gedachten gleichmäßigen Beanspruchung $\sigma_{max} = \sigma_F$ ein, so ist offenbar

$$b_r\,\sigma_F = b\,\sigma_{Er.}$$

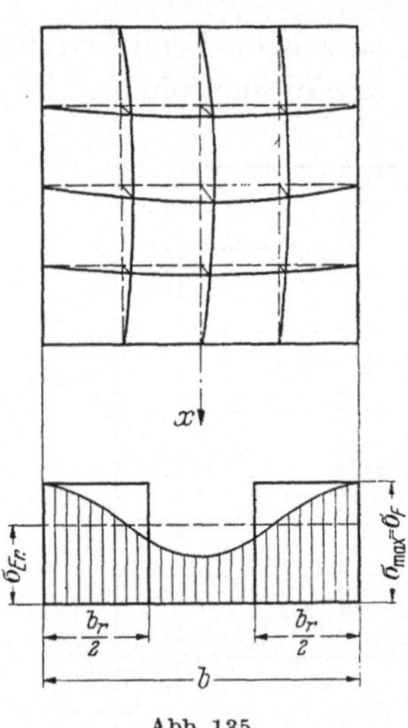

Abb. 135.

---

[1] Material von der Aluminium-Industrie A.G. in Lausanne-Ouchy zur Verfügung gestellt.

[2] Stüssi, F., C. F. Kollbrunner u. M. Walt: Versuchsbericht über das Ausbeulen der auf einseitigen, gleichmäßig und ungleichmäßig verteilten Druck beanspruchten Platten aus Avional M, hart vergütet. Mitt. Inst. Baustatik E.T.H. Heft 25, Zürich 1951.

oder, durch Einsetzen von $\sigma_{Er.}$ nach Gl. (72),

$$\frac{b_r}{b} = \frac{\sigma_{Er.}}{\sigma_F} = \frac{\sqrt{\sigma_{kr.} \cdot \sigma_F}}{\sigma_F} \; ;$$

$$\frac{b_r}{b} = \sqrt{\frac{\sigma_{kr.}}{\sigma_F}} \; . \tag{73}$$

Unsere Versuche beziehen sich auf Platten mit verschiedenen Lagerungsarten (beide Längsränder gelenkig gelagert, beide Längsränder elastisch eingespannt, ein Längsrand gelenkig und der andere eingespannt); Gl. (73) gilt somit (mit den auch bei sorgfältiger Versuchs-

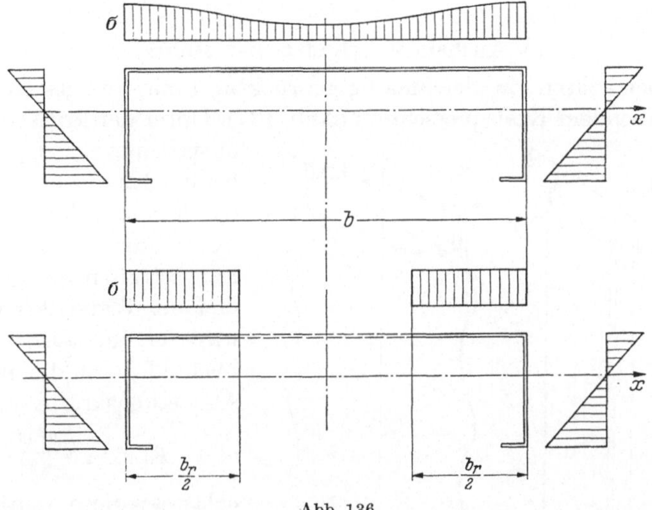

Abb. 136.

durchführung unvermeidlichen Streuungen) allgemein. Für den Sonderfall beidseitig gelenkiger Lagerung hat TH. V. KÁRMÁN für die reduzierte Plattenbreite b_r die Beziehung

$$b_r = \frac{\pi\,h}{\sqrt{3 \cdot (1 - v^2)}} \sqrt{\frac{E}{\sigma_F}}$$

angegeben[1], die für diesen Fall mit $k_{\min} = 4{,}0$ und elastisches Beulen,

$$\sigma_{kr.} = k_{\min} \frac{\pi^2\,E}{12 \cdot (1 - v^2)} \frac{h^2}{b^2},$$

mit unserer Gl. (73) übereinstimmt.

In neuerer Zeit werden gelegentlich für untergeordnete Bauteile sogenannte *Leichtprofile* verwendet, die aus sehr dünnen Blechen durch Abkanten hergestellt werden und bei denen auf die überkritische Beanspruchung gedrückter Blechteile gerechnet wird. Abb. 136 zeigt ein

[1] KÁRMÁN, TH. V., E. E. SOCHLER u. L. H. DONNELL: The strength of thin plates in compression. Trans. Amer. Soc. mech. Engrs. Bd. 54 (1932).

solches auf Biegung beanspruchtes Leichtprofil mit Γ-förmigem Querschnitt.

Die Berechnung eines solchen Leichtträgers ist nun sehr einfach: wir berechnen mit Hilfe von Gl. (73) die mitwirkende Breite b_r des gedrückten Steges, worauf der Spannungsnachweis in normaler Form durchgeführt werden kann.

Eine reduzierte mitwirkende Breite bedeutet immer, daß der Querschnitt nicht voll ausgenützt werden kann; eine Verwendung eines hochwertigen Baustoffes für Leichtprofile mit unvollständiger Materialausnützung wird nur in Ausnahmefällen wirtschaftlich gerechtfertigt sein.

e) Ausbeulen zylindrischer Rohre.

Wir betrachten ein gleichmäßig gedrücktes dünnwandiges Rohr mit gleichbleibendem Kreisquerschnitt (Abb. 137). Unter der kritischen Beanspruchung $\sigma_{z\,kr.} = \sigma_{kr.}$ beult das Rohr symmetrisch in m Halbwellen aus. Betrachten wir nun einen Längsstreifen der Breite 1 und der Wandstärke h, so wird er im ausgebeulten Zustand durch die äußeren Ablenkungskräfte p_a,

$$p_a = \sigma_z\,h\,\frac{d^2\,w}{d\,z^2},$$

belastet; diese werden jedoch nun nicht nur durch die inneren Widerstände aus Biegungssteifigkeit,

$$N\,\frac{d^4\,w}{d\,z^4},$$

aufgenommen, sondern der Zusammenhang aller Längsstreifen leistet noch einen weiteren elastischen Widerstand,

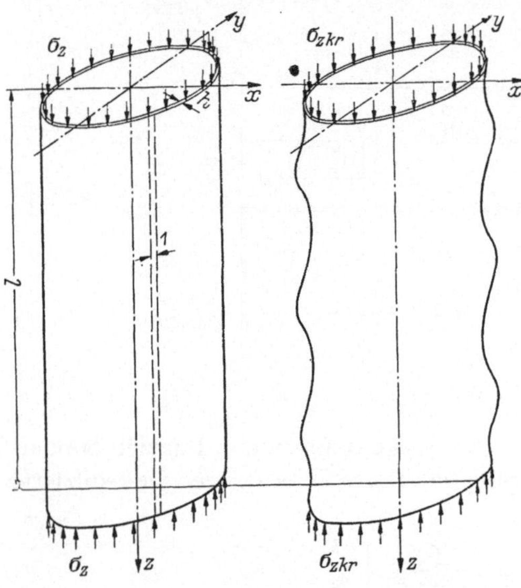

Abb. 137.

$$\frac{E\,h}{r^2}\,w,$$

weil eine Ausbeulung w nur in Verbindung mit einer Ausweitung des Rohres möglich ist; eine Vergrößerung des Rohrdurchmessers um

$$2\,(r + w)\,\pi - 2\,r\,\pi = 2\,w\,\pi$$

verlangt Ringspannungen von der Größe

$$\sigma_u = E\,\frac{w}{r},$$

die mit dem ausgelösten Widerstand im Gleichgewicht sein müssen. Damit ist

$$p_i = N \frac{d^4 w}{d z^4} + \frac{E h}{r^2} w$$

und die Stabilitätsbedingung $w_1 = w_0$ liefert die Differentialgleichung des Problems zu

$$N \frac{d^4 w}{d z^4} + \sigma_z h \frac{d^2 w}{d z^2} + \frac{E h}{r^2} w = 0. \tag{74}$$

Der betrachtete Rohrstreifen verhält sich somit gleich wie ein elastisch gebetteter Stab mit der Bettungsziffer $E h/r^2$.

Die Differentialgleichung (74) mit konstanten Koeffizienten wird (bei der vorausgesetzten gelenkigen Randlagerung) durch den einfachen Ansatz

$$w = w_c \sin \frac{m \pi z}{l}$$

befriedigt und wir erhalten durch Einsetzen

$$\sigma_{kr.} = \frac{1}{h} \left(N \frac{m^2 \pi^2}{l^2} + \frac{E h}{r^2} \frac{l^2}{m^2 \pi^2} \right);$$

der kleinste Wert von $\sigma_{kr.}$ ergibt sich für

$$\frac{m \pi}{l} = \sqrt[4]{\frac{E h}{N r^2}}$$

und damit zu

$$\sigma_{kr.} = 2 \cdot \frac{\sqrt{E N h}}{r h}. \tag{75}$$

Diese Beziehung wurde erstmals von S. Timoshenko[1] aufgestellt.

Setzen wir den Wert der Steifigkeit N ein, indem wir noch die Möglichkeit des plastischen Ausbeulens berücksichtigen,

$$N = \frac{T \cdot 1 \cdot h^3}{12 \cdot (1 - v^2)},$$

so wird

$$\sigma_{kr.} = \sqrt{\frac{E T}{3 \cdot (1 - v^2)}} \frac{h}{r}. \tag{75a}$$

Diese Werte für $\sigma_{kr.}$ gelten nur, wenn die Rohrlänge l ein Vielfaches der Halbwellenlänge l/m ist.

Ist das Rohr auf Biegung beansprucht, so kann genügend genau und auf der sicheren Seite liegend ebenfalls Gl. (75) für den Nachweis einer genügenden Beulsicherheit unter der größten Druckbeanspruchung

$$\sigma_{\max} = \frac{M}{W}$$

verwendet werden.

---

[1] Siehe Fußnote 2 S. 140.

Bei der Ableitung der Gl. (75) wurde ein idealer Kreiszylinder vorausgesetzt; jede Abweichung von der Idealform muß eine Verminderung der Tragfähigkeit verursachen. Es zeigt sich nun aus Versuchen, wie sie von E. E. Lundquist[1] an Aluminiumzylindern (Duraluminium) und von L. H. Donnell[2] an Zylindern aus Stahl und Messing durchgeführt und von S. Timoshenko[3] zusammenfassend besprochen worden sind, daß hier die Abminderung der Tragfähigkeit infolge von unvermeidlichen kleinen Vorbeulungen beträchtlich ist; die höchsten Versuchswerte (Lundquist) erreichen nur 60% der durch Gl. 75a angegebenen Werte. Trotz der großen Streuungen der Versuchswerte läßt sich eindeutig feststellen, daß die Wirkung der Störungen mit zunehmendem Verhältnis $\frac{r}{h}$ zunimmt; für Aluminiumzylinder kann der Mindestwert des Abminderungsfaktors etwa mit

$$0{,}50 - \frac{1}{5400}\frac{r}{h}$$

angesetzt werden. Auch wenn damit die Verhältnisse nicht als abgeklärt angesehen werden können, darf vorläufig praktisch doch mit diesem Wert also mit

$$\sigma_{kr} = \left(0{,}50 - \frac{r}{5400\,h}\right)\frac{h}{r}\sqrt{\frac{E\,T}{3\,(1 - v^2)}} \tag{75b}$$

gerechnet werden. Da hier das Ausbeulen mit einem vollen Verlust der Tragfähigkeit gleichbedeutend ist, ist mit den gleichen Sicherheiten zu bemessen wie beim Knicken.

V. Ausbildung und Bemessung der Bauelemente.

Die Ausbildung und Bemessung von Leichtmetalltragwerken lehnt sich eng an die entsprechenden Grundsätze und Regeln des Stahlbaues an. Dabei müssen jedoch die Unterschiede zwischen Stahl und Aluminiumlegierungen in den Materialeigenschaften, den Herstellungsmöglichkeiten und den wirtschaftlichen Grundlagen beachtet werden; die Bauformen der Leichtmetalltragwerke dürfen nicht einfach aus dem Stahlbau übernommen werden, sondern sie sind, aufbauend auf dem Erfahrungsschatz des Stahlbaues, unter Beachtung der Besonderheiten des neuen Baustoffes neu zu entwickeln. Es ist wohl selbstverständlich, daß es heute noch nicht möglich ist, für Leichtmetalltragwerke eine endgültige, abschließende und umfassende Konstruktionslehre auf-

---

[1] Lundquist, E. E.: Strength tests of thin walled duralumin cylinders in compression. NACA Techn. Rep. Nr. 473, 1933.

[2] Donnell, L. H.: A new theory for the buckling of thin cylinders under axial compression and bending. Trans. Am. Soc. Mech. Eng., vol. 56, 1934.

[3] S. Fußnote 2 S. 140.

zustellen; dazu fehlt uns heute noch die dazu erforderliche breite Erfahrungsgrundlage, die sich nur aus dem Vergleich einer größeren Zahl von baufertig durchgearbeiteten Entwürfen und aus den Beobachtungen an ausgeführten Bauwerken ergeben kann. Bei den folgenden Überlegungen handelt es sich somit um einen unvollkommenen Versuch, die Besonderheiten in der Ausbildung und Bemessung von Bauelementen aus Aluminium zu skizzieren.

1. Zusammengesetzte Vollwandträger.

a) Bauformen.

Bei Gültigkeit der üblichen Durchbiegungsvorschriften des Stahlbaues ist der Vollwandträger aus Leichtmetall wegen des kleineren Elastizitätsmoduls E benachteiligt. Die erforderliche größere Trägerhöhe wirkt sich wegen der ungünstigen Ausnützung des Stehblechmaterials wirtschaftlich nachteilig aus. Man wird diese ungünstige Auswirkung in erster Linie durch die Wahl von Tragsystemen mit kleinen Durchbiegungen, wie durchlaufenden Balken, Rahmen oder Bogenträgern oder auch etwa verstärkten Balken (versteifte Stabbogen oder Langersche Balken), zu kompensieren suchen (Abb. 138).

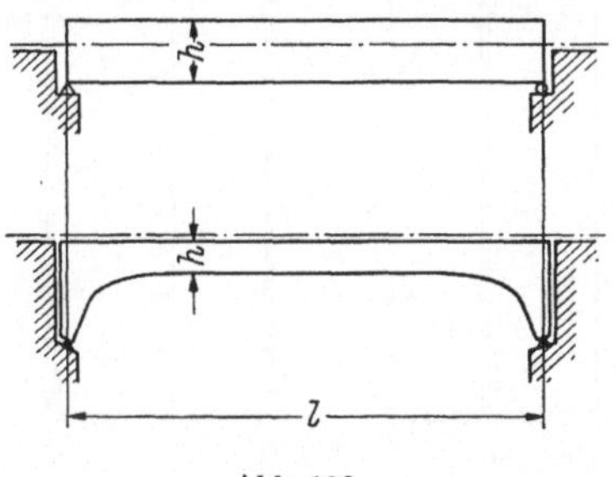

Abb. 138.

Eine solche Lösung ist jedoch nicht immer möglich und außerdem muß häufig die Verkleinerung der Bauhöhe durch zusätzliche Aufwendungen für teurere Bearbeitung, teurere Auflagerkonstruktionen usw. erkauft werden. Auch der Leichtmetallbau kann nicht auf den einfachen Balken als häufig zu verwendendes Tragsystem verzichten.

Bei einem einfachen Balken konstanten Querschnitts beträgt die größte Durchbiegung f unter gleichmäßig verteilter Belastung q

$$f = \frac{5}{384} \cdot \frac{q\,l^4}{E\,J} = \frac{5}{48} \cdot \frac{M\,l^2}{E\,J} = \frac{5}{24} \cdot \frac{\sigma\,l^2}{E\,h};$$

sie steigt bei voller Anpassung der Widerstandsmomente W an die Biegungsmomente M auf

$$f = \frac{\sigma\,l^2}{4\,E\,h} = \frac{6}{24} \cdot \frac{\sigma\,l^2}{E\,h}$$

an. Rechnen wir, wegen der praktisch nur teilweise ausführbaren Anpassung der Widerstands- an die Biegungsmomente, mit einem Mittelwert,

$$f_{vorh.} = \frac{\sigma\,l^2}{4{,}4\,E\,h},$$

so wird bei einer vorgeschriebenen Durchbiegung

$$f_{zul.} = \frac{l}{k}$$

die erforderliche Trägerhöhe h

$$h_{erf.} = \frac{k\,\sigma}{4{,}4\,E}\,l\;.$$

Da in den meisten Vorschriften die Durchbiegungszahl k, je nach Bauwerksklasse, zwischen $k = 500$ und $k = 1000$ schwankt, würden sich damit für den Leichtmetallträger unwirtschaftlich große Höhen h ergeben.

Nun sind jedoch die vorgeschriebenen Durchbiegungen der meisten Stahlbauvorschriften sachlich nicht hinreichend begründet; man hat sie

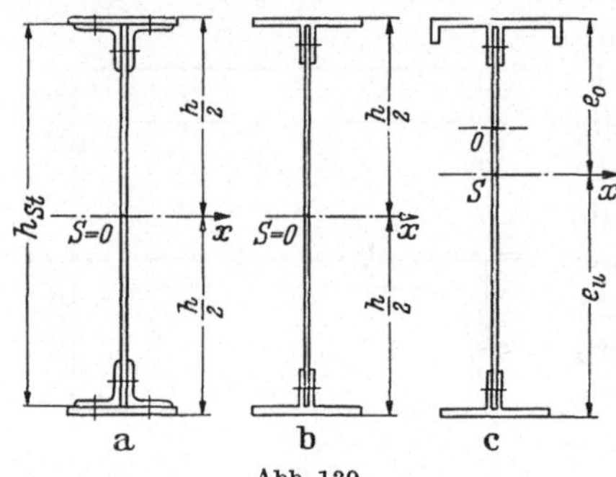

a   b   c

Abb. 139.

hingenommen, weil sie normalerweise die Bemessung der Tragwerke nur unwesentlich oder gar nicht beeinflußten. Eine Ausnahme bildet die verankerte Hängebrücke, bei der man jedoch schon seit längerer Zeit und allgemein unter dem Zwang der wirtschaftlichen Notwendigkeit dazu übergegangen ist, die Durchbiegungsvorschriften erheblich zu lockern.

Dieses gleiche Recht muß auch die Leichtmetallbauweise für sich in Anspruch nehmen dürfen. Beim heutigen Stand unserer Erfahrungen dürften etwa die folgenden Werte der größten zulässigen Durchbiegungen (sofern nicht im Einzelfall besondere Gründe eine schärfere Begrenzung erfordern) ohne technischen Nachteil zugelassen werden können:

Bauwerksklasse I (Hochbauten): $\qquad f_{zul.} = \dfrac{l}{300}$,

Bauwerksklasse II (Straßenbrücken): $f_{zul.} = \dfrac{l}{400}$;

bei Bauwerksklasse III (Eisenbahnbrücken) wird in Zukunft eine verfeinerte Beachtung der Schwingungsvorgänge unter bewegten Lasten[1] die Vorschrift eines festen Zahlenwertes für die größtzulässigen Durchbiegungen ersetzen müssen.

In bezug auf die *Querschnittsform genieteter Blechträger* wird sich eine erste Abweichung gegenüber der Normalform des Stahlbaues (Abb. 139a) dadurch ergeben, daß Gurtprofile mit doppeltem Steg ver-

---

[1] Siehe z. B.: F. Stüssi: Trägerschwingungen unter bewegter Last. Abh. I.V.B.H. Bd. 13 (1953).

wendet werden; die Vorzüge dieser Gurtform durch Einsparung von Nietarbeit sind offensichtlich (Abb. 139 b).

Bei doppelt-symmetrischer Ausbildung des Trägerquerschnittes wird es wegen des kleinen Elastizitätsmoduls E von Leichtmetall ziemlich oft vorkommen, daß wegen der Kippgefahr die zulässigen Biegungsspannungen $\sigma_{zul.}$ nicht ausgenützt werden können. In solchen Fällen dürfte es, trotz der größeren Berechnungsarbeit bei einem unsymmetrischen Querschnitt, angezeigt sein, den Druckgurt stärker auszubilden als den Zuggurt (Abb. 139 c); die entsprechende Verschiebung des Schubmittelpunktes O nach der Druckseite verursacht eine willkommene Verbesserung der Kippstabilität.

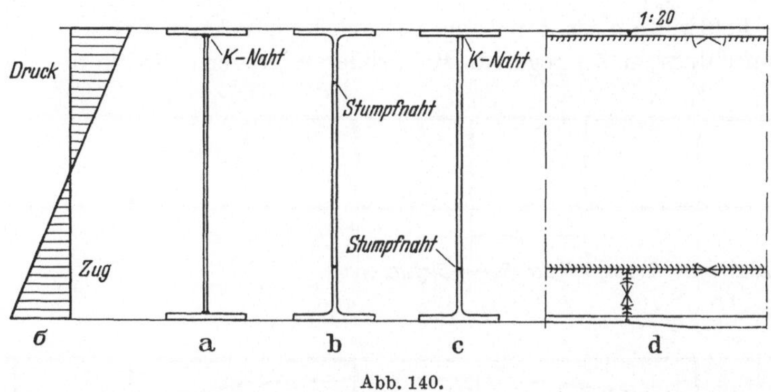

Abb. 140.

Die Anpassung der Gurtquerschnitte an die vorhandenen Momente wird bei größeren Bauaufgaben, bei denen sich die entsprechende Herstellung lohnt, wohl am besten durch Verwendung von Gurtprofilen verschiedenen Querschnitts (Stoßstellen) erreichen lassen; bei kleineren Objekten wird man diese Anpassung eher durch aufgeniete Lamellen suchen.

Bei *geschweißten* Blechträgern ist dafür zu sorgen, daß die Festigkeitsabminderung der geschweißten Verbindung nicht eine ungenügende Materialausnützung des gesamten Trägerquerschnittes zur Folge hat. Die heutige Normalform des geschweißten Stahlträgers mit rechteckförmigem Gurtquerschnitt, der durch eine K-Naht mit dem Stehblech verbunden ist (Abb. 140 a), wird beim gegenwärtigen Stand der Schweißtechnik im Leichtmetallbau aus diesem Grunde nicht in Frage kommen. Hier ist, mindestens im Zuggurt, der einfache T-Querschnitt die gegebene Gurtform (Abb. 140 b oder 140 c).

Man wird, besonders bei geschweißten Trägern, die auf S. 158 empfohlenen größten zulässigen Durchbiegungen nicht immer ausnützen, um nicht zu große Gurtquerschnitte zu bekommen.

b) Einzelheiten der Bemessung.

Sobald die Trägerhöhe festgelegt ist, kann die Stehblechstärke bestimmt werden, da ja die größten Biegungsspannungen,

$$\sigma_{\text{max } vorh.} \leqq \sigma_{zul.},$$

mindestens annähernd bekannt sind. Für die Bemessung des Stehblechs ist praktisch immer Ausbeulen maßgebend, wobei die drei Fälle zu unterscheiden sind (Abb. 141 a):

Endfelder: Schub vorherrschend,
Zwischenfelder: Biegung und Schub,
Mittelfelder: Biegung vorherrschend.

Die Feldweite a ist dabei meist durch konstruktive Gründe (Querträgeranschlüsse u. ä.) gegeben. Bei größeren Trägern wird in der Regel

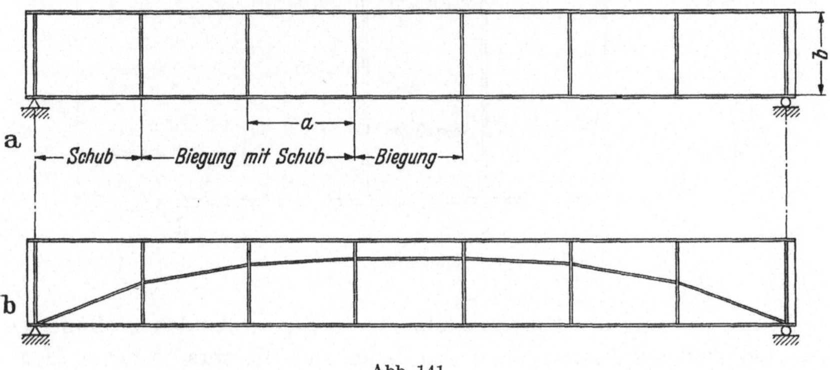

Abb. 141.

eine Längsaussteifung des Stehblechs wirtschaftlich sein, die wohl meist nur auf der Innenseite des Trägers angeordnet wird. Bei größeren Aussteifungsquerschnitten ist dabei jedoch zu beachten, daß durch die Mitwirkung einer solchen einseitigen Aussteifung der Trägerquerschnitt unsymmetrisch wird; für eine zuverlässige Spannungsberechnung sind somit die Hauptachsen zu bestimmen.

Bei durchgehend erforderlichen Aussteifungen besitzt die von CH. DUBAS[1] vorgeschlagene Anordnung (Abb. 141 b) den Vorteil, daß die durchlaufende Ausbildung der Aussteifungen und ihr Anschluß an die Zwischenpfosten sich konstruktiv verhältnismäßig einfach einwandfrei durchführen läßt. Wenn auch die hier auftretenden kombinierten Beulfälle mit Schrägaussteifungen theoretisch noch nicht systematisch untersucht worden sind, so erlaubt doch die in Abschn. IV gegebene

---

[1] DUBAS, CH.: Contribution à l'étude du voilement des tôles raidies. Mitt. Inst. Baustatik, E.T.H., Heft 23. Zürich 1948.

Darstellung der erforderlichen Steifigkeitszahl γ der Längsaussteifungen auch hier eine recht zutreffende Abschätzung der erforderlichen Aussteifungsquerschnitte.

Die lotrechten Queraussteifungen werden zweckmäßigerweise auf Grund der Vorstellung bemessen, daß der Träger auch nach dem Ausbeulen der Stehbleche noch tragfähig bleiben soll, d. h., die Queraussteifungen sollen als Pfosten eines Ständerfachwerkes für $P = Q$ wirken können (Abb. 142). Damit erst ist eine verhältnismäßig kleine Beulsicherheit gerechtfertigt. Eine Anpassung der Pfostenquerschnitte an die veränderliche Größe der Querkraft Q ist normalerweise nicht zu empfehlen.

Bei längsversteiften Stehblechen haben die Pfosten oder Quersteifen auch eine genügende *elastische Querstützung* der Längsaussteifungen zu gewährleisten. Mit den Bezeichnungen der Gl. (71) beträgt die Druckkraft S der Längsaussteifung

$$S = k \, \sigma_E \, (\varphi_{st.} \, \delta + \mu) \, b \, h \, ;$$

sie ist auf eine Knicklänge $l_k = a$ zu bemessen:

$$S_{kr.} = \frac{\pi^2 \, E \, J}{a^2} . \tag{76a}$$

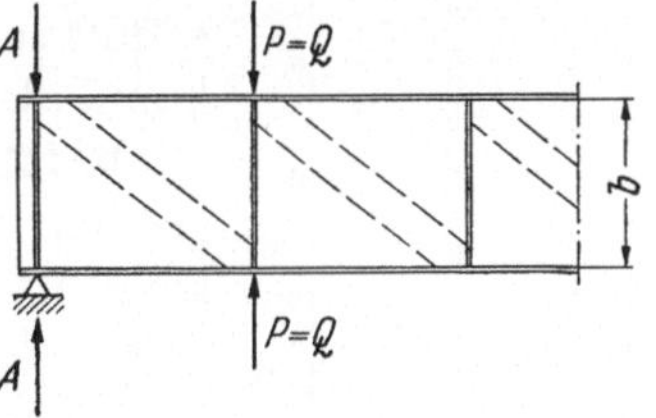

Abb. 142.

Andererseits ist, wenn wir uns hier auf die vereinfachte ENGESSERsche Ableitung[1] stützen, die nach den Untersuchungen W. SCHIBLERS[2] bei größerer Felderzahl genügend genaue Werte liefert, der Kleinstwert der kritischen Druckkraft eines elastisch quergestützten Stabes

$$S_{kr.} = \frac{m^2 \, \pi^2 \, E \, J}{l^2} + \frac{C}{a} \frac{l^2}{m^2 \, \pi^2} = 2 \cdot \sqrt{\frac{C \, E \, J}{a}} , \tag{76b}$$

wobei C den elastischen Widerstand der in Abständen a angeordneten Querstützung bedeutet; einer Ausbiegung η setzt die Querstützung somit den Widerstand W,

$$W = C \, \eta ,$$

entgegen. Setzen wir die beiden Werte von $S_{kr.}$ nach den Gln. (76a) und (76b) einander gleich, so ergibt sich der erforderliche elastische Widerstand C,

$$C_{erf.} = \frac{\pi^4 \, E \, J}{4 \, a^3} , \tag{76c}$$

den die Querstützung besitzen muß, damit die Berechnungsgrundlagen der Längsaussteifungen gesichert sind.

---

[1] ENGESSER, F.: Zbl. Bauverw. 1884 S. 415.

[2] SCHIBLER, W.: Das Tragvermögen der Druckgurte offener Fachwerkbrücken mit parallelen Gurtungen. Mitt. Inst. Baustatik, E.T.H., Heft 19. Zürich 1946.

Sind die Pfosten Bestandteile von Halbrahmen, wie dies beispielsweise bei oben offenen Brücken der Fall ist, so haben sie außer der Querstützung der Längssteifen auch noch die Querstützung der gedrückten Obergurte zu gewährleisten.

Lotrechte Zwischenaussteifungen verbessern normalerweise die Stabilität des Stehblechs nicht wesentlich, mit Ausnahme etwa von Endfeldern mit vorherrschender Schubbeanspruchung. Dagegen können sie gelegentlich bei sehr großen Verhältnissen a/b als elastische Zwischenstützung von Längsaussteifungen zweckmäßig sein.

Die erforderlichen *Gurtquerschnitte* sind auf dem Wege einer wiederholten Schätzung, d. h. durch fortgesetzte Annäherung zu bestimmen; es muß in allen Trägerquerschnitten die Bedingung

$$M_{vorh.} \leqq M_{zul.} = W\,\sigma_{zul.}$$

erfüllt sein. Bei doppelt-symmetrischem Querschnitt kann diese Schätzung wie folgt erleichtert werden (Abb. 143): Im maßgebenden Querschnitt mit dem größten vorhandenen Biegungsmoment $M_{\max}$ beträgt das erforderliche Widerstandsmoment $W_{erf.}$

$$W_{erf.} = \frac{M_{\max}}{\sigma_{zul.}};$$

damit ist (Nettoquerschnitte!)

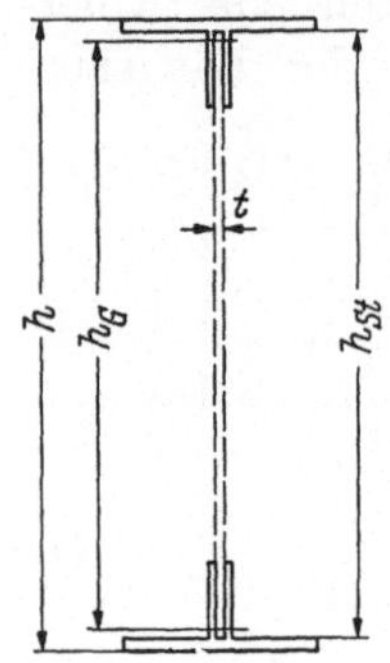

Abb. 143.

$$J_{erf.} = W_{erf.}\,\frac{h}{2} = \frac{M_{\max}}{\sigma_{zul.}}\,\frac{h}{2}.$$

Andrerseits ist für den Trägerquerschnitt unter Vernachlässigung der Eigenträgheitsmomente der Gurtquerschnitte

$$J_{vorh.} = \frac{F_G\,h_G^2}{2} + \frac{t'\,h_{st.}^3}{12},$$

wobei t' die entsprechend der Nietschwächung angemessen verminderte Stehblechstärke bedeutet. Die Gleichsetzung $J_{vorh.} = J_{erf.}$ liefert somit den gesuchten Wert des Gurtquerschnittes F_G zu

$$F_{G\,erf.} = \frac{1}{h_G^2}\left(\frac{M_{\max}\,h}{\sigma_{zul.}} - \frac{t'\,h_{st.}^3}{6}\right).$$

Die Schätzung des Gurtquerschnittes ist damit auf die Schätzung der Trägerhöhen h und h_G aus der bekannten Stehblechhöhe $h_{st.}$ zurückgeführt. Die Anpassung der Gurtquerschnitte an den veränderlichen Momentenverlauf wird nun in bekannter Weise mit Hilfe der „Materialverteilungsfigur" (Abb. 144) gesucht. Das „Vorbinden" des Größtquerschnittes über die theoretischen Endpunkte E hinaus geschieht analog zu den bekannten Regeln des Stahlbaus; bei aufgenieteten Lamellen bedeutet die „Vorbindelänge" v die erforderliche Mindestanschlußlänge, während bei geschweißten Gurtstößen (vgl. Abb. 140 d) die Länge v durch die Abminderung des zulässigen Momentes $M_{zul.}$ infolge des geschweißten Stumpfstoßes gegenüber dem Grundmaterial gegeben ist.

Bei unsymmetrischen Trägern (d. h. auch bei Biegung mit Längskraft) ist der Spannungsnachweis für beide Gurtungen durchzuführen; hier kann es bequem sein, statt die zulässigen mit den vorhandenen Momenten direkt die Randspannungen miteinander zu vergleichen.

Die gewählten Querschnitte sind schlußendlich noch durch den Stabilitätsnachweis (Kippen) zu überprüfen.

Bei der Ausbildung von *Stößen* vollwandiger Träger bzw. ihrer einzelnen Teile ist beim heutigen Stand der Technik scharf zwischen Werkstattstößen und Montagestößen zu unterscheiden; die Schweißtechnik wird vorläufig nur für die Ausführung von Werkstattstößen in Frage kommen, während Montagestöße zu nieten (evtl. zu verschrauben) sind.

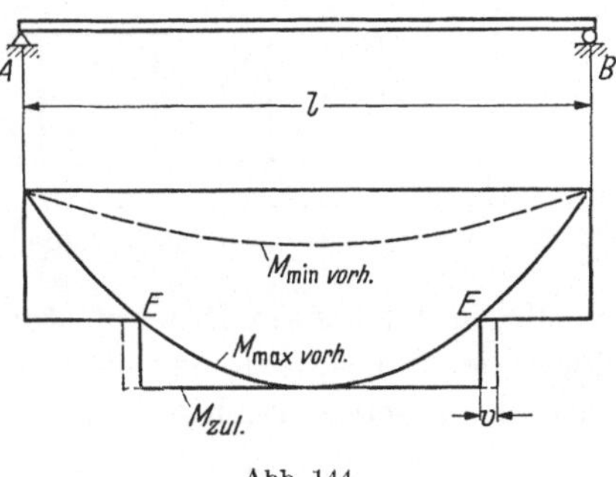

Abb. 144.

Auflagerkörper für Leichtmetallträger werden vorläufig wohl am wirtschaftlichsten aus *Stahl* hergestellt und nach den im Stahlbau üblichen Regeln bemessen.

2. Fachwerkträger.

a) Besonderheiten des Netzbildes.

Beim Entwurf eines Fachwerkträgers sind schon bei der Wahl des Netzbildes der Einfluß des verhältnismäßig kleinen Elastizitätsmoduls E von Aluminiumlegierungen und damit die verhältnismäßig kleinen zulässigen Knickspannungen $\sigma_{k\,zul.}$ bei gegebenem Schlankheitsgrad λ zu beachten. Um diese wirtschaftlich nachteilige Besonderheit möglichst auszugleichen, ist, soweit dies möglich ist, die Ausfachung eines Fachwerkträgers so zu wählen, daß die *kurzen Füllstäbe* auf *Druck* beansprucht werden. Dies kann zu grundsätzlichen Unterschieden in der Wahl des Netzbildes gegenüber Fachwerken aus Stahl führen. In Abb. 145 ist ein Beispiel für diese Überlegungen skizziert. Während im Stahlbau das Strebenfachwerk mit oder ohne Hilfspfosten die normale Ausführungsform eines Fachwerkbalkens darstellt, kann für Fachwerke in Leichtmetall oft das Ständerfachwerk, bei dem bei fester Belastung nur die kürzeren Pfosten auf Druck, die längeren Streben dagegen auf

Zug beansprucht sind, das zweckmäßigere Netzbild sein. Damit soll jedoch nicht etwa das Ständerfachwerk allgemein als Normallösung des Leichtmetallbaues bezeichnet werden.

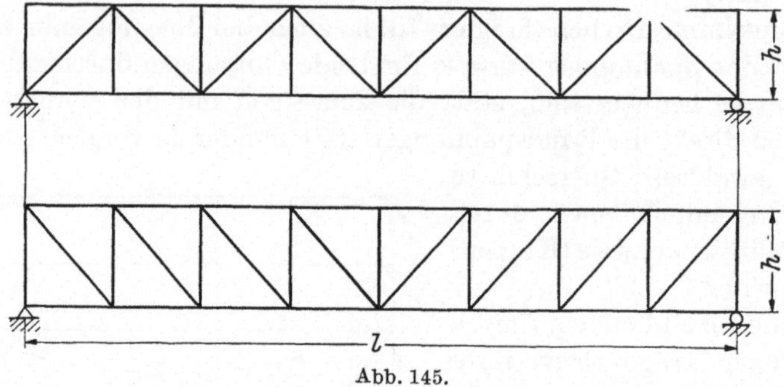

Abb. 145.

Wegen der kurzen Druckpfosten und auch wegen der kleinen Stablängen der Druckgurtungen wird auch häufig das in Abb. 146 skizzierte zusammengesetzte Fachwerk, sofern die allgemeinen Bauwerksformen seine Anwendung gestatten, eine zweckmäßige Lösung darstellen.

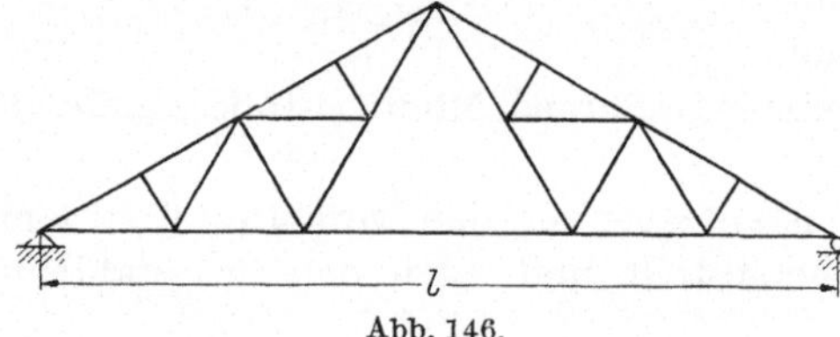

Abb. 146.

Bei bogenförmigen Dachbindern wird auch etwa der Dreigelenkbogen mit unsymmetrisch liegendem Scheitelgelenk in Betracht zu ziehen sein, weil hier unter der maßgebenden Normalbelastung der Untergurt in einem weiten Bereich auf Zug beansprucht ist, während der auf Druck beanspruchte Obergurt durch die Pfetten und Dachverbände mit kurzen Knicklängen räumlich festgehalten werden kann (Abb. 147).

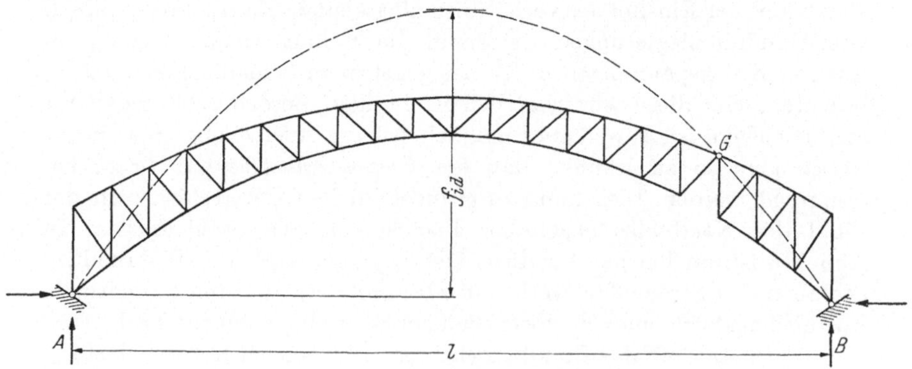

Abb. 147.

Bei Fachwerkbalken mit größeren Spannweiten wird, häufiger als im Stahlbau, auch etwa der Rautenträger mit den kurzen Stablängen nicht nur der Füllungsglieder, sondern, bei entsprechender Wahl der seitlichen Stützung, auch des Obergurtes in Frage kommen (Abb. 148). Der Rautenträger erlaubt auch die Wahl einer verhältnismäßig großen Trägerhöhe h, ohne daß die Längen der Streben zu groß werden, was mit Rücksicht auf die einzuhaltenden Durchbiegungswerte häufig erwünscht sein wird.

Die hier als Beispiele erwähnten Formen von Netzbildern sind nun nicht etwa als verbindliche Richtlinien aufzufassen; sie sollen lediglich zeigen, daß sich die besonderen Eigenschaften der Aluminiumlegierungen

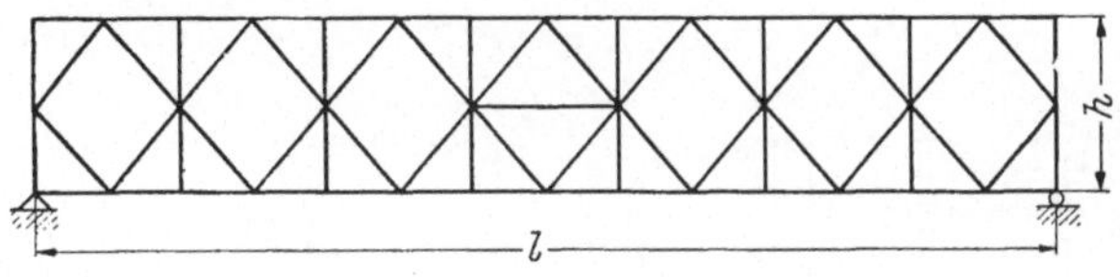

Abb. 148.

schon bei der Wahl des Netzbildes auswirken und deshalb schon hier berücksichtigt werden müssen. Es dürfen deshalb nicht einfach die Bauformen des Stahlbaues, die sich dort bewährt haben, in den Leichtmetallbau übernommen werden, sondern die Kunst des materialgerechten Konstruierens kommt schon bei der Festlegung der allgemeinen Bauformen voll zur Geltung. Auf der heutigen schmalen Erfahrungsgrundlage können noch keine festen Konstruktionsregeln aufgestellt werden, sondern die beste Lösung ist im gegebenen Einzelfall durch die Durcharbeitung von verschiedenen Vergleichsentwürfen zu suchen.

b) Bauliche Einzelheiten.

Bei der *Wahl der Stabquerschnitte* ist es von wirtschaftlich entscheidender Bedeutung, für die *Druckstäbe* Querschnittsformen zu wählen, die möglichst kleine Schlankheitsgrade λ bzw. möglichst große Trägheitsradien i besitzen. Für eine gegebene Querschnittsgröße F erfüllt diejenige Querschnittsform diese Forderung am besten, die den größten Wert von $i^2 = J/F$ besitzt, oder es ist somit diejenige Querschnittsform die günstigste, die den größten Wert von J/F^2 besitzt. Nachstehend sind diese Werte J/F^2 für einige charakteristische Querschnittsformen zusammengestellt (Abb. 149); dabei sind für die][- und I-förmigen Profile die Formen der entsprechenden Walzprofile aus Stahl zugrunde gelegt ([Normalprofil, I Breitflanschträger I DIN).

Diese Zahlenwerte allein sind noch nicht entscheidend für die Wirtschaftlichkeit einer Profilform; es kommt entscheidend darauf an, wie groß das Verhältnis b/t mit Rücksicht auf das Ausbeulen gewählt werden darf. Dabei soll als Kriterium gelten, daß die kritische Beulspannung mindestens gleich groß sein soll wie die Knickspannung des Gesamtstabes mit der Schlankheit λ. (Es soll also hier der Einfachheit halber nicht berücksichtigt werden, daß unter Umständen für Ausbeulen ein etwas kleinerer Sicherheitsgrad gewählt werden dürfte als für Knicken.) Dieses Kriterium führt für den Kastenquerschnitt, Abb. 149 e, auf die Beziehung

$$4{,}0 \cdot \frac{\pi^2 E}{12 \cdot (1 - \nu^2)} \frac{t^2}{b^2} \geqq \frac{\pi^2 E}{\lambda^2}$$

oder

$$\frac{b}{t} \leqq 0{,}612 \cdot \lambda. \tag{77a}$$

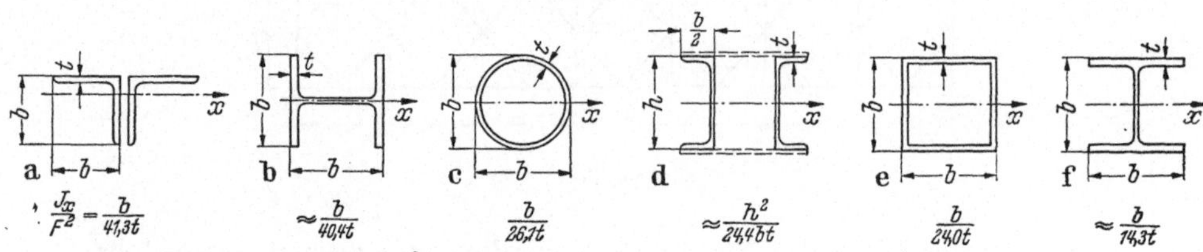

Abb. 149.

Analog finden wir für den Rohrquerschnitt, Abb. 149 c, aus

$$\frac{E\,t}{r\,\sqrt{3 \cdot (1 - \nu^2)}} \geqq \frac{\pi^2 E}{\lambda^2}$$

mit $b = 2\,r$ den Wert

$$\frac{b}{t} = 0{,}124 \cdot \lambda^2. \tag{77b}$$

Aus diesen Zahlenwerten ergibt sich die große Überlegenheit des Rohrquerschnittes gegenüber allen andern Querschnittsformen; abgesehen von sehr kurzen Stäben, wie sie praktisch nie vorkommen, darf ein Rohr sehr dünnwandig ausgeführt werden, ohne daß die Gefahr der örtlichen Instabilität maßgebend würde.

Eine weitere Anforderung, die bei der Ausbildung von Fachwerken zu stellen ist, ist diejenige, daß die Nebenspannungen aus steifer Knotenpunktsausbildung möglichst klein bleiben sollen. Diese Forderung ist bei Leichtmetallfachwerken wegen der Empfindlichkeit der Aluminiumlegierungen gegen stark ungleichmäßige Spannungsverteilungen wohl eher noch wichtiger als bei Stahlfachwerken. In einem Fachwerk mit gegebenem Netzbild sind die Nebenspannungsmomente $\varDelta M$ etwa proportional zum Verhältnis $J:s$ und damit die Nebenspannungen $\varDelta\sigma$ selber

$$\varDelta\sigma = \frac{\varDelta M}{W} = c\,\frac{J}{s\,W} = \frac{c}{2}\,\frac{h}{s};$$

um die Nebenspannungen $\Delta\sigma$ klein zu halten, muß das Verhältnis h/s (Stabhöhe zu Stablänge) klein gehalten werden. Diese Forderung steht bei Druckstäben in Widerspruch mit der Forderung möglichst kleiner Schlankheit $\lambda = s/i$; sie kann somit nur in engem Rahmen erfüllt werden durch die Forderung, daß das Verhältnis h/i möglichst klein sein soll. Dieses Verhältnis schwankt jedoch bei den verschiedenen möglichen Formen nur in ziemlich engen Grenzen; in Abb. 150 sind einige charakteristische Fälle zusammengestellt.

Es ist somit festzustellen, daß durch die Wahl besonderer Querschnittsformen die Nebenspannungen nicht entscheidend beeinflußt werden können. Sie müssen deshalb in erster Linie durch Wahl eines möglichst weitmaschigen Netzbildes und durch Vermeidung extrem kleiner Schlankheitsgrade λ (etwa unter $\lambda = 40$) klein gehalten werden.

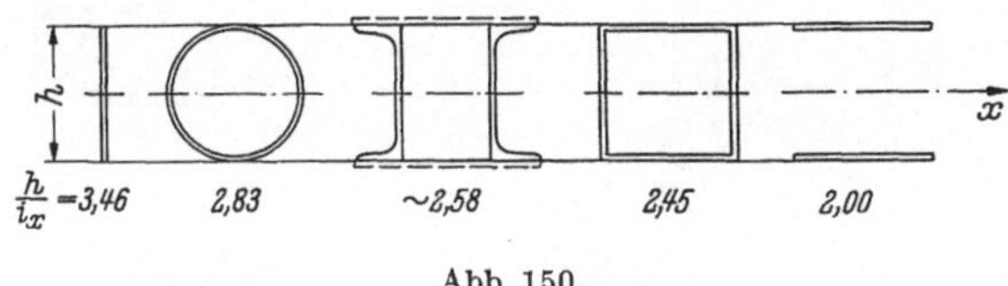

Abb. 150.

Die Frage, ob Fachwerkträger *einwandig oder zweiwandig* auszubilden sind, ist hier zahlenmäßig nicht gleich zu beantworten wie im Stahlbau. Das einwandige Fachwerk erfordert gegenüber dem zweiwandigen einen größeren Materialaufwand und kleinere Bearbeitungskosten. Da nun bei Aluminiumlegierungen das Verhältnis von Materialpreis zu Bearbeitungskosten allgemein höher liegt als bei Stahl, ergibt sich die grundsätzliche Folgerung, daß hier das *zweiwandige Fachwerk* schon bei kleineren Anwendungen dem einwandigen wirtschaftlich überlegen sein wird als im Stahlbau. Das zweiwandige Fachwerk wird hier schon bei normalen Bindern des Hochbaues die normale Ausführungsart darstellen; einwandige Fachwerke werden nur für kleine und untergeordnete Tragwerke mit kleinen Stabkräften in Frage kommen.

Für die zweiwandige „Normalform" des Leichtmetallfachwerkträgers kommen etwa die in Abb. 151 skizzierten Querschnittsformen in Betracht.

Bei den durchgehenden Gurtungen ist darauf zu achten, daß die Stabquerschnitte, ausgehend von einem Grundprofil, der Größe der Stabkräfte möglichst gut angepaßt werden können; dies kann entweder durch Verstärkungsteile, wie aufgeniete Lamellen veränderlicher Zahl und Stärke unter Vermeidung großer Verschiebungen der Stabschwerachse, oder durch Profilabstufung mit Stoßdeckung geschehen. Nur bei kleinen Fachwerkträgern wird sich die Beibehaltung des größten erforderlichen Gurtquerschnittes auch über die weniger stark beanspruchten Gurtstäbe lohnen.

Bei allen zweiteiligen Stäben (Rahmenstab mit $\lambda_{y\,id.}$) ist streng darauf zu achten, daß Exzentrizitätsmomente aus dem Anschluß der beiden Einzelstäbe durch eine biegungsfeste Verbindung der Stabhälften beim Anschluß vermieden werden; diese erforderlichen Zusatzteile sowie die Bindebleche bewirken häufig, daß der zweiteilige Stab gegenüber dem Vollstab nicht mehr wirtschaftlich ist.

Die Stärke der Knotenbleche ist, wie im Stahlbau, durch eine Spannungsberechnung in maßgebenden Schnitten $s\!-\!s$ oder $t\!-\!t$ (Last-

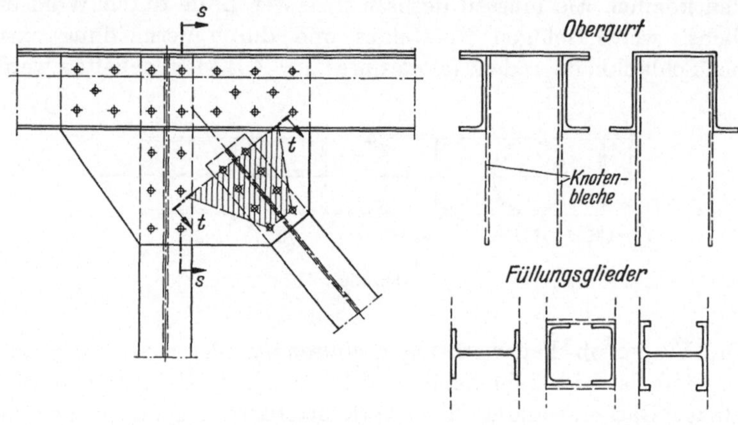

Abb. 151.

ausbreitung) zu bestimmen. Die Anschlußkräfte des Knotenblechs ergeben sich daraus, daß das Knotenblech die Resultierende der angeschlossenen Füllungsgliederkräfte auf die durchgehende Gurtung übertragen muß mit der Besonderheit einer meist stark exzentrischen Beanspruchung des Knotenbleches.

Grundsätzlich ist nochmals festzuhalten, daß die bauliche Durchbildung der Einzelheiten und Verbindungen in jedem Einzelfall wegen der Empfindlichkeit des Baustoffes gegen ungleichmäßige Spannungsverteilung mit aller Sorgfalt durchzuführen ist. Unter allen Umständen sind exzentrische Stabanschlüsse zu vermeiden, sofern die Auswirkung der Exzentrizität nicht rechnerisch nachgewiesen wird.

Bei *geschweißten Fachwerken* aus Aluminium besteht beim heutigen Stand der Schweißtechnik der Nachteil, daß durch die Festigkeitsverminderung beim geschweißten Stabanschluß die zulässige Belastung des ganzen Stabes vermindert wird. Geschweißte Fachwerke werden deshalb noch am ehesten bei leichten Tragwerken mit kleinen Stabkräften in Frage kommen, wobei die geschweißten Verbindungen in

der Werkstätte auszuführen sind, während die Montageverbindungen
zu nieten oder zu verschrauben sind. Bei solchen leichten Fachwerken
ist auch die einwandige Ausbildung angezeigt, bei der sich auch die
Anschlüsse von Stäben mit Rohrquerschnitt noch einfach ausbilden
lassen. Je nach den konstruktiven Anforderungen des besonderen Ver-
wendungszweckes werden die Gurtstäbe ebenfalls mit Rohrquerschnitt
oder dann aus Profilstäben auszubilden sein. Abb. 152 zeigt ein Beispiel,
wie die Knotenpunkte von solchen leichten Rohrfachwerken etwa ausgebildet werden können.

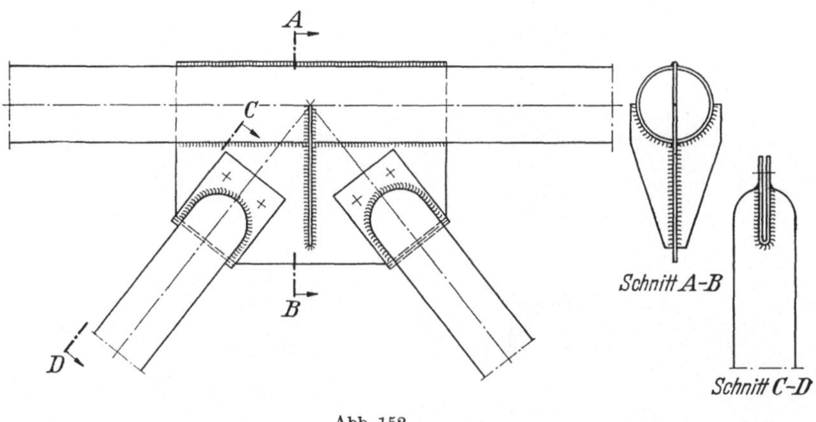

Abb. 152.

3. Besondere Bauformen.

Eine materialgerechte Entwicklung der Leichtmetallbauweise kann
und wird sich nicht darauf beschränken, die überlieferten Bauelemente
des Stahlbaues entsprechend den besonderen Materialeigenschaften zu
modifizieren und zu übernehmen, sondern sie wird ihre besonderen Bauformen entwickeln und anwenden müssen. Es ist heute noch nicht
möglich, diese zukünftige Entwicklung in umfassender Form darzu-
stellen; wir müssen uns darauf beschränken, durch einige wenige Hin-
weise einige mögliche Entwicklungstendenzen zu skizzieren.

Es wird häufig zweckmäßig sein, in gegebenen Anwendungsfällen
nicht auf die im Stahlbau zweckmäßigen Tragwerksformen zu greifen,
sondern grundsätzlich andere Lösungsformen zu suchen. So kann es
beispielsweise beim Entwurf eines Freileitungsmastes wirtschaftlich und
technisch interessant sein, an Stelle der Fachwerkkonstruktion des
Stahlbaues eine vollwandige Rohrkonstruktion aus Leichtmetall zu er-
stellen (Abb. 153). Im dünnwandigen Rohr wird durch die große Steifigkeit der Schalenform die ungünstige Wirkung des kleinen Elastizitätsmoduls von Aluminium weitgehend kompensiert. Günstig wirkt sich

dabei auch die aerodynamisch günstige Form des Rohrmastes mit Kreisquerschnitt aus. An den Angriffsstellen der Auslegerstäbe ist der Rohrquerschnitt angemessen durch Querverbände auszusteifen.

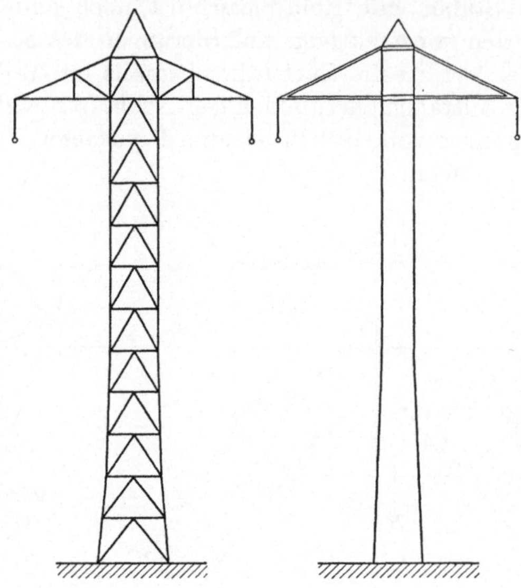

Abb. 153.

Eine weitere besondere Entwicklungsmöglichkeit scheint sich auch
im Hochbau abzuzeichnen; hier werden in neuerer Zeit wegen der guten
Korrosionseigenschaften immer mehr Aluminiumlegierungen für die
Dacheindeckung verwendet. Es liegt nun nahe, diese hochwertige Dach

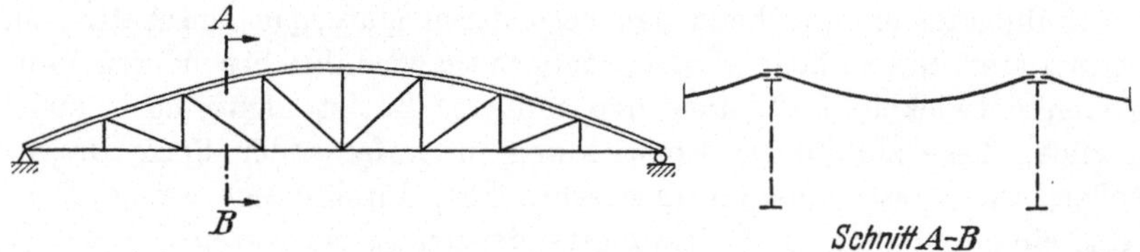

Abb. 154.

haut auch zur Mitwirkung bei der Tragkonstruktion beizuziehen und
auf diese Weise gegebenenfalls die Pfetten und Dachverbände einzusparen. Allerdings besitzt eine solche dünne Dachhaut nicht die für eine
genügende Tragwirkung erforderliche Eigensteifigkeit. Das Problem
besteht also darin, ohne wesentlichen Mehraufwand an Material diese
Steifigkeit zu erreichen. Dies kann beispielsweise durch besondere Formgebung der Dachhaut geschehen, indem etwa nach Abb. 154 die Dach

haut als in der Richtung quer zu den Bindern auf Zug beanspruchte Schale ausgebildet wird.

Bei einer Verwendung von Wellblech ist zu beachten, daß hier durch die besondere Formgebung das Blech nur in der Längsrichtung versteift wird, so daß Pfetten und Verbände nicht eingespart werden können.

Eine andere Möglichkeit der Versteifung besteht in der Ausbildung von sogenannten „Sandwichplatten", bei welchen zwischen zwei dünne Bleche aus Metall eine Zwischenschicht aus Material geringerer Festigkeit angeordnet wird; bei geeigneter Wahl des Füllmaterials läßt sich dabei auch eine gute Wärmeisolierung erreichen. Eine selbsttragende Dachhaut aus solchen Sandwichplatten ist nun bei geeigneter Ausbildung auch in der Lage, den Binderobergurt wesentlich zu entlasten, so daß dieser mit einem erheblich kleineren Querschnitt ausgebildet werden kann.

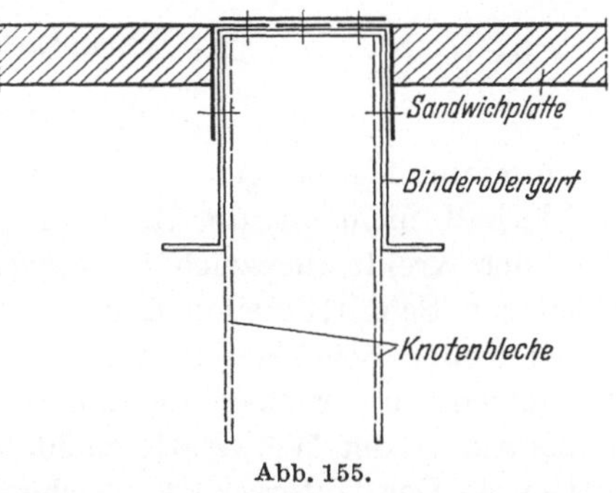

Abb. 155.

Abb. 155 zeigt eine solche Möglichkeit in schematischer Form.

Die Wirtschaftlichkeit derartiger Bauformen beruht auf der mehrfachen Ausnützung der ausgesteiften Dachhaut (Abdeckung, Mitwirkung als Bestandteil des Binderobergurtes, Isolierung) und auf der Vermeidung von Pfetten und Verbänden. Bis zur Verwirklichung werden jedoch noch eine Reihe von theoretischen und konstruktiven Fragen gelöst werden müssen.

VI. Die Herstellung von Aluminiumtragwerken.

Die zur Herstellung von Bauteilen aus Aluminium verwendeten Bearbeitungsverfahren und Bearbeitungswerkzeuge stimmen weitgehend mit denjenigen des Stahlbaues überein. Grundsätzlich ist die Bearbeitung soweit als möglich in die Werkstätte zu verlegen, wo leistungsfähige, ortsfeste Einrichtungen in gegenüber Witterungseinflüssen geschützten Räumen zur Verfügung stehen. Während im Stahlbau häufig die Größe der in der Werkstätte zu bearbeitenden Werkstücke durch ihr Gewicht, d. h. durch die Leistungsfähigkeit der Hebezeuge und Transporteinrichtungen, begrenzt ist, wird bei Bauteilen aus Leichtmetall diese Größe eher durch die Abmessungen und wohl nur ausnahmsweise durch das Gewicht begrenzt. Je größer der Anteil der Herstellungsarbeiten ist, der in der Werkstätte ausgeführt werden kann, um so geringer werden die gesamten Herstellungskosten; hier liegt eine Möglichkeit vor, die höheren Materialpreise von Leichtmetall gegenüber Stahl teilweise zu kompensieren.

Nachstehend werden die wichtigsten Besonderheiten bei der Bearbeitung von Aluminiumlegierungen skizziert, mit Ausnahme der Verbindungsarbeiten, für die auf Abschn. III, Verbindungsmittel, verwiesen wird. Die Angaben über Werkstattarbeiten gelten sinngemäß auch für die entsprechende Ausführung auf der Baustelle.

1. Werkstattarbeiten.

a) Anreißen.

Aluminiumlegierungen sind gegen Kerbwirkungen empfindlich. Es darf deshalb nicht mit der Reißnadel, sondern nur mit Bleistift, Buntstift oder Kreide angezeichnet werden. Eine Ausnahme ist beim Anreißen von Schnittlinien zulässig.

Bei großen Stücklängen kann es notwendig werden, Temperaturunterschiede zu berücksichtigen, dann nämlich, wenn die Bearbeitungstemperatur in der Werkstätte nicht mit der Montagetemperatur übereinstimmt. Der Unterschied zwischen der Ausdehnung des Stahlmeßbandes und des Leichtmetallwerkstückes kann mit 0,01 mm/m/°C berücksichtigt werden.

b) Schneiden.

Bei allen Schneidarbeiten einschließlich Bohren usw. ist wichtig, daß die zu schneidenden Flächen geschmiert werden. Normalerweise geben wasserlösliche Ölemulsionen befriedigende Ergebnisse; bei großen Schnittflächen und geringer Schnittgeschwindigkeit, wie auch beim Gewindeschneiden, ist die Verwendung einer öligeren Flüssigkeit vorzuziehen. Hierfür kommen Lardöl oder Mineralöle, einzeln oder im Verhältnis 1:1 mit Paraffin gemischt, in Betracht. Für Sägeschnitte ist auch Unschlitt ein gutes Schmiermittel.

Sägen. Aluminium läßt sich sozusagen mit jeder Sägenart leicht schneiden; Bandsägen, Kreissägen und Bogensägen sind am gebräuchlichsten. Die meisten Schnitte an Blechen, Platten und Profilen werden durch Sägen ausgeführt.

Bandsägeblätter für kleinere Stärken werden meist aus Federstahl hergestellt; für größere Querschnitte wird eine Säge mit federndem Blatt und gehärteten Zähnen empfohlen. Die Blätter sollten je Zentimeter Länge anderthalb bis drei Zähne aufweisen, Zähnezahl zunehmend mit abnehmender Materialstärke. Die Zähne sollen abwechselnd links- und rechtsgeschränkt sein und einen Seitenwinkel von etwa 15° und einen Rückenwinkel von 10 bis 20° aufweisen. Die Schnittgeschwindigkeit hängt selbstverständlich von der Materialstärke ab und variiert von 500 bis 1500 m/min.

Kreissägen mit breiten Zähnen sind weit verbreitet, doch werden heute Sägeblätter mit „spanbrechenden" Zähnen, abwechslungsweise breit und tief geschnitten, bevorzugt. Auch hier werden links- und rechtsgeschränkte Zähne sowie Blätter mit eingesetzten Schnellstahl- oder Wolframzähnen verwendet. Große Schnittgeschwindigkeit und leichter Werkzeugvorschub sind erwünscht; die Durchschnittsgeschwindigkeit beträgt 1500 bis 2000 m/min, kann jedoch bei Verwendung gehärteter Zähne verdoppelt werden. Der Vorschub variiert von 50 bis 500 mm/min je nach der Härte der Legierung. Es existieren auch tragbare kleine Kreissägen, die für Wellblech und besonders für die Verwendung auf dem Bauplatz sehr geeignet sind.

Bogensägen, von Hand oder mechanisch betrieben, sollten Blätter mit gut ausgerundetem Zahngrund und 2 bis 6 Zähnen/cm besitzen.

Bei *einspringenden Schnitten* ist im Schnittpunkt der beiden Schnittlinien vor dem Sägen ein Loch zu bohren, um eine Kerbenbildung, die mit unerwünschten Spannungskonzentrationen verbunden ist, zu vermeiden.

Scheren. Bleche bis höchstens 12 mm Stärke können auch geschert werden; bei Tragwerksteilen sind jedoch abgescherte Kanten abzuhobeln, wofür eine Bearbeitungszugabe erforderlich ist.

Brennschneiden ist im allgemeinen für Aluminiumlegierungen nicht empfehlenswert; es wurden zwar Verfahren zum Brennschneiden von magnesiumhaltigen, nicht vergütbaren Aluminiumlegierungen entwickelt, die in Schiffswerften verwendet werden, für andere Schneidarbeiten jedoch kaum Vorteile bieten dürften.

c) Bohren, Stanzen und Ausreiben.

Bis zu Materialstärken von 12 mm können Löcher *gestanzt* werden, sofern scharfkantige und genau gearbeitete Werkzeuge verwendet werden, doch sollen gestanzte Löcher nicht auf den vollen Durchmesser gestanzt, sondern nach dem Stanzen voll ausgerieben werden. Bei der Bearbeitung von Tragwerksteilen ist, wie im Stahlbau, das Bohren von Löchern dem Stanzen vorzuziehen.

Bohren. Normale Spiralbohrer mit einem Schraubenwinkel von 28° eignen sich gut für das Bohren von Aluminiumlegierungen, doch wird es oft vorteilhaft sein, den Spitzenanschliff mit einem Winkel von 130 bis 140° auszuführen. Bei tiefen Bohrlöchern ergibt sich eine glattere Oberfläche bei Bohrern mit einem Schraubenwinkel von 40°.

Hohe Drehzahlen (mindestens doppelt so hoch wie beim Bohren von Stahl) sind erwünscht; kleinere Bohrer können meist mit der größten Geschwindigkeit der Bohrmaschine angetrieben werden. Der Vorschub beträgt 0,15 bis 0,5 mm/Umdrehung für Bohrlöcher von 10 bis 30 mm Durchmesser, ist aber bis zu 30% kleiner bei kleineren Durchmessern.

Nietlöcher werden häufig um 3 mm zu klein gebohrt und auf den vollen Durchmesser aufgerieben.

Ausreiben. Normalerweise bewährt sich eine Reibahle mit negativer, d. h. der Drehung entgegengesetzter Spirale von 7 bis 10°. Die auszureibenden Löcher sollen mindestens 0,2 mm kleiner sein als das fertige Loch, damit ein guter Schnitt möglich ist. Die Reibahlen sollen große, gut polierte Nuten mit einem Radialwinkel von 5 bis 10° besitzen. Umfangsgeschwindigkeiten bis 120 m/min sind bei weichem Material möglich, aber bedeutend kleiner bei härteren Legierungen. Die Vorschubgeschwindigkeiten für das Fertigreiben variieren von 0,075 bis 0,25 mm/Umdrehung.

d) Fräsen, Drehen, Hobeln usw.

Beim *Fräsen* von Aluminiumlegierungen können hohe Schnittgeschwindigkeiten erreicht werden. Es werden Fräser mit eingesetzten Zähnen bevorzugt, doch werden auch Walzenfräser verwendet, die spiralförmig mit Drallneigungswinkeln bis zu 50° sein sollen. Gekoppelte Fräser mit gegenläufigen Spiralen werden oft verwendet, um den durch die Spirale hervorgerufenen Schub auszugleichen. Die Schnittgeschwindigkeiten sind hoch; sie betragen 400 bis 1200 m/min und rund 30% mehr für Schlichten.

Die meist verwendeten *Drehwerkzeuge* haben eine runde Nase mit einem Brustwinkel von 30 bis 50° und einem positiven Seitenwinkel von 10 bis 20°. Der Spanwinkel hängt von der Härte der Legierung ab; er beträgt für weiches Material 30° und steigt bis auf 50° für harte Legierungen. Die Drehgeschwindigkeiten betragen 200 bis 250 m/min für Schruppen und 600 bis 1200 m/min für Schlichten.

Shaping- und Hobelwerkzeuge sind ähnlich ausgebildet wie Drehwerkzeuge, verlangen aber stärkere Freiwinkel, besonders für Schlichten.

Gewindeschneiden. Feine Aluminiumgewinde haben die Tendenz, sich einzufressen und sind deshalb möglichst zu vermeiden. Runde oder trapezförmige Gewindeformen sind den scharfen V-Formen vorzuziehen. Gewinde sollen unterschnitten sein, um einen positiven Brustwinkel von 10 bis 20° zu ergeben und die Nuten sollen breit, tief und gut poliert sein. Bei weichen Legierungen sind spiralgenutete Gewindebohrer erwünscht, bei härteren genügen Bohrer mit unterbrochenen Zähnen.

Beim *Feilen* von Aluminiumlegierung ist es besonders wichtig, ein Verstopfen der Feilenrinnen zu vermeiden; es werden deshalb Feilen mit breiten, glatten Zähnen und mit Spanbrechern versehen empfohlen. Es sind besondere Aluminiumfeilen im Handel, die gewöhnlichen Feilen vorzuziehen sind.

e) Verformen.

Allgemeines. Bei der Herstellung von Bauteilen müssen oft einzelne Teile, Bleche oder Profile, gebogen werden, wobei der Radius der Abbiegung in weiten Grenzen schwanken kann.

Konstruktionslegierungen werden meist kalt verformt, soweit der auszuführende Biegewinkel dies zuläßt. Die Kaltverformbarkeit des Materials vermindert sich im allgemeinen mit zunehmender Härte und Festigkeit des Materials und damit auch mit zunehmender Verformung, d. h. mit der durch die Verformung verursachten Verfestigung des Materials. Bei nicht vergütbaren Legierungen empfiehlt es sich, das Ausgangsmaterial so zu wählen, daß es durch die Kaltverformung möglichst die beabsichtigte Festigkeit erreicht.

Bei vergütbaren Legierungen hängt das Maß der zulässigen Kaltverformung vom Vergütungszustand des Ausgangsmaterials beim Beginn der Kaltverformung ab. Geglühtes Material kann ohne Schwierigkeiten verformt werden; auch in teilvergütetem Zustand (W) lassen sich die meisten Legierungen bis zu einem gewissen Grade ebenfalls kalt verformen. Bei vollvergüteten Legierungen jedoch ist eine Kaltverformung nur begrenzt zulässig. Es ist deshalb ratsam, sofern Vergütungseinrichtungen vorhanden sind, die Verformung im teilvergüteten Zustand vorzunehmen und nachher die gewünschten Festigkeitswerte durch künstliches oder natürliches Altern zu erreichen.

Warmverformung kann bei kaltverfestigten und vergütbaren Legierungen vorgenommen werden, vorausgesetzt, daß die Temperatur sehr sorgfältig kontrolliert und die Erwärmung unter metallurgischer Kontrolle vorgenommen wird. Durch die Erwärmung kaltverfestigter Legierungen tritt ein gewisser Glüheffekt ein, der von der Temperatur und ihrer Einwirkungsdauer abhängt. Praktisch liegen die Temperaturgrenzen zwischen 200 und 425° C; die Verformbarkeit nimmt selbstverständlich mit zunehmender Temperatur zu.

Vollvergütete Legierungen (WP) können vorübergehend etwas weicher gemacht werden durch Erwärmung auf 175° C während der Dauer von wenigen Minuten. Die Temperatur muß laufend überwacht werden, wozu ein Kontaktpyrometer oder temperaturanzeigende Stifte verwendet werden. Erwärmung auf höhere Temperaturen beeinträchtigt die Festigkeitseigenschaften, so daß eine nachträgliche Vergütung notwendig wird, um die Festigkeitswerte wieder zu erreichen. Teilvergütete Legierungen (W) sollen für Verformungsarbeiten nicht erwärmt werden; wenn jedoch eine Kaltverformung nicht angängig ist, ist es besser, weichgeglühtes Material zu verformen und es nachträglich zu vergüten.

Die Oberfläche aller Verformungswerkzeuge soll glatt sein und keine Unregelmäßigkeiten aufweisen, welche das Material verletzen oder einbeulen könnten. Ebenso dürfen Biegungslinien nicht mit der Reißnadel angezeichnet werden. Schmierung des zu verformenden Materials mit Schweröl, Unschlitt oder Fett ist normalerweise vorteilhaft, besonders bei großen Verformungen.

Blechverformen. Die für die Herstellung von Blechprofilen verwendeten Verfahren eignen sich auch für andere Arten von Blechverformung.

Für dünne Bleche von 2 bis 3 mm Stärke genügen von Hand betriebene Biegeeinrichtungen; für größere Blechstärken werden Abkantpressen verwendet. Zum Biegen von Blechen sind Dreiwalzen-Biegemaschinen geeignet, während für andere Arbeiten, wie Bördeln oder Flanschen, die üblichen Metallwerkzeuge zur Verwendung kommen.

Bei allen Blechverformungsarbeiten darf ein von Legierungsart und Vergütungszustand abhängiger minimaler Biegungsradius nicht unterschritten werden; diese minimalen Biegungsradien sind in den Prospekten der Lieferfirmen angegeben. Wenn die Oberfläche des Bleches erhalten bleiben muß, so soll beim Abbiegen beidseitig starkes Papier eingelegt werden.

Profilverformen. Sowohl Strangpreß- und Blechprofile wie auch Rohre, die ja bedeutend steifer sind als Bleche, lassen sich mit geeigneten Vorrichtungen ohne Schwierigkeiten verformen.

Leichte Profile können von Hand, evtl. mit einer Schablone, gebogen werden; bei stärkeren Teilen werden rotierende Biegewalzen oder Streckbiegemaschinen verwendet, wobei stufenweise gebogen wird. Größere Rohre sind für das Biegen mit Sand, Woodmetall, Pech, Kolophonium oder Stahlkugeln zu füllen. Sollen größere Profile scharf abgebogen werden, so ist gelegentlich notwendig, abstehende Flanschen vor dem Biegen aufzuschneiden und nachher, wenn nötig, durch Schweißen oder Nieten wieder zu stoßen.

Die Verformbarkeit von Profilen hängt nicht nur von der Querschnittsform, sondern auch von den Materialeigenschaften (Legierungsart, Vergütungszustand) ab; sie wird oft am besten durch den Versuch bestimmt. Als Richtlinie kann etwa angenommen werden, daß die größte spezifische Dehnung bei der Biegung am äußersten Rand des Profils nicht mehr als etwa 1% der Bruchdehnung δ_{10} des Materials betragen dürfe; dies führt auf die orientierende Beziehung

$$\frac{y}{R} \cdot 100 = \delta_{10},$$

in der R den Biegeradius in der neutralen Achse und y den Randabstand bezeichnet. Bei dünnen Stegen besteht beim Biegen auch eine Beulgefahr, die in dieser Dehnungsformel nicht erfaßt ist.

f) Besonderheiten der Werkstattbehandlung.

Die geringere Oberflächenhärte der Leichtmetalle verlangt eine sorgfältigere Werkstattbehandlung als Stahl. Kratzer und andere mechanische Verletzungen sind bei der Bearbeitung und beim Transport unbedingt zu vermeiden.

Auch Verunreinigungen der Oberfläche durch Schwermetallflitter müssen vermieden werden; bei größeren Stahlbauwerkstätten ist es deshalb angezeigt, für die Leichtmetallbearbeitung einen besonderen Werkstattraum, getrennt von der Stahlbearbeitung, einzurichten. Wenn dies nicht möglich ist, so sollen wenigstens gewisse Werkplätze und Werkzeuge für die Leichtmetallbearbeitung reserviert werden; gemeinsam benützte Werkzeuge und Geräte sind vor der Verwendung bei Leichtmetall gründlich zu reinigen.

2. Montagearbeiten.

Grundsätzlich werden bei der Aufstellung von Leichtmetalltragwerken die gleichen Verfahren und Hilfsmittel verwendet wie bei der Montage von Stahlbauten. Die Wahl des Montageverfahrens (Aufstellen auf fester Rüstung, Freivorbau usw.) hängt von der Tragwerksart, den örtlichen Gegebenheiten und von den vorhandenen Einrichtungen der Unternehmung ab. Allgemeine Montageregeln lassen sich deshalb nicht aufstellen, sondern es ist in jedem Einzelfall auf Grund der gegebenen äußeren Bedingungen das günstigste Montageverfahren zu bestimmen. Diese Wahl muß schon bei der Aufstellung und Ausarbeitung des Entwurfes getroffen werden; denn das gewählte Montageverfahren kann unter Umständen die Bemessung einzelner Bauteile beeinflussen. Auch kann es vorkommen, daß die vorhandenen Montagemöglichkeiten die Wahl des Tragsystems überhaupt entscheidend beeinflussen, so etwa dann, wenn die örtlichen Gegebenheiten die Aufstellung fester Gerüste verunmöglichen, so daß ein Tragsystem gewählt werden muß, das sich im Freivorbau aufstellen läßt.

Ein Unterschied zwischen Stahlbauten und Leichtmetallbauten, der sich auch auf die Wahl der Montageverfahren entscheidend auswirken kann, ist das geringere Gewicht der Leichtmetallwerkstücke. Es kann nicht nur, bei gleichem oder geringerem Stückgewicht gegenüber Stahl, mit längeren Werkstücken und damit mit einer wesentlichen Verminderung der Montageverbindungen gerechnet werden, sondern es läßt sich mit leichteren Montagehilfsmitteln arbeiten. Für die Wirtschaftlichkeit einer Leichtmetallkonstruktion können diese Erleichterungen nicht nur beim Transport, sondern auch bei der Montage von entscheidender Bedeutung werden. Die Arvida-Brücke (s. S. 184) stellt in dieser Beziehung ein instruktives Beispiel dar; die Elemente der bogenförmigen Hauptträger von rd. 90 m Spannweite mit einem Stückgewicht von rd. 6,5 t und einer Stücklänge von 20 m konnten noch mit einem verhältnismäßig leichten Kabelkran montiert werden, während für gleichlange Stahlbauteile mit entsprechend größerem Gewicht schwere Derrickkrane hätten eingesetzt werden müssen, wodurch die Montagekosten erheblich vergrößert worden wären.

Bei der Aufstellung von Leichtmetalltragwerken ist viel mehr Handarbeit möglich als bei Stahlbauten; verhältnismäßig große Bauteile können von Hand oder mit Hilfe von leichten Flaschenzügen eingesetzt werden.

3. Korrosionsschutz und Oberflächenbehandlung.

Durch die natürliche Schutzwirkung einer dünnen, aber fest anhaftenden Oxydschicht, welche sich sofort auf einer Aluminiumoberfläche bildet und eine weitere Oxydation verhindert, sind Aluminiumlegierungen gegen Korrosionseinwirkungen sehr widerstandsfähig. Ungenügende Korrosionssicherheit besteht jedoch bei ungeschützten Konstruktionen, die während längerer Zeit in Meeresnähe stehen oder einer mit Abgasen verunreinigten Atmosphäre in Industriegegenden ausgesetzt sind, sowie bei Kontakt mit Kupfer oder Messing und mit sauren oder alkalischen Materialien.

Witterungsbeständigkeit. Wenn Aluminium während längerer Zeit industrieller oder Meeresatmosphäre ausgesetzt ist, wird es unansehnlich, sofern es nicht in regelmäßigen Zeitabständen gereinigt wird. Unter Umständen kann unter dem auf der Oberfläche haftenden Schmutz Lochfraß auftreten, der jedoch nicht unbegrenzt fortschreiten wird, sondern normalerweise nach etwa einem Jahr zum Stillstand kommt. Lochfraß dürfte nur bei kupferhaltigen Legierungen (wie 26 S) gefährlich werden, kann jedoch auch hier durch regelmäßige Reinigung oder Anstrich verhindert werden.

Anstrich. Ob Aluminium gestrichen werden muß oder nicht, hängt ab von der verwendeten Legierung und den Bedingungen, denen das Metall ausgesetzt ist. Reinaluminium und nicht vergütbare Legierungen weisen im allgemeinen eine bessere Korrosionsbeständigkeit auf als vergütbare; unter diesen letzteren sind kupferfreie Legierungen (wie etwa 65 S) den kupferhaltigen (wie etwa 26 S) überlegen. Auch der Vergütungszustand vergütbarer Legierungen beeinflußt die Korrosionsbeständigkeit, die bei vollvergüteten Legierungen geringer ist als bei teilvergüteten.

Die Umgebungsverhältnisse variieren von der unschädlichen Landatmosphäre über die rauchige Stadtatmosphäre bis zur stark verunreinigten Atmosphäre in Industriegegenden und am Meer. Der Angriff auf Aluminium hängt von der Art des darauf niedergeschlagenen Materials ab. Infolge der natürlichen Reinigung durch Regen werden der

Witterung direkt ausgesetzte Flächen weniger angegriffen als eingedeckte Bauteile.

Die Frage, ob ein Bauwerk gestrichen werden muß oder nicht, ist somit komplex und kann nur auf Grund einer Prüfung der örtlichen Bedingungen des Einzelfalles beantwortet werden. Dabei kann das Verhalten von Aluminiumbauwerken unter gleichen Bedingungen wertvolle Anhaltspunkte geben. In vielen Fällen, wenn noch keine solchen Erfahrungen vorliegen, kann es sich empfehlen, die Konstruktion zunächst ungeschützt zu lassen und durch regelmäßige Kontrollen festzustellen, ob ein Schutz notwendig ist oder nicht. Die folgende Tabelle kann als Richtlinie in Normalfällen dienen.

Legierungsart	Atmosphärische Bedingungen		
	ländlich	städtisch	am Meer
Reinaluminium, Aluminium–Mangan, Aluminium-Magnesium, Alclad–Bleche	I	II	II
Aluminium–Silizium–Magnesium, vollvergütet	II	III	III
Aluminium–Kupfer–Magnesium, teilvergütet	II	III	III
Aluminium–Kupfer–Magnesium, vollvergütet	II	III	IV

Dabei bedeutet:

I. Anstrich normalerweise nicht nötig, außer zu Dekorationszwecken. Wenn nötig, kann ein gutes Aussehen durch regelmäßige Reinigung erhalten werden.

II. Es kann zunächst von einem Anstrich zu Schutzzwecken (zum Unterschied gegenüber Dekorationszwecken) abgesehen werden; ein Anstrich ist erst aufzubringen, wenn die regelmäßige Kontrolle (etwa zweimal jährlich) die Notwendigkeit dazu ergeben hat.

III. Normalerweise ist ein Anstrich empfehlenswert, aber nicht immer notwendig. Bei günstigen Bedingungen kann die Ausführung des Anstrichs aufgeschoben werden, wie unter II

IV. Ein Anstrich ist immer zu empfehlen.

Diese Richtlinien beziehen sich auf die Notwendigkeit eines Korrosionsschutzes, nicht etwa auf das Aussehen der Oberflächen. Jede Oberfläche, die nicht regelmäßig gereinigt wird, wird je nach den äußeren Bedingungen früher oder später verschmutzen.

Anstriche werden wie bei Stahlbauten aufgebracht, wobei dem guten Haften des Grundanstrichs besondere Beachtung zu schenken ist. Dazu ist gründliches Entfetten, gefolgt von mechanischem Aufrauhen oder chemischem Beizen, notwendig. Es können auch selbstätzende Grundiermittel verwendet werden, die ein sich verflüchtigendes Ätzmittel enthalten. Die beste Grundierung für Aluminium ist ein Zinkchromatanstrich; auch rotes Eisenoxyd ergibt befriedigende Ergebnisse. Als

Deckanstrich kann sozusagen jeder Anstrich verwendet werden, sofern er sich mit dem Grundanstrich gut verbindet; er sollte unmittelbar nach dem Grundanstrich aufgebracht werden.

Es ist notwendig, *Fugen* in Aluminiumbauteilen, in denen sich Feuchtigkeit oder Schmutz ansammeln könnte, zu vermeiden oder dann durch wasserfeste Kitte, Bitumenanstrich, Zinkchromat-Dichtungsmittel und dergleichen zu schließen.

Verbindung von Aluminium mit anderen Baustoffen. Verbindungen von Aluminium mit anderen *Metallen* sollen, wenn möglich, vermieden werden. Wenn zwei verschiedene Metalle sich in feuchter Atmosphäre berühren, kann galvanische Korrosion entstehen, wobei das elektronegative Metall angegriffen wird. Aluminium ist besonders gegenüber Kupfer und kupferhaltigen Legierungen, in kleinerem Ausmaß auch gegenüber Stahl anodisch und wird deshalb angegriffen. Werden die Kontaktstellen trocken gehalten, so ist kein galvanischer Angriff zu befürchten, doch ist es auf jeden Fall sicherer, solche Stellen gegenseitig zu isolieren. Elektrischer Kontakt läßt sich durch Verwendung von Dichtungsmitteln oder Bitumenanstrich verhindern; noch besser ist ein Kitt, der Zinkchromat enthält, weil dadurch eine bei Versagen der Isolierung auftretende galvanische Aktion aufgehalten wird.

Stahlteile, die in Berührung mit Aluminium stehen, sollten galvanisiert werden, da die gegenüber Aluminium anodische Zinkschicht eine Korrosion des Aluminiums verhindert. Unter besonders aggressiven Bedingungen (am Meer, Industrieatmosphäre) muß die Korrosion zwischen Stahl und Aluminium durch besondere Maßnahmen verhindert werden; ein Metallspritzen der beiden Oberflächen mit Reinaluminium, gefolgt von einem guten Farbanstrich, hat sich hier als wirksam erwiesen.

Aluminium auf Mauerwerk. Aluminium, das dauernd im Kontakt mit feuchter Erde, Beton, Ziegelmauerwerk oder Verputz steht, ist durch Eintauchen in heißes Bitumen oder durch doppelten Bitumenanstrich der beiden Berührungsflächen zu schützen. Während der Bauausführung sind Aluminiumbauteile gegen Beton- oder Mörtelspritzer durch Abdecken zu schützen.

Aluminium und Holz. Sofern die Berührungsstelle ständig trocken bleibt, sind keine Schutzmaßnahmen notwendig. Wenn jedoch das Holz Feuchtigkeit aufnehmen kann, soll die Kontaktfläche mit einem doppelten Anstrich aus Aluminium- oder Bitumenfarbe geschützt werden; dies ist besonders bei sauren Hölzern, wie Eiche, ratsam.

Chemische und elektrolytische Oxydation. Die natürliche Oxydhaut, die sich an der Luft auf einer Aluminiumoberfläche bildet, ist nur sehr dünn (etwa 0,00004 bis 0,0002 mm) und kann deshalb mechanisch leicht verletzt werden. Durch chemische oder elektrolytische („anodische") Oxydation kann die Oxydschicht verstärkt und so der Korrosionsschutz verbessert werden. Solche Oxydationsverfahren haben heute schon für die Behandlung von Dekorationsteilen und Gebrauchsgegenständen aus Aluminium eine große Bedeutung erlangt, dagegen sind sie bei den großen Werkstücken, wie sie bei Tragwerken vorkommen, meist technisch und wirtschaftlich nicht verwendbar.

VII. Ausführungsbeispiele.

Nachstehend sollen einige ausgewählte Beispiele von ausgeführten Aluminiumtragwerken kurz dargestellt werden. Dabei soll auch auf die besonderen Bedingungen hingewiesen werden, die jeweils für die Wahl des Baustoffes maßgebend waren. Diese Beispiele sollen ferner die Anwendung der Konstruktionsgrundsätze der Leichtmetallbauweise veranschaulichen.

1. Brückenbauten.

a) Smithfield-Straßenbrücke in Pittsburgh (USA).

Der Ersatz der alten, aus Stahlträgern mit Holzabdeckung bestehenden Fahrbahn durch eine leichte Aluminiumfahrbahn mit Asphaltbelag bei der aus dem Jahre 1882 stammenden Smithfield-Straßenbrücke über den Monongahela-Fluß in Pittsburgh mit rd. 110 m Spannweite bedeutet die erste Großanwendung von Aluminium im Brückenbau (1933). Durch den Einbau der neuen Fahrbahn (Abb. 156) konnte die ständige Last um etwa 680 t vermindert werden, so daß die früheren Verkehrsbeschränkungen aufgehoben und damit die Leistungsfähigkeit der Brücke wesentlich gesteigert werden konnten. Wenn auch die Kosten des Umbaues mit etwa 276 000 Dollar, wovon 192 000 Dollar für das verwendete Leichtmetall, auf den ersten Blick hoch erscheinen, so konnte doch damit ein Neubau der Brücke, der gegen 2 000 000 Dollar gekostet hätte, vermieden werden.

b) Grasse River-Brücke bei Massena, N. Y. (USA).

In der Zufahrtslinie zu den Walzwerken der Aluminium Company of America in Massena befindet sich eine Reihe von eingleisigen Eisenbahnbrücken, die wegen der starken Steigerung der Verkehrslasten neu erstellt werden mußten. Während der Großteil der Öffnungen wieder mit Stahlbrücken überspannt wurden, wurde eine Öffnung von 30,5 m Spannweite durch eine vollwandige Balkenbrücke aus Aluminium überspannt (Abb. 157), deren Gewicht 24 t gegenüber 58 t der entsprechenden Stahlbrücke betrug. Mit Rücksicht auf die Durchbiegungen wurde für die Aluminiumbrücke eine etwas größere Trägerhöhe als bei den Stahlbrücken gewählt. Die Aluminiumbrücke konnte vollständig in der Werk-

Abb. 156.

Abb. 157.

stätte fertiggestellt und in einem Stück eingesetzt werden, während die Stahlüberbauten in zwei Teilen angeliefert und auf Montage gestoßen werden mußten. Die Bedeutung der Grasse River-Brücke liegt darin,

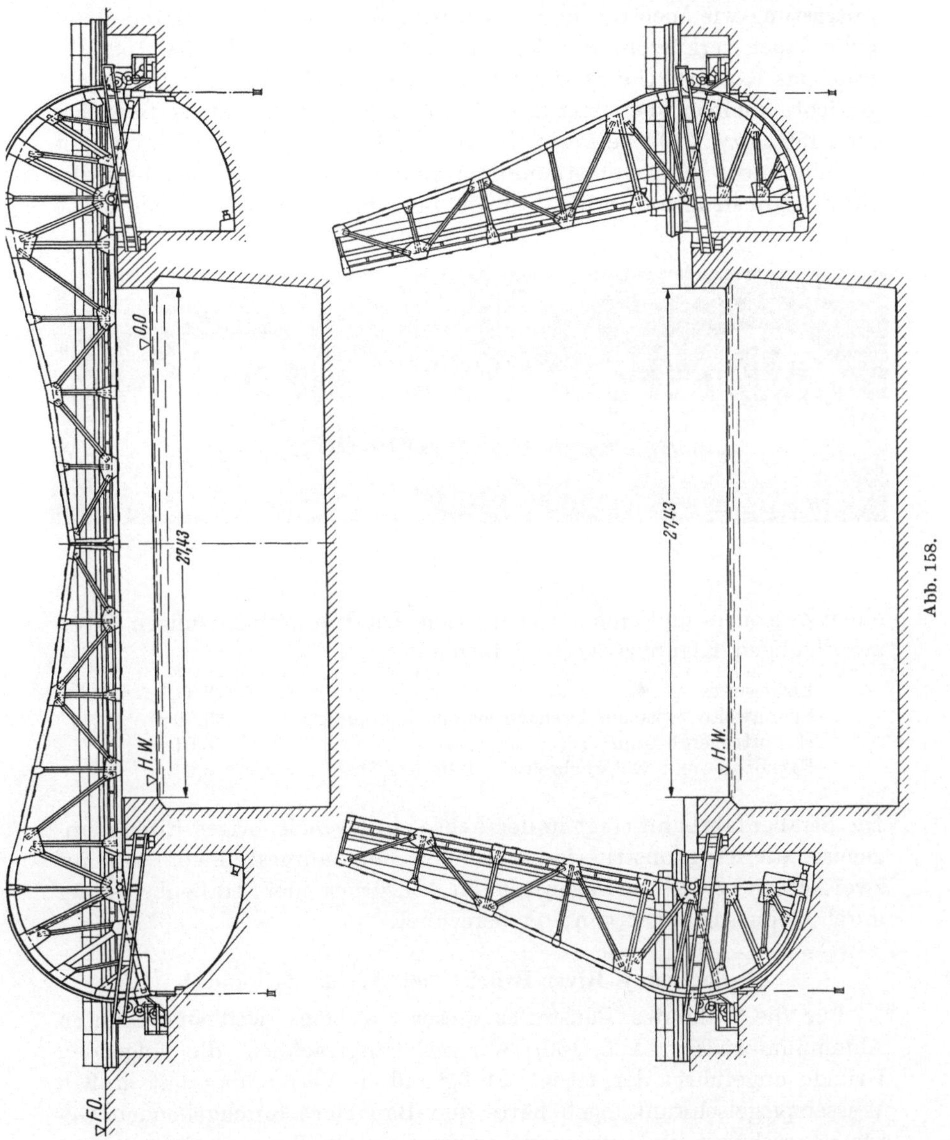

Abb. 158.

daß ihre Beobachtung während längerer Zeit Aufschlüsse über das Verhalten von Leichtmetalltragwerken unter den im Betrieb vorkommenden oft wiederholten Belastungen liefern kann.

c) Klappbrücke bei Sunderland (England).

Bei einer beweglichen Brücke vermindert ein verkleinertes Eigengewicht der Tragkonstruktion sowohl die Anlagekosten der mechanischen Ausrüstung wie auch die Betriebskosten; außerdem läßt sich die Manipulierdauer verkürzen. Bei der Sunderlandbrücke (Abb. 158, 159) beträgt das Konstruktionsgewicht 86,5 t, wozu noch 130 t für die Gegengewichte kommen; bei einer Ausführung in Stahl hätten diese Gewichte etwa 180 t bzw. 270 t betragen. Da die Brücke in Meeresnähe liegt, ergibt sich durch die Wahl von Aluminium auch ein leichterer Unterhalt; die Brückenkonstruktion erhielt einen Zinkchromatgrundanstrich sowie

Abb. 159.

einen Zwischen- und einen Deckanstrich. Die Hauptabmessungen dieser zweiflügligen Klappbrücke sind folgende:

```
Lichtweite  . . . . . . . . . . . . . . . . . . . . . . . .  27,43 m
Spannweite zwischen Drehachsen der Klappflügel . . .  36,90 m
Hauptträgerabstand  . . . . . . . . . . . . . . . . . .   6,01 m
Fahrbahn- und Gehwegbreite  .  1,45 + 2,74 + 1,45 =   5,64 m
```

Die Straßenfahrbahn trägt in der Achse ein normalspuriges Eisenbahngeleise; die Tragkonstruktion wurde für ein Fahrgestell von 70 t auf zwei Achsen bzw. Güterwagen mit 15 t Achsdruck oder Straßenbelastung durch einen Anhänger von 75 t berechnet.

d) Saguenay River-Brücke bei Arvida (Kanada).

Für die Wahl des Baustoffes dieser bis heute weitestgespannten Aluminiumbrücke (Abb. 160) werden hauptsächlich die folgenden Gründe angeführt: der felsige Flußgrund in Verbindung mit großen Wasserspiegelschwankungen hätte den Bau eines durchgehenden Gerüstes erschwert und verteuert; ferner liegt die Temperatur während eines großen Teils des Jahres unter 0° C, was bei einer Stahlbrücke, wenigstens in geschweißter Ausführung, zusätzliche Maßnahmen erfordert hätte. Auf einen Anstrich konnte hier verzichtet werden. Eine interessante Einzelheit stellen die für diese Brücke entwickelten Ringkopfnieten dar (s. S. 65), die bis zu Durchmessern von 20 mm noch kalt mit dem Hammer geschlagen werden konnten und die überall dort verwendet wurden, wo keine Nietmaschinen angesetzt werden konnten. Die Konstruktion wurde so aufgestellt, daß sie bei der mittleren Jahrestemperatur von —1° C frei von Temperaturspannungen ist. Die Hauptabmessungen des Bauwerks sind folgende:

Bogenspannweite . . . . 88 m
Pfeilhöhe . . . . 14,5 m
Nutzbreite. . . . . 1,22 + 7,30 +　1,22 m
Gesamtlänge einschl. Rahmenviadukte . . . . 153 m

Abb. 160.

Als Fahrbahnbelastung wurde eine gleichmäßig verteilte Verkehrslast von 488 kg/m² oder zwei Lastwagen von je 20,3 t, zuzüglich 30% Stoßzuschlag, nebeneinander fahrend, berücksichtigt; für die Berechnung der Bogenhauptträger wurde die verteilte Belastung der Fahrbahn auf 391 kg/m², diejenige der Gehwege auf 195 kg/m² abgemindert. Der Winddruck wurde mit 147 kg/m², auf die anderthalbfache Ansichtsfläche der Konstruktion berechnet, bzw. mit 298 kg/m auf das Verkehrsband berücksichtigt. Die Temperaturänderungen wurden mit ± 39° C eingeführt.

Die beiden Bogenhauptträger besitzen eine parabolische Bogenachse; sie wurden mit geschlossenem Kastenquerschnitt aus Material 26 S-WP mit Nieten aus 16 S-WP ausgebildet. Ein Windverband in K-Fachwerk ist in der Mitte beiden Bogenrippen mit 7,0 m Abstand angeordnet.

Bemerkenswert ist die einfache Montage der bis zu 20 m langen und 6,5 t schweren Hauptträgerstücke mit einem Kabelkran (Abb. 161).

e) Fußgängerbrücke in Schottland[1].

Hauptanforderung an diese Fußgängerbrücke von 1,82 m Nutz-breite und von $21 + 53{,}2 + 21$ m Länge (Abb. 162) war möglichst

Abb. 161.

geringes Gewicht, um die Belastung der hohen (d. h. im Zusammenhang mit dem Bau einer Wasserkraftanlage erhöhten) Zwischenpfeiler klein

Abb. 162.

zu halten. Als Material wurden Preßprofile aus der Al–Mg–Si-Legierung 51 S-WP mit Nieten aus A 56 S, kaltgeschlagen, verwendet. Die Konstruktion blieb ungestrichen.

---

[1] Entwurf: Sir Alexander Gibl and Partners, Engineers.

14595
13000
8000
84000
4500
12000
5500
12000
+7335
▽ O.K.Straße±0
Steifenabstand 42·1305=54810
55108 zwischen den Gelenkpunkten

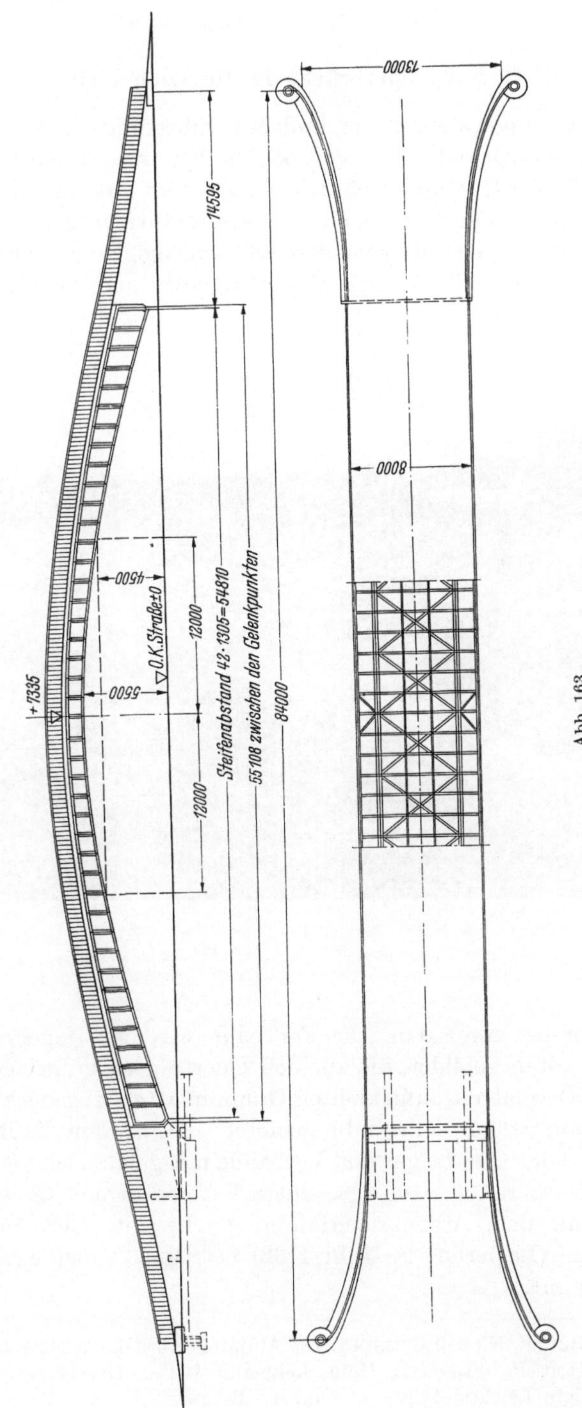

Abb. 163.

f) Fußgängerbrücke in Düsseldorf (Deutschland)[1].

Das Tragsystem dieser Fußgängerüberführung über eine Autostraße ist als Zweigelenkbogen von 55,1 m Spannweite ausgebildet (Abb. 163 u. 164); der Horizontalschub von 136 t wird durch im Boden eingebettete und einbetonierte vorgespannte Stahldrähte aufgenommen. Die beiden vollwandigen Hauptträger sind mit zweistegigen Gurtprofilen (s. Abb. 18) genietet ausgeführt. Der Hauptträgerabstand beträgt 5,33 bei einer

Abb. 164.

Nutzbreite von 8,0 m. Die Fahrbahn wird aus feuerverzinkten Stahl- gitterrosten gebildet, die auf den Querträgern aufgelagert und mit auf Holzfaserplatten aufgeklebten Gummimatten abgedeckt sind. Während die Hauptträger vollständig genietet sind, wurden die Baustellenverbin- dungen der Querträger und Verbände mit galvanisch verzinkten Schrau- ben verschraubt. Untergeordnete Verbindungen (Geländer usw.) wur- den mit dem Argonarcverfahren geschweißt. Der Aufwand an Alu- minium (Legierung AlMgSi F 32) betrug 25 t bei einer Nutzlast von 400 kg/m².

---

[1] BEYER, E., u. J. TUSSING: Die Aluminiumbrücke in Düsseldorf. Bauingenieur 1953 Heft 10. Ersteller: Hein, Lehmann & Co., Düsseldorf; Materiallieferung: Vereinigte Leichtmetallwerke GmbH., Bonn.

2. Hochbauten.

a) Aluminium-Hangar für „Comet" der de Havilland Aircraft Co.[1].

Die Haupttragkonstruktion dieser Flugzeughalle von 6132 m² Nutz-
fläche besteht aus zwölf fachwerkförmigen Zweigelenkrahmen von
66,14 m Spannweite und 13,9 m lichter Höhe (Abb. 165 und 166). Das

Abb. 165.

Gewicht eines Rahmenbinders beträgt 6450 kg bei einem Binder-
abstand von 9,3 m. Verwendet wurde eine Aluminiumlegierung mittlerer
Festigkeit ($\sim$ 65 S). Die Bindergurtungen sind als zweiteilige Rahmenstäbe ausgebildet. Die Werkstattverbindungen sind genietet mit kalt

Abb. 166.

geschlagenen Aluminiumnieten von 10 bis 16 mm Durchmesser, während
die Baustellenverbindungen mit verzinkten Stahlschrauben hergestellt
wurden. Als Belastungen wurden berücksichtigt:

---

[1] Ersteller: S. M. D. Engineers Ltd., Slough, Bucks., England.

$$\text{Winddruck} \quad \ldots \ldots \ldots \ldots \ldots \quad 68 \ \text{kg/m}^2$$
$$\text{Schnee} \quad \ldots \ldots \ldots \ldots \ldots \quad 49 \ \text{kg/m}^2$$
$$\text{Nutzlasten (Installationen)} \quad \ldots \ldots \quad 10 \ \text{kg/m}^2$$

Die Aluminiumkonstruktion bleibt ungestrichen.

b) Hallenkonstruktion „Le Plaza" in Genf (Schweiz)[1].

Die Haupttragkonstruktion dieser Halle, eines Kinotheaters, besteht aus sechs vollwandigen Zweigelenkrahmenbindern von bis zu 23 m

Abb. 167.

Spannweite (Abb. 167). Die Besonderheit der baulichen Durchbildung besteht in der Verwendung von je zwei dünnwandigen Schalen zur Bildung der Rahmengurtungen; die Schalenhälften sind mit dem Stehblech vernietet und am äußeren Rand unter sich durch besondere Klammerprofile, in 25 bis 50 cm Abstand angeordnet, verbunden. Materialwahl, Formgebung und Ausbildung wurden weitgehend durch architektonische Gründe bestimmt.

---

[1] MÜLLER, E.: „Mont-Blanc Centre" et Cinéma „Le Plaza". Aluminium Suisse 1953 Nr. 3.

COSANDEY, M.: Les constructions en aluminium. Stahlbau. Berichte T.K.V.S.B. 1953 Nr. 18.

3. Verschiedene Anwendungsformen.

a) Beleuchtungstürme im Rangierbahnhof Biel (Schweiz) [1].

Die Beleuchtungstürme, die die zur Beleuchtung des Bahnhofareals notwendigen Scheinwerfer auf einer Plattform tragen, bestehen aus einem konischen Rohr von 0,7 m oberem und 1,4 m unterem Durchmesser und 31,6 m Höhe (Abb. 168). Die einzelnen Rohrelemente von je rd. 3,0 m Länge wurden aus zwei Blechen durch zwei Längsnähte mit Schutzgasschweißung (Argonarc) hergestellt mit einer von unten nach oben von 5,5 mm auf 3,0 mm abnehmenden Blechstärke; als Material wurde die Legierung 57 S $\frac{1}{2}$ H gewählt. Für die Montage wurden vier Rohrteile aus je zwei bzw. drei Rohrelementen zusammengesetzt und auf die Baustelle angeliefert, die am Boden zusammengeschraubt wurden, so daß der Turm als Ganzes durch Aufdrehen aufgestellt werden konnte. Das Leichtmetallgewicht eines Turmes, ohne elektrische Ausrüstung, beträgt rd. 1600 kg.

Abb. 168.

Die gewählte Lösung besitzt eine Reihe von Vorzügen: das Bedienungspersonal kann im Rohrinnern geschützt zu den Scheinwerfern gelangen; die Gefahr hoher Stürze ist durch Zwischenböden gemildert; die Fundamentfläche ist verhältnismäßig klein und die Türme konnten ohne Störung des Bahnbetriebes angeliefert und rasch aufgestellt werden. Für den Betrieb der Beleuchtungsanlage ist es wichtig, daß die Verschiebungen des Turmkopfes unter Windbelastung klein bleiben; mit der an sich steifen Rohrkonstruktion konnten die gestellten Bedingungen trotz geringer Wandstärke, kleinem Durchmesser und großer Höhe eingehalten werden.

b) Leichter Freileitungsmast „Panzermast".

Der Mast besteht aus konischen Elementen, die ineinanderliegend, d. h. mit kleinem Transportvolumen, transportiert und durch teleskopartiges Auseinanderziehen aufgestellt werden können. Die wichtigsten Konstruktionsmerkmale sind folgende:

Größte Länge	16 m
Verjüngung	2 cm/m
Länge eines Elementes	1,5—3,0 m
Blechstärke	1,5—3,0 mm
Durchmesser	23—53 cm

[1] Gros, A.: Leichtmetall-Beleuchtungstürme im Rangierbahnhof Biel. Aluminium Suisse 1954 Nr. 1.

Jedes Element wird aus zwei rollverformten Blechen entweder mit „Riegelnähten" (gestanzte Zungen) oder mit Schweißnähten hergestellt. Die Stoßverbindung wird durch Überlappung der Elemente, in besonderen Fällen mit Verstärkungsring hergestellt. Dieser Panzermast kann in holzarmen Gegenden und bei schwierigen Transportverhältnissen gegenüber einfachen Holzmasten wettbewerbsfähig sein, denen er auch in bezug auf Lebensdauer bzw. Unterhaltskosten überlegen ist.

c) Lawinenverbauungen[1].

Bei Lawinenverbauungen spielen stets die ungünstigen Transportverhältnisse und damit auch die Frage des einfachen Unterhaltes eine

Abb. 169.

entscheidend wichtige Rolle; sie bedeuten somit von vorneherein ein gegebenes Anwendungsgebiet für Leichtmetall.

Die bisher ausgeführten Verbauungselemente bestehen aus zwei abgestrebten Tragpfosten, auf denen die waagerechten Träger mit Hutquerschnitt aufgelagert sind (Abb. 169). Die möglichst einfach zu haltenden Verbindungen sind geschraubt. Als Material für diese Verbauungen, die für einen Schneedruck von 3 t/m bemessen sind, wurde die Legierung 57 S $\frac{3}{4}$ H gewählt.

---

[1] Wegmann, E., u. K. Sutter: Aluminium im Lawinenverbau. Aluminium Suisse 1953 Nr. 6.

d) Baggerausleger.

Die Leistung eines Baggers wird durch das Eigengewicht des Auslegers stark mitbeeinflußt; jede Gewichtsreduktion erlaubt eine Vergrößerung der Fördermenge. Das hier skizzierte Beispiel der Abb. 170 bezieht sich auf einen Bagger für Kohlenförderung im Tagebau; durch Verwendung eines Aluminiumauslegers konnte die Fördermenge des Kübels um 20% vergrößert werden. Der Fachwerkausleger von 18,3 m

Abb. 170.

Länge ist aus drei in der Werkstätte fertiggestellten Elementen zusammengesetzt, die auf der Baustelle verschraubt werden, und wiegt einschließlich Leichtmetallkübel von 1,15 m³ Fassungsvermögen 608 kg. Die größten Querschnittsabmessungen betragen $1,7 \times 1,7$ m. Für die Stabprofile wurde die Legierung 26 S-WP, für die Knoten- und Anschlußbleche dagegen 65 S-W und 65 S-WP verwendet.

e) Kornsilo.

Behälter für die Massenlagerung von Korn sollen gut gegen Wärme isolieren sowie ungezieferdicht und fäulnissicher sein. Aluminium besitzt hohe Rückstrahlungsfähigkeit und niedrige Ausstrahlung, wodurch Temperaturunterschiede an der Behälterwand und damit Kondensation klein gehalten werden.

Der in Abb. 171 dargestellte Kornsilo[1] für 100 t Korn besitzt zylindrische Form mit konischen Enden bei einem Durchmesser von 5,4 m und einer Gesamthöhe von 8,25 m. Die Stärke der Wandbleche aus Aluminium 2 S-H handelsüblicher Reinheit variiert von 4 mm beim konischen Unterteil bis zu 2 mm bei der ganzen oberen Silohälfte.

Abb. 171.

Abb. 172.

Abb. 172 zeigt eine andere Bauart eines zylindrischen Silos, bei dem die Wände zur Vergrößerung der Biegungssteifigkeit aus gewellten Blechen hergestellt sind.

f) Leitungstürme in Kitimat (British Columbia, Canada)[2].

Die Türme der Kraftübertragungsleitung von Kemano nach Kitimat bestehen aus je fünf dünnwandigen Rohren, die, als Zweibein und Drei-

---

[1] Ersteller: Gebr. Bühler, Maschinenfabrik, Uzwil (Schweiz).

[2] SUTTER, K., F. L. LAWSTON u. A. SOOSAAR: The Nechako-Kemano-Kitimat Development. Aluminium towers on the transmissions Line. Engng. J., Montreal, Nov. 1954.

bein angeordnet, durch einen kastenförmigen Querträger miteinander verbunden sind (Abb. 173 und 174). Die Rohrstützen besitzen einen Außendurchmesser von 965 mm und bestehen aus Elementen von 1,94 m bzw. 3,76 m Normallänge mit von 4,76 mm bis 9,5 mm in Stufen von je rd. 0,8 mm abgestuften Wandstärken. Die beiden Enden eines Elementes sind durch Ringe aus Strangpreßprofilen verstärkt, mit denen die Stoßdeckung mit Stahlschrauben verschraubt ist. Die Höhe der

Abb. 173.

Abb. 174.

insgesamt 35 Türme variiert von 23 m bis 42 m bei einem größten Turmgewicht von 23,4 t und Leitungsspannweiten von 193 m bis 790 m. Als Material wurde die Aluminiumlegierung 65 S-T verwendet, wobei die beiden Rohrhälften eines Elementes mit dem Argonarcverfahren verschweißt wurden.

Für die Wahl von Aluminium als Baustoff dieser Türme waren insbesondere die Transportverhältnisse in der noch unerschlossenen Gegend sowie Fragen des Unterhaltes im vorhandenen rauhen Klima maßgebend. Die Turmspitzen sind durch Leitern im Inneren der Rohre, also gegen Witterungseinflüsse geschützt, zugänglich.

VIII. Übersicht über die Normen und mechanischen Eigenschaften der Knetlegierungen.

In den meisten europäischen Ländern sind zur Bezeichnung der Aluminiumlegierungen *Markennamen* im Gebrauch. Bei der großen Vielfalt dieser geschützten Bezeichnungen ist es schwierig, aus dem Markennamen auf die Zusammensetzung und die Eigenschaften der Legierung zu schließen. Dazu kommt, daß heute schon eine sehr große Zahl verschiedener Legierungen besteht; auch wenn einzelne davon sich voneinander nur wenig unterscheiden, dürfte es doch kaum möglich sein, eine übersichtliche und zuverlässige Zusammenstellung ihrer bautechnisch wichtigsten Eigenschaften aufzustellen. Zwei Legierungen der gleichen chemischen Zusammensetzung und des gleichen Vergütungszustandes können sich immer noch in ihren Festigkeitseigenschaften merklich voneinander unterscheiden. In der folgenden Tabelle wurde eine Übersicht der bautechnisch wichtigsten Knetlegierungen in der Weise versucht, daß wenigstens für die einzelnen Gruppen die in Deutschland, Frankreich, Italien und der Schweiz gültigen *Normenblätter* zusammengestellt wurden; dabei wurden als verbindende Orientierungsgrundlage die Bezeichnungen der Aluminium Limited-Gruppe verwendet, die in vielen Ländern bekannt und gebräuchlich sind.

In der Tabelle S. 198 sind orientierende Richtwerte für die bautechnisch wichtigsten Eigenschaften dieser Legierungen zusammengestellt. Es ist selbstverständlich, daß im Einzelfall nicht diese Werte als Bemessungsgrundlagen zu verwenden sind, sondern nur die vom Lieferwerk gewährleisteten Werte; dagegen kann eine solche Vergleichstabelle immerhin die Wahl der geeigneten Legierung erleichtern helfen.

Es besteht kein Zweifel darüber, daß die Leichtmetallbauweise sich in der Zukunft, neben der Stahlbauweise, immer mehr entwickeln wird. Ein Mittel zur Unterstützung dieser Entwicklung wird in einer Vereinheitlichung der Legierungsarten und ihrer Bezeichnungen bestehen, wodurch erst ein fruchtbarer Erfahrungsaustausch in breitem Rahmen möglich wird.

Zusammenstellung der Normenblätter für Knetlegierungen.

Legierungsgruppe	Aluminium Ltd.	Deutschland	Frankreich	Italien	Schweiz
Al	2 S	DIN 1725, Bl. 1, Al 99	NF A 57–601 A 4	UNI 3567 PAlp 99,0	VSM 10842 Al 99
Al–Mn	3 S	1725, Bl. 1, AlMn	A 57–601 A–M	3568 PAlMn 1,2	10848 Al–Mn
Al–Mg	57 S	1725, Bl. 1, AlMg 3	A 57–602 A–G 3	3574 PAlMg 2,5	10849 Al–3 Mg
	54 S			3575 PAlM g3,5	
	B 54 S	1725, Bl. 1, AlMg 5	A 57–602 A–G 5	3576 PAlMg 5	10849 Al–5 Mg
	A 56 S				
Al–Mg–Si	51 S	1725, Bl. 1, AlMgSi	A 57–312 A–S G	3571 PAlSi 1 MgMn	10850 Al–Si–Mg
			A 57–512 A–S G		
			A 57–602 A–S G		
	65 S	—	—	—	—
Al–Cu–Mg	17 S	1725, Bl. 1, AlCuMg	A 57–312 A–U 4 G	3581 Sp.[1] PAlCu 4,4	10852 Al–Cu–0,5 Mg
	26 S		A 57–512 A–U 4 G	SiMnMg	
			A 57–602 A–U 4 G		
	24 S	1725, Bl. 1, AlCuMg	A 57–312 A–U 4 G 1	3583 Sp.[1] PAlCu 4,5	10852 Al–Cu–1 Mg
			A 57–512 A–U 4 G 2		
			A 57–602 A–U 4 G 1		
Al–Zn–Mg–Cu	75 S	—	—	—	—

[1] Sp. = Versuchslegierung

Mechanische Eigenschaften von Aluminium-Knetlegierungen (Richtwerte)[1]

Legierungs-gruppe	Be-zeichnung	Zusammensetzung %	Zustand	Zugfestig-keit σ_z t/cm² *	„Fließ-grenze" 0,2% t/cm²	Schub-festig-keit τ t/cm²	Elasti-zitäts-modul E t/cm²	Schub-modul G t/cm²	Bruch-dehnung λ_5 %	Spezifi-sches Gewicht γ t/m³	Wärmeaus-dehnung[2] $\alpha_t \cdot 10^{-6}$ °C	Biegeradius $r:t$ [3]	Weichglüh-temperatur °C
Al	2 S	Al 99,0 min	0	0,85	0,35	0,7			40			0	
			$\frac{1}{2}$ H	1,2	1,1	0,85	700	260	13	2,71	25	0,5—1,5	360—400
			H	1,6	1,45	1,0			9			1 —2,5	
Al–Mn	3 S	Mn 1,0—1,5	0	1,1	0,5	0,8			40			0	
			$\frac{1}{2}$ H	1,5	1,4	0,95	700	260	13	2,74	25	0,8—2	450—500
Al–Mg	57 S	Mg 1,75—2,75	H	2,05	1,85	1,1			6			1,5—3,5	
			0	1,9	0,8	1,25			28			0 —1,5	
		Mn 0,5 max	$\frac{1}{2}$ H	2,5	2,25	1,4	700	260	10	2,67	25	1 —3	360—400
			H	2,9	2,5	1,5			7			1,5—4,5	
	54 S	Mg 3,0—4,0	0	2,35	0,95	1,4			28				
		Mn 1,0 max	$\frac{1}{4}$ H	3,0	2,75	1,6	700	260	13	2,65	25		
	B 54 S	Mg 3,0—5,5 Mn 1,0 max	M	3,05	2,15	1,55	700	260	18	2,65	—		
	A 56 S	Mg 4,5—5,5	0	2,9	1,25	1,8			33			0,5—3	
		Mn 1,0 max	$\frac{1}{2}$ H	3,6	2,85	2,0	700	260	15	2,65	26	1 —4	300—400
			H	4,0	3,2	2,1			9			2 —5	
Al–Mg–Si	51 S	Si 0,75—1,3 Mg 0,4 —1,5	W	2,35	1,45	1,6	670	250	18	2,69	24	1 —3	360—400
			WP	3,15	2,85	2,2			11			2 —5	
	65 S	Mg 1,5 max Si 1,3 max Cu 0,15—0,4 Cr 0,4 max	0	1,25	0,55	—			29			0 —2	
			W	2,2	1,35	1,65	700	260	25	2,71	24	1 —3	360—400
			WP	3,3	2,7	2,05			16			2 —5	
Al–Cu–Mg	17 S	Cu 3,5—5,0 Mg 0,4—1,2 Mn 0,4—1,2	WP	4,55	3,05	2,7	750	280	16	2,78	24	1,5—4	360—400
	26 S	Cu 3,5—4,8 Si 1,5 max Mn 1,2 max Mg 0,6 max	0	1,8	0,95	—			25			0 —2	
			W	4,65	2,75	2,7	750	280	23	2,79	23	1 —3	360—400
			WP	5,6	4,3	3,6			13			2 —5	
Al–Zn–Mg–Cu	M 75 S	Zn 4,5—6,5 Mg 2,0—3,5 Cu 1,5 max Mn 0,3—1,0 Cr 0,5 max	WP (Strang-preßprofil)	6,15	5,8	3,15	720	270	9	2,82	22	—	—

[1] Nach „Metric Data Sheet" der Northern Aluminium Company Limited, Great Britain, ergänzt durch Angaben der „Merkblätter" der Aluminiumwerke AG, Rorschach (Schweiz). — * Kurzzeitversuch. — [2] Zwischen 0 und 100° C. — [3] Die kleinere Zahl gilt für $t = 0{,}5$ mm, die größere für $t = 6{,}0$ mm.